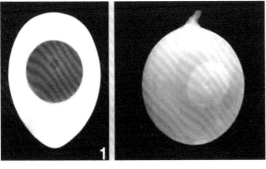

彩图 1-10　孵化第 1 天

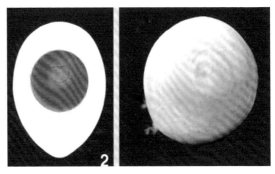

彩图 1-11　孵化第 2 天

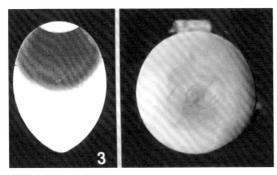

彩图 1-12　孵化第 3 天

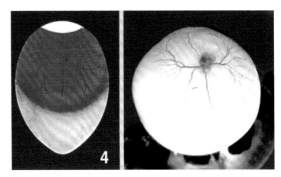

彩图 1-13　孵化第 4 天

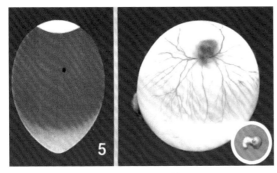

彩图 1-14　孵化第 5 天

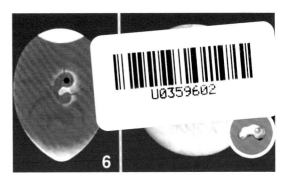

彩图 1-15　孵化第 6 天

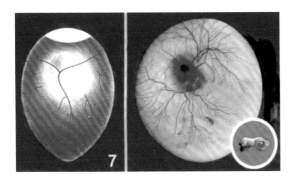

彩图 1-16　孵化第 7 天

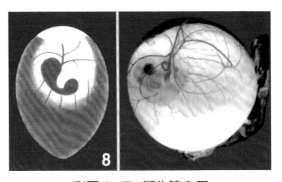

彩图 1-17　孵化第 8 天

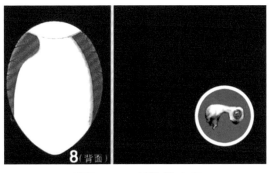

彩图 1-18　孵化第 8 天

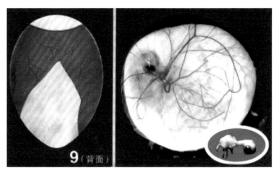

彩图 1-19　孵化第 9 天

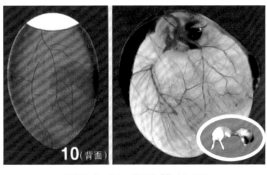

彩图 1-20　孵化第 10 天

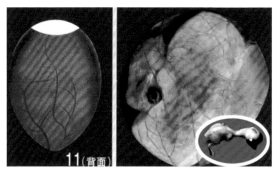

彩图 1-21　孵化第 11 天

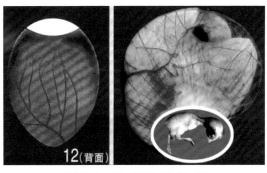

彩图 1-22　孵化第 12 天

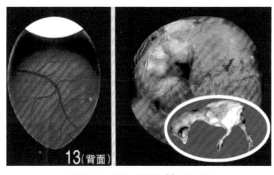

彩图 1-23　孵化第 13 天

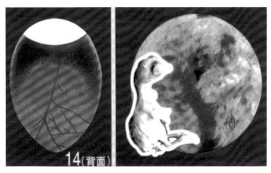

彩图 1-24　孵化第 14 天

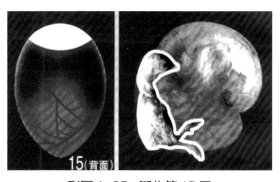

彩图 1-25　孵化第 15 天

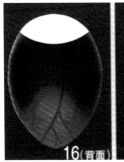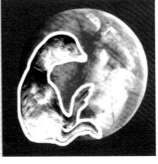

彩图 1-26　孵化第 16 天

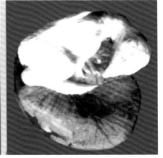

彩图 1-27　孵化第 17 天

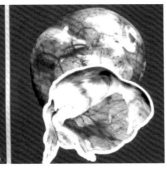

彩图 1-28　孵化第 18 天

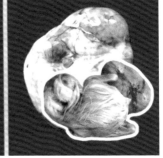

彩图 1-29　孵化第 19 天

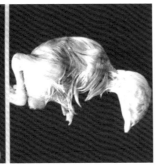

彩图 1-30　孵化第 20 天

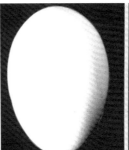

彩图 1-31　孵化第 20 天外观

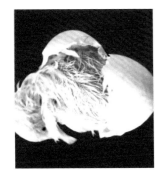

彩图 1-32　孵化第 20 天
（外观）

彩图 1-33　孵化第 21 天

彩图 1-38　雏鸡快慢羽

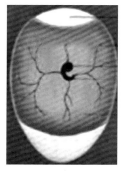
(a) 正常胚蛋

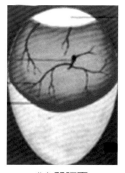
(b) 弱胚蛋

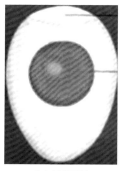
(c) 无精蛋

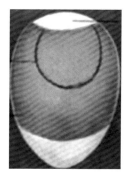
(d) 死精蛋

彩图 1-42　头照各种胚蛋图

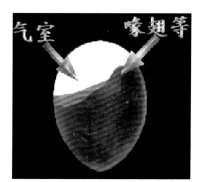
(a) 正常胚蛋

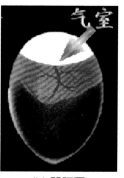
(b) 弱胚蛋

(c) 死胚蛋

彩图 1-43　二照各种胚蛋图

彩图 2-1　白来航鸡

彩图 2-2　洛岛红

彩图 2-3　狼山鸡

彩图 2-4　仙居鸡

彩图 2-5　海兰白鸡

彩图 2-6　京红 1 号

彩图 2-7　京粉 1 号

彩图 2-8　北京峪口禽业某种鸡场效果图

彩图 3-1　白科尼什鸡

彩图 3-2　白洛克鸡

彩图 3-3　北京油鸡

彩图 3-4　丝毛乌骨鸡

彩图 3-5　清远麻鸡

彩图 3-6　寿光鸡

彩图 3-7　大骨鸡

彩图 3-8　AA 商品肉鸡　　　彩图 3-9　AA 父母代肉种鸡　　　彩图 3-10　罗斯 308 商品肉鸡

彩图 3-11　罗斯 308 父母代肉种鸡　　　　　彩图 4-3　绍兴鸭

彩图 4-4　金定鸭

连城白鸭♂　　　连城白鸭♀
彩图 4-5　连城白鸭

彩图 4-6　咔叽 - 康贝尔鸭　　　　彩图 4-7　北京鸭

彩图 4-8　樱桃谷鸭

彩图 4-9　天府肉鸭父母代
（麻羽系）

彩图 4-10　狄高鸭

太湖鹅♂　　　　太湖鹅♀

彩图 4-11　太湖鹅

豁眼鹅♂　　　　豁眼鹅♀

彩图 4-12　豁眼鹅

阳江鹅♂　　　　阳江鹅♀

彩图 4-13　阳江鹅

乌鬃鹅♂　　　　乌鬃鹅♀

彩图 4-14　乌鬃鹅

籽鹅♂　　　　籽鹅♀

彩图 4-15　籽鹅

长乐鹅♂　　　　长乐鹅♀

彩图 4-16　长乐鹅

彩图 4-17　四川白鹅　　　彩图 4-18　皖西白鹅　　　彩图 4-19　溆浦鹅

彩图 4-20　浙东白鹅

彩图 4-21　朗德鹅　　　　　　　　彩图 4-22　莱茵鹅

彩图 4-23　狮头鹅　　　　　　　　彩图 4-24　埃姆登鹅

"十二五"职业教育国家规划教材
经全国职业教育教材审定委员会审定

家禽生产技术

JIAQIN

SHENGCHAN JISHU

第二版

蔡吉光 王 星 主编

化学工业出版社

·北京·

《家禽生产技术》（第二版）由校企人员合作共同开发和编写。全书以现场的典型工作任务和主要生产环节为主线，以任务驱动、项目化教学理念为指导进行编写，充分体现"做中学，做中教"的高等职业教育特色。教材根据生产实际，设计了家禽孵化、蛋鸡生产、肉鸡生产、水禽生产（含鸭、鹅的生产）、禽场的疾病防治、禽场的经营管理6个大项目，在每个项目前均以"学习目标"方式指明了关键知识点与技能点。每个项目再细化为若干个具体的教学任务（全书共26个教学任务），每个教学任务紧紧围绕生产主要环节展开，又分为"任务描述"、"任务分析"、"任务实施"、"知识拓展"、"任务思考"等模块，实现了职业教育"教、学、做"合一。

　　本教材在内容上吸收了家禽生产的新技术和新设备，反映了家禽产业升级现状，将最新的国家和职业标准融入教材，充分体现教材与职业标准对接，内容与行业、企业实践对接的职业教育特色，实现了课堂教学与生产实践相融合，人才培养与家禽生产行业的岗位相对接，完全符合职业教育技术技能型人才培养的需求。本书配有电子课件，可从 www.cipedu.com.cn 下载使用。

　　本教材可作为高职高专院校的畜牧、畜牧兽医等相关专业教材，亦可作为养禽技术人员、畜牧兽医工作者和饲养人员的参考书。

图书在版编目（CIP）数据

家禽生产技术 / 蔡吉光，王星主编. —2 版. —北京：
化学工业出版社，2016.10（2022.10 重印）
"十二五"职业教育国家规划教材
ISBN 978-7-122-28251-4

Ⅰ.①家… Ⅱ.①蔡… ②王… Ⅲ.①家禽-饲养管理-
高等职业教育-材料 Ⅳ.①S83

中国版本图书馆 CIP 数据核字（2016）第 236484 号

责任编辑：梁静丽　迟　蕾　李植峰　　　　　文字编辑：孙凤英
责任校对：宋　夏　　　　　　　　　　　　　装帧设计：史利平

出版发行：化学工业出版社（北京市东城区青年湖南街 13 号　邮政编码 100011）
印　　装：北京七彩京通数码快印有限公司
787mm×1092mm　1/16　印张 13　彩插 4　字数 332 千字　2022 年 10 月北京第 2 版第 5 次印刷

购书咨询：010-64518888　　　　　　　　　　售后服务：010-64518899
网　　址：http://www.cip.com.cn
凡购买本书，如有缺损质量问题，本社销售中心负责调换。

定　　价：39.00 元　　　　　　　　　　　　　版权所有　违者必究

《家禽生产技术》（第二版）编审人员

主　　编　蔡吉光　王　星

副 主 编　文　平　齐桂敏

编写人员　（按照姓名汉语拼音排列）

　　　　　　蔡吉光　（辽宁农业职业技术学院）

　　　　　　曹晓娟　（内蒙古农业大学职业技术学院）

　　　　　　葛长城　（聊城职业技术学院）

　　　　　　李锋涛　（辽宁水利职业学院）

　　　　　　苗春玉　（北京康牧兽医药械中心）

　　　　　　齐桂敏　（辽宁农业职业技术学院）

　　　　　　钱俊平　（锡林郭勒职业学院）

　　　　　　王　星　（辽东学院）

　　　　　　文　平　（宜宾职业技术学院）

主　　审　孙　皓　（北京市华都峪口禽业有限责任公司）

　　　　　　王喜庆　［大成食品（大连）有限公司］

第二版前言
FOREWORD

《家禽生产技术》第一版于2009年出版发行，2015年在教育部组织的"十二五"职业教育国家规划教材评审中被优选为国家级规划教材。

本教材以《国家中长期教育改革发展规划纲要（2010—2020年）》和《国家高等职业教育发展规划（2011—2015年）》、《教育部关于"十二五"职业教育教材建设的若干意见》为指导思想，以《高等职业学校专业教学标准（试行）》为依据，按照"源于岗位需要、项目任务驱动、对接行业标准"的思路进行修订编写。第二版教材主要修订特点如下。

第一，工学结合，校企共建，进一步增强教材的职业性和实用性。

为更好地适应理实一体化教学模式的需要，本教材以养殖实际生产中提炼出的典型工作任务和主要生产环节为主线，邀请了从事高等职业教育家禽生产教学实践的专家、教授和家禽生产企业的高层管理者进行编写和审稿，有针对性地进行了教材的修改与补充；并充分考虑主流养殖与地方特色养殖的现状，以及我国南北方家禽养殖的地区性差异。

第二，行动导向，任务驱动，教材更加适应职业教育教学需求。

本教材在编写体例结构上，从职业教育的行动导向和任务驱动原则出发，将项目分解为多个任务，设置了"学习目标"、"任务描述"、"任务分析"、"任务实施"、"知识拓展"、"任务思考"等学习模块，完全适合"做中学"和"做中教"的理实一体化教学模式。教材通过"任务描述"明晰了任务的重要性和主要内容；通过"任务分析"交代了完成任务所需要掌握的知识与技能；通过"任务实施"规范了任务的主要步骤；通过"知识拓展"加强了技能的理论支撑，教材整体着重体现了工作过程系统化的职业教育特色。

第三，引入现行行业标准，实现教材内容与职业标准相对接。

本教材从内容选取上，将现行"国家标准"、"行业标准"引入教材，充分体现了学习内容与职业标准对接。教材充分采纳了一线养殖专家的建议，将家禽生产的新技术、新知识、新工艺、新设备等产业技术升级现状和健康养殖、绿色养殖等现代养殖理念融入教材中，并对禽场规划与设计及环境的监控进行重点修改。使教材紧紧围绕家禽养殖岗位特点，更加符合高等职业教育规律和技术技能型人才成长规律要求。教材注重培养学生的技术推广和生产经营管理能力，使学生既具有较强的实践动手操作能力，又具有一定的理论基础。

本书在修订过程中，由北京市华都峪口禽业有限责任公司总裁孙皓、大成集团技术总监王喜庆对教材内容进行了审定。

同时得到了化学工业出版社的大力支持和各位参编老师所在单位的积极支持与配合，使得教材修订顺利完成，在此致以诚挚的感谢。

由于编写时间较紧、编写水平有限，书中不足之处在所难免，希望各院校在教学实践过程中提出宝贵意见，以便进一步完善教材。

编者

2017 年 2 月

第一版前言
FOREWORD

　　高等职业教育作为高等教育发展中的一个类型，肩负着培养面向生产、建设、服务和管理第一线需要的高技能型人才的使命。2006年，国家教育部以教高〔2006〕16号文件的形式颁发了《关于全面提高高等职业教育教学质量的若干意见》，其精神实质是把构建新的高职教育办学模式、切实提高高职教育的教学质量放在首要的位置，推行与生产劳动和社会实践相结合的学习模式，强化学生能力的培养。融"教、学、做"为一体，重点建设好与企业共同开发紧密结合生产实际的高职高专教材。

　　家禽生产技术是畜牧兽医专业的一门必修专业课。本教材在教高〔2006〕16号文件精神的指导下，根据21世纪农业部高等农业职业教育重点建设专业教学指导方案开发项目成果——畜牧兽医专业教学指导方案组织编写。家禽生产技术课程内容的设置根据职业岗位群的任职要求，参照《家禽饲养工国家职业标准》（国家职业资格四级、三级 5-03-04-01；5-03-04-99；5-03-05GBM5-35）规定的职业能力培养标准，规范课程教学的基本要求，目标是培养学生具备应职岗位所必需的家禽生产的基础知识和职业技能。家禽生产作为一组职业岗位群，其内含7个相对独立的职业岗位，即蛋鸡饲养岗位、肉鸡饲养岗位、水禽饲养岗位、家禽孵化岗位、家禽饲料制作岗位、养禽场的卫生防疫岗位、养禽场经营管理及产品质量控制岗位。岗位群中包含的核心技能有：①家畜品种的识别；②孵化操作技术；③育雏期饲养管理技术；④育成期饲养管理技术；⑤产蛋期饲养管理技术；⑥种禽饲养管理技术；⑦家禽营养需要及饲料配方制作；⑧养禽场的经营管理；⑨家禽卫生防疫等。据此设置家禽生产技术教材的内容，以求体现高职教育教材的特点及它的应用性、实用性、综合性和先进性。

　　为完成上述培养目标，建议学校在硬件建设上应有一个中小规模的养禽场、附属孵化厂、动物疾病门诊和与学校有合作协议的校外养禽生产企业。组织学生广泛参与课内外生产现场的实践活动，强调教学过程的实践性、开放性、职业性，体现学生校内学习与实际工作的一致性。依此设计实验、实训、实习三个关键环节的考试、考核内容和方法，通过本门课的理论学习和实践锻炼，培养学生从事家禽生产的职业技能和专业素质。

　　本书编写分工如下：史延平编写绪论和第八章；胡天正编写第一章；赵月平编写第二章；姜文联编写第三章；葛长城编写第四章；蔡吉光编写第五章；文平编写第六章；兴长健编写第七章；朱宁喜编写第九章；李彦军编写第十章。

　　本书除适于高职高专畜牧兽医专业、畜牧专业的师生使用外，还可作为基层专业技术人员以及广大养殖户的参考书籍。

由于编者业务水平有限，国内又缺少按照职业岗位模块教学的形式编写的教材，无范例可用，故书中不足之处在所难免，恳请各院校在教学实践中提出批评意见，以便今后改正，谨致诚谢。

本书承蒙我国资深的养禽学界前辈朱元照教授拨冗审阅全稿，提出许多中肯意见，在此一并致谢！

编者

2009 年 6 月

目录
CONTENTS

项目一 家禽孵化

　　家禽具有就巢性，是卵生动物，其胚胎发育主要在体外完成。种蛋在一定的外界环境条件下发育成雏禽的过程叫作孵化。人工模仿家禽孵化原理孵化雏鸡的方法叫作人工孵化技术。目前，传统孵化法已经被机器孵化方法所取代。机器孵化法的发明，是高效率生产家禽产品、推广家禽良种繁育的重要途径，是现代养禽业向工厂化、集约化、规模化快速发展的重要保证。

　　孵化是所有种禽饲养企业的关键生产环节，本项目以主要生产程序为主线，从孵化场的规划与设计、种蛋的质量管理、孵化前的准备、种蛋的孵化、孵化效果的检查与分析、初生雏的质量管理等方面进行了任务分解，并辅以必要的理论支撑，使学习者熟悉家禽孵化生产的实际环节，便于掌握孵化岗位的技能与管理要点。

任务一 孵化场的规划设计

任务描述

　　孵化场的规划设计，是孵化生产防疫体系建设的重要前提和保障。主要是根据种禽饲养量和市场需求，合理规划孵化场规模，选择适宜的场址，按照孵化场的工艺流程、建筑要求建设，满足孵化场所需的最基本要求。

任务分析

做到孵化场规划设计合理，首先，需要根据孵化的规模来确定场址及建设规划；其次，孵化场的总体布局要符合《畜禽养殖业污染防治技术规范》（NY/T 682—2003）、《畜禽场场区设计技术规范》、《种鸡场孵化厂动物卫生规范》（NY/T 1602—2008）等行业标准，孵化场各类建筑物要求必须符合相应法规，从而满足孵化场正常生产的需要。

任务实施

一、 场址选择

孵化场是最容易被污染的场所。特别是大型孵化场，若选址不慎，就会带来不必要的麻烦，造成孵化成本的提高，因此，选址要谨慎。

1. 勿争农地

尽可能地利用荒地、山坡、山区岗地，减少利用农田，不占用良田，确实解决好勿争农地。

2. 地形地势

孵化场尽量建在地势高燥、背风向阳、水源充足的地方，这样有利于孵化场的保暖、采光、通风和干燥；电力保障，还必须配备发电机；交通便利，以便种蛋和雏禽的运输；排水、排污方便、快捷。平原地区应选择平坦、开阔、地段稍高的地方；靠近河流、湖泊的场地，应比当地最高水位高 1～2m；山区建在稍平的缓坡，坡面向阳。

3. 卫生防疫

孵化场距离铁路、公路主干线至少 1km 以上；周围 3km 以内无大型化工厂、矿场等有害气体污染源；距离其他孵化场、畜禽饲养场、屠宰场、动物医院、垃圾和污水处理场、集贸市场至少 2km 以上，距居民区不少于 1km。在选择场址时必须符合行业标准《种鸡场孵化厂动物卫生规范》（NY/T1602—2008）。

二、 孵化场总体布局

1. 孵化场规模确定

孵化场的规模一般根据种鸡场的生产规模而定。若按种鸡每 7 天所产的合格种蛋数为每批的孵化量（如果每周孵化两批，则按 3 天、4 天合格种蛋量），据此确定孵化器的型号和数量，最后确定孵化厅各室的面积。此外，还要考虑场内道路、停车场、绿化以及污水的处理设备等的占地面积，最后确定孵化场生产区的总占地面积和规模。

2. 孵化场布局

大型孵化厅包括种蛋接收室、种蛋处置室、种蛋贮存室、种蛋消毒室、孵化室、移盘室、出雏室、雏鸡处理室（兼雏鸡待运室）、接雏室、洗涤室、雏盒室、仓库、消毒通道、更衣室、淋浴室、办公室（内部）、技术资料档案室、厕所以及冷（暖）房、发电机房等功能房间。孵化厅以孵化室、移盘室和出雏室为中心，根据生产工艺流程和生物安全要求以及服务项目来确定孵化厅的布局，安排其他各室的位置和面积，以缩短运输距离和尽量防止人员串岗，既有利于卫生防疫，又可提高建筑面积的利用率。主要功能区布局见图 1-1。

3. 孵化场生产工艺流程

孵化场的建筑设计应遵循入孵种蛋由一端进入，雏鸡由另一端出去，即"种蛋→雏鸡"

的单向流程，不得逆转或交叉（图1-1）。
种蛋→种蛋消毒→种蛋贮存→分级码盘→
孵化→移盘→出雏→鉴别、分级、免疫→
雏禽存放→外运。

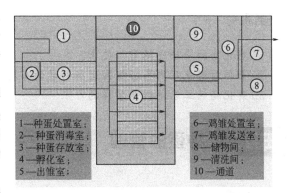

（1）种蛋接收　种蛋从种鸡场运到孵
化场入口处的消毒通道进行消毒。主要是
消毒车辆，尤其是车轮，然后经种蛋专用
通道运至种蛋接收室，经接收窗口进入种
蛋处置室。

（2）种蛋的处置　种蛋在种蛋处置
室，经过选择、码盘，装入孵化蛋盘车

1—种蛋处置室；
2—种蛋消毒室；
3—种蛋存放室；
4—孵化室；
5—出雏室；
6—鸡雏处置室；
7—鸡雏发送室；
8—储物间；
9—清洗间；
10—通道

图 1-1　孵化场布局

后，推入种蛋消毒室消毒，再推入种蛋贮存室保存。若无需保存，可直接推至孵化室预热，
待预热后在入孵器中消毒。种蛋从贮存室拉出后不可立即消毒，应经预热待种蛋上的凝水蒸
发后才能消毒。

（3）种蛋的孵化　种蛋（鸡胚）经十几天孵化（最早 15 天，最晚 19 天，避开 18 天），
在移盘室将孵化蛋盘中的种蛋移至出雏盘，在出雏器中继续孵化至出雏。

（4）初生雏的处理　初生雏鸡在雏鸡处置室选择、雌雄鉴别、免疫和根据需要进行剪
冠、切趾、断喙以及戴翅号、肩号、脚号等。最后根据不同季节，每盒装雏鸡 83～104 只，
在雏鸡处置室近接雏室一侧，准备待运。

（5）雏鸡的接运　接（运）雏车辆经孵化场入口处的雏鸡接运消毒通道消毒后，至接雏
室，由工作人员将雏鸡经接雏窗口递给接雏人，运至目的地。

知识拓展

孵化场中的各类建筑物的设计

孵化室的建筑物主要包括地面、墙壁、门窗、屋顶与天花板、上下水道、电线
铺设等，材料选择与建筑设计必须符合国家行业标准《畜禽场场区设计技术规范》
（NY/T 682—2003）相关参数要求。

地面要求平整光滑、无积水、防潮和有一定的承载力，可采用现浇水磨石地
面，为加强承载力，可增加钢筋。墙壁要求保温隔热性能良好和坚固耐用、光滑、
耐高压冲洗。门窗要求开关自如又要密封，还能防雨淋，门要求高度 2.4m 以上、
宽 1.5m 以上，以利于运输车进出。屋顶要防水、保温、承重、不透气、光滑、耐
火、结构简便，屋顶分"人"字形及平顶形，避免冬天天花板结冰、滴水；天花板
至地面的高度一般为 4.2m 以上。上下水总阀门注意保温防冻。电线铺设总体要求
是防水、安全，方便维修。

孵化场必须安装通风换气系统，目的是为胚胎供给氧气，排除废气和驱散余
热，保持室温在 25℃左右。

任务思考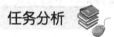

1. 孵化场的场址选择有何要求？
2. 如何对孵化厅内各功能区进行科学的布局？
3. 孵化场的工艺流程是怎样的？

任务二 种蛋的管理

任务描述

种蛋的管理是孵化生产的第一步，也是非常重要的环节，正确的管理能够保证种蛋的品质，从而取得较好的孵化成绩。种蛋的质量管理主要有种蛋的选择、消毒、贮存等环节。

任务分析

按照实际生产程序，种蛋管理从种蛋的运输、选择、消毒、保存逐步进行，每个过程都会影响到种蛋的质量，最终影响种蛋孵化率及雏鸡的品质。因此，生产中应该严格把控种蛋选择标准、进行必要的消毒和适宜的保存，为取得良好的孵化成绩奠定基础。

任务实施

一、种蛋的选择

种蛋的质量直接影响孵化率和雏鸡的品质，必须选择合格种蛋进行孵化。合格及不合格种蛋的孵化效果如下（表 1-1）。

表 1-1　合格与不合格种蛋的孵化成绩（葛鑫等，2012）

项目	受精率/%	受精蛋孵化率/%	入孵蛋孵化率/%
合格蛋	82.3	87.2	71.7
裂壳蛋	74.6	53.2	39.7
畸形蛋	69.1	48.9	33.8
薄壳蛋	72.5	47.3	34.3
气室不正常蛋	81.1	68.1	53.2
血斑蛋	8.7	71.5	56.3

1. 种蛋选择标准

优良种鸡所产的蛋并非全部是合格种蛋，必须严格选择，主要通过以下几方面考虑。

（1）种蛋来源　种蛋应来自高产、稳产、无经蛋传播的疾病、受精率高、饲养营养全面、管理良好、健康的种禽群，一般蛋用型受精率应在 90％以上，肉用型 85％以上。

（2）清洁度　合格种蛋蛋壳表面不应沾有粪便或被破蛋液污染，否则，影响胚蛋气体交换降低孵化效果，还会污染正常种蛋和孵化器，增加腐败蛋和死胚蛋，导致孵化率降低，雏鸡质量下降，应予以剔除。轻度污染的种蛋，入孵前认真擦拭或用消毒液洗去污物。

（3）蛋的大小　蛋重过大或过小均影响孵化率、雏鸡质量和健雏率，尤其肉仔鸡更明显。对同一品系（品种）同一日龄的鸡群，所产蛋的大小越接近一致，种蛋合格率越高，说明鸡群选育程度较高，饲养管理也越好。雏鸡的初生重与早期增重呈正相关，故对商品代肉鸡种蛋大小的选择更为重要。一般要求蛋用鸡种蛋大小为 50～65g，65g 以上或 49g 以下的，孵化率均低。肉用鸡种蛋蛋重为 55～68g。

（4）蛋形　接近卵圆形的种蛋孵化效果最好，蛋形指数为 0.72～0.76，以 0.74 最好。蛋形指数是鸡蛋短轴与长轴的比值。畸形蛋孵化率很低，不宜入孵，应剔除掉，常见的有双黄蛋、特小蛋（无蛋黄）、软壳蛋、异物蛋、异形蛋（细长、短圆、橄榄形、枣核状、腰凸状等）、蛋中蛋等。

（5）蛋壳颜色　不同品种蛋壳颜色不同，但是必须符合本品种特征。对于褐壳蛋鸡或其他选择程度低的家禽，蛋壳颜色一致性较差，留种时不一定苛求颜色一致。但是对于由于疾病、应激或饲料营养等因素造成的蛋壳颜色突然改变应暂停留种蛋。

（6）蛋壳厚度　一般鸡蛋蛋壳厚度为 0.27～0.37mm，相对密度为 1.080 的蛋孵化率最高。蛋壳过厚，孵化时蛋内水分蒸发慢，出雏困难；蛋壳过薄，不仅易破，而且蛋内水分蒸发过快，细菌易穿透，不利于胚胎发育。蛋壳厚度在 0.40mm 以上的钢皮蛋和 0.27mm 以下的薄皮蛋，以及沙皮蛋、软皮蛋、厚薄不均的皱纹蛋都应剔除掉。

（7）内部质量　通过照蛋透视挑出裂纹蛋，气室破裂、气室不正和气室过大的陈蛋以及大血斑蛋。有些性状不能直观看到，但又不能全部检查，只能抽测。通过测定相对密度和哈氏单位可以了解种蛋的新鲜程度。存放时间长的种蛋相对密度较低，且哈氏单位因蛋白黏度的降低而降低。

2. 种蛋选择的场所和次数

在种禽舍将不适合孵化的种蛋（如破蛋、脏蛋、各种畸形蛋）从蛋盘上挑出，然后在入蛋库保存前或进孵化室之后进行二次选择，剔除不合格的种蛋。

二、　种蛋的消毒

种蛋从母体产出时会被泄殖腔排泄物污染，接触产蛋箱垫料和粪便及环境的粉尘等时，种蛋会被进一步污染。随着存放时间的延长，附着在蛋表面的微生物大量繁殖，再遇到蛋库温度高、湿度大时繁殖速度加快。比如蛋刚产出时，表面细菌数为 100～300 个，15min 后为 500～600 个，1h 后达 4000～5000 个，若不及时杀灭，就会随蛋壳表面气孔进入蛋内，降低种蛋的孵化率和雏鸡质量。对整个孵化器等都产生很多影响，可见种蛋消毒非常必要。

1. 消毒时间

理论上，种蛋产出后应立刻进行第一次消毒，这样可以消灭附着在蛋壳上的绝大部分细菌，防止侵入蛋内。种禽场尽量做到每天多收集种蛋，然后集中进行消毒。种蛋入孵后，可在孵化器内进行第二次熏蒸消毒。蛋在移盘后在出雏器进行第三次熏蒸消毒。

2. 消毒方法

种蛋的消毒方法有甲醛熏蒸法、药液喷雾消毒法、药液浸泡消毒法、臭氧消毒法、紫外线消毒法等，大型孵化生产中常用甲醛熏蒸消毒法。

（1）甲醛熏蒸消毒　将福尔马林（40%的甲醛溶液）和高锰酸钾混合（混合比为 2∶1），消毒效果好，操作简便，可以快速有效地杀死病原体。

第一次种蛋消毒操作方法：温度在 20～26℃以上、相对湿度 60%～65%条件下，按照每立方米空间用 42mL 福尔马林加 21g 高锰酸钾用量标准进行。先将高锰酸钾放入陶瓷器皿中，然后将福尔马林快速倒入，密闭熏蒸 30min，排风 30min 后可取出，放入种蛋库。可杀死蛋壳上 95％～98％的病原体。

第二次在孵化器内消毒操作用量：用浓度为每立方米 28mL 福尔马林加 14g 高锰酸钾，熏蒸 20min。

雏鸡消毒操作用量：每立方米 14mL 福尔马林加 7g 高锰酸钾。

注意事项如下。

① 甲醛熏蒸消毒要注意安全，防止药液溅到人身上和眼睛里。

② 种蛋在孵化器内消毒时，应避开 24～96h 胚龄的胚蛋。

③ 福尔马林与高锰酸钾化学反应剧烈，又具有很强腐蚀性，应用容积较大的陶瓷盆。

④ 种蛋从贮存室取出或从鸡舍送孵化场消毒室后，在蛋壳表面会凝结水珠（俗称"冒汗"），应让水珠蒸发后再消毒。

⑤ 福尔马林溶液挥发性很强，要随用随取。

（2）二氧化氯喷雾消毒　种蛋收集后放蛋盘中，用 80mg/L 的二氧化氯喷雾消毒，效果较好，但是种蛋必须晾干后才能保存。需要指出的是，用该方法消毒，必须严格控制消毒时间，否则会增加胚胎的死亡率。

（3）臭氧消毒　将种蛋放在密闭房间或箱体内，当臭氧浓度达 0.01％时可有效杀灭细菌，消毒时间长是这个消毒方法的一个缺点。

（4）过氧乙酸熏蒸消毒　过氧乙酸是一种高效、快速、广谱消毒剂。每立方米用 16％的过氧乙酸溶液 50mL、高锰酸钾 5g，熏蒸 15min。可快速、有效杀死大部分细菌。但须注意以下几点。

① 过氧乙酸遇热不稳定，40％以上浓度，加热至 50℃易引起爆炸，应低温保存。

② 过氧乙酸为无色透明液体，腐蚀性很强，不要接触衣物、皮肤，消毒时用陶瓷盆或搪瓷盆。

③ 现配现用，稀释液保存不超过 3 天。

（5）杀菌剂浸泡洗蛋　洗蛋液加入特质的杀菌剂，洗蛋后用次氯酸溶液进行漂洗。清洗消毒的水温为 40.5～43.3℃，蛋内胚胎不能被加热到 37.2℃，种蛋保存前不能用浸泡法消毒，否则，会破坏胶质层，加快蛋内水分蒸发，细菌也易进入蛋内，故仅用于入孵前消毒。

种蛋消毒后马上放到蛋库中保存或入孵，防止再次被细菌污染。

三、 种蛋的保存

即使是经过严格挑选的合格种蛋，如果保存不当，也会导致孵化率下降，甚至造成无法孵化的后果。因为受精蛋中的胚胎在蛋的形成过程中（输卵管内）已开始发育，因此，种蛋产出至入孵前，必须注意适宜的保存环境（温度、湿度、时间和卫生等）。

1. 种蛋保存的适宜温度

鸡胚发育的临界温度（也称生理零度）是 23.9℃，即超过此温度胚胎就开始发育，低于此温度胚胎就停止发育，进入静止休眠状态。但是，一般在生产中保存种蛋的温度要比临界温度低，因为温度过高，会为蛋中的各种酶的活动以及残余细菌的繁殖创造有利条件，为了抑制酶的活性及细菌繁殖，种蛋保存温度应低。

种蛋贮存 1 周之内，要求种蛋库的保存温度为 15～18℃；保存超过 1 周，12～14℃为宜，一般情况下种蛋库都稳定在这一温度下；超过 2 周，应降至 10.5℃。种蛋保存期间应保持温度的相对稳定，切忌温度忽高忽低。因此，有条件的种蛋库可安装空调，实现自动控温、控湿和通风，效果较好。

2. 种蛋保存的适宜相对湿度

种蛋在保存期间蛋内水分通过气孔不断蒸发，其蒸发速度与贮存室里的湿度成反比。环境湿度越高蛋内水分蒸发越慢。为了减少蛋内水分蒸发，必须提高贮存室的湿度，一般相对湿度保持在 75%～80%。这样可以明显降低蛋内水分的蒸发，又能防止霉菌滋生，减少湿度过大对蛋箱的损坏。种蛋保存的环境要求见表 1-2。

表 1-2 种蛋保存的环境要求

项目	保存条件						
	14 天内	1 周内	2 周内		3 周内		
			第一周	第二周	第一周	第二周	第三周
温度/℃	15～17	13～15	13～15		13	10	7.5
相对湿度/%	70～75		75		75		
蛋的位置	锐端向上		钝端向上				

3. 种蛋保存时间

种蛋即使在适宜环境条件下保存，种蛋的受精率和孵化率也会随着保存时间的延长而降低（表 1-3）。随着保存时间、孵化时间的延长，蛋内水分蒸发过多，使系带和蛋黄膜变脆。蛋内各种酶的活动，使胚胎衰弱及营养物质的变性，降低了胚胎的生活力，残余细菌繁殖危及胚胎。一般以 3～5 天为宜。在有空调设备的贮蛋室，保存 2 周，孵化率下降幅度小，保存 2 周以上，孵化率明显下降，保存 3 周以上，孵化率急剧下降。

表 1-3 种蛋保存时间对孵化率的影响

保存时间/天	受精蛋孵化率/%	保存时间/天	受精蛋孵化率/%
1	88	16	44
4	87	19	30
7	79	22	26
10	68	29	0
13	56		

注:引自王庆民,雏鸡孵化与雌雄鉴别,1990。

4. 种蛋保存期间的注意事项

(1) 保存期间的转蛋 保存期间转蛋的目的是防止胚胎与壳膜粘连，以免孵化率降低和胚胎早期死亡。保存 1 周以内不需要转蛋，超过 1 周，每天转蛋 1～2 次。转蛋角度为 90°。

(2) 种蛋放置位置 一般要求种蛋在保存期间钝端朝上，锐端朝下，有利于种蛋存放和入孵时码放和处理种蛋。为便于孵化，最好使用孵化车来存入种蛋。

(3) 种蛋上水汽凝结 当种蛋由种蛋库移出运到码盘室时，由于码盘室的温度较高，水蒸气会凝结到蛋壳上，形成水滴，俗称"冒汗"。要尽快加大通风消除水汽，注意不能用甲醛熏蒸消毒"冒汗"种蛋。

(4) 通风良好，卫生清洁 保持种蛋库的通风，保证不受日光直射，并做好定期卫生消毒工作。

四、 种蛋的运输

种蛋装箱运输前，必须先选择，剔除不合格蛋，尤其是破蛋、裂纹蛋。种蛋运输要有专门的包装，可采用纸箱包装，蛋托（种蛋盘）最好用纸质蛋托，不用塑料蛋托，每箱300～420枚，为防止种蛋晃动，每层撒一些垫料。运输工具可选择汽车、火车或空运、水运，运输要快速平稳，要保障运输途中不受热、不受冻、不被雨淋，还要防止破损，在包装箱上注明"种蛋"、"防震"、"勿倒置"、"防雨淋"等字样或图标。冬季向寒冷地区运送种蛋，可以先把种蛋套上一层塑料布再运输。

知识拓展

蛋的构造

虽然各种禽蛋大小各不相同，但是其结构是大体一致的。禽蛋的结构（图1-2）可分为胚盘（胚珠）、蛋黄、蛋白、蛋壳膜和蛋壳五个部分。

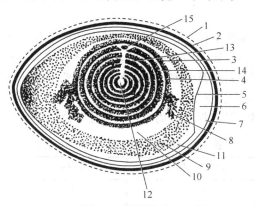

图1-2　蛋的构造

1—胶护膜；2—蛋壳；3—蛋黄膜；4—系带层浓蛋白；
5—内壳膜；6—气室　7—外壳膜；8—系带；9—浓蛋白；
10—内稀蛋白；11—外稀蛋白；12—蛋黄心；
13—深色蛋黄；14—浅色蛋黄；15—胚珠或胚盘

1. 胚盘（胚珠）　蛋黄上部中央有一小白圆斑，在未受精时，圆斑呈云雾状，称为胚珠，直径1.6～3.0mm。由于相对密度较小，一般浮于蛋黄的顶端。

受精后的蛋，其胚胎发育已进行相当程度，有明暗区之分，外观上中央呈透明状，称为明区，周围颜色较暗不透明，称为暗区。肉眼可见中央透明的小白圆斑，直径3.0～5.0mm，称为胚盘。胚盘是胚胎发育的原基。受精蛋的胚胎在适宜的外界温度下，便会很快发育，这样就会降低蛋的耐贮性和质量。

2. 蛋黄　位于蛋的中央，其外有蛋黄膜包围而呈球形。蛋黄可以为胚胎发育提供营养。蛋黄似为一色，实由黄卵黄层和白卵黄层交替形成深浅不同的同心圆状排列。这是由于禽昼夜代谢率不同所致，其分明程度随日粮中所含叶黄素与类胡萝卜素的含量而异。浅黄色蛋黄一般仅占全蛋黄的5%左右。

3. 蛋白　蛋白亦称蛋清，是一种胶体物质，占蛋重的45%～60%，颜色为微黄色。是带黏性的半流动透明胶体，紧包围着蛋黄。按其成分和黏性，由外向内依次为：第一层为外稀蛋白层，贴附在蛋白膜上，占整个蛋白的23.3%；第二层为外浓蛋白层（亦称中层浓厚蛋白层），约占57.2%；第三层为内稀蛋白层，约占16.8%；第四层为内浓蛋白层，亦称系带膜状层，为一薄层，加上与之连为一体的两端系带，约占2.7%。在蛋黄两端附有螺旋状系带，具有保护胚盘的作用。蛋白供给胚胎发育所需的大部分营养物质。

系带膜状层分为膜状部和索状部。膜状部包在蛋黄膜上，一般很难与蛋黄膜分开。索状部是系带膜状层沿蛋中轴向两端的螺旋延伸，为白色不透明胶体。系带膜状层使蛋黄固定在蛋的中央。随存放时间的延长，系带弹性降低，浓厚蛋白稀薄化，这种作用就会失去。在加工蛋制品时，要将系带索状部除去。

4. 蛋壳膜　蛋壳里面有两层蛋壳膜，紧贴蛋壳的一层叫外壳膜，紧贴蛋白的一层叫内壳膜，两层之间在钝端形成气室。在蛋的孵化过程中，气室随胚龄增加而日渐增大。蛋壳膜具有防止水分过度蒸发和阻止微生物侵入的作用。

未产出的蛋，其两层膜是紧贴在一起的。蛋离体后，由于外界温度低于鸡的体温，蛋的内容物收缩，多在蛋的钝端两层膜分开，形成一个双凸透镜似的空间，称为气室。气室的大小可反映禽蛋的新鲜程度。

5. 蛋壳　蛋壳位于蛋的最外层，蛋壳上有许多气孔与内外相通。厚度一般为0.3mm左右，大多在0.27～0.37mm。蛋壳上密布孔隙，称为气孔，总数为1000～12000个，气孔外大内小，为禽胚发育时与外界气体交换之通道；在鲜蛋存放过程中，蛋内水分通过气孔蒸发造成失重；微生物在外蛋壳膜脱落时，通过气孔侵入蛋内，加速蛋的腐败；加工再制蛋时，料液通过气孔浸入。所以，要根据需要，科学合理地对待气孔的作用。

蛋壳外有一层极薄的胶护膜，其主要化学组成为糖蛋白。可阻止蛋内水分蒸发，防止外界微生物的侵入。随着保存时间的延长或孵化，胶护膜逐渐消失。蛋壳的主要成分为碳酸钙，供给胚胎发育所需的矿物质。水洗、受潮或机械摩擦均易使其脱落。因此，该膜对蛋的质量仅能起短时间的保护作用。

蛋的形成

鸡蛋是在成熟的母鸡生殖器官内形成而排出体外的。母鸡的生殖器官主要构造有两部分，卵巢一对成结节状，输卵管一对，包括喇叭部（伞部）、蛋白分泌部（膨大部）、峡部、子宫部及阴道部。右侧卵巢和输卵管在孵化的第7～9天即停止发育，只有左侧卵巢和输卵管正常发育，具有繁殖机能。一个卵巢有数百万枚卵泡，但其中仅有少数能成熟排卵。每个卵泡含有一个卵母细胞或生殖细胞（图1-3）。

未受精的蛋，生殖细胞在蛋形成过程中，一般

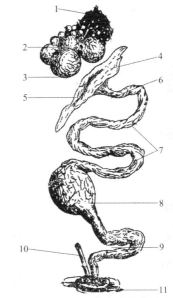

图1-3　母禽生殖器官

1—卵巢基；2—发育中的卵泡；3—成熟的卵泡；
4—喇叭部；5—喇叭部入口；6—喇叭部的颈部；
7—蛋白分泌部；8—峡部；9—子宫部；
10—退化的右侧输卵管；11—泄殖腔

不再分裂，打开鸡蛋后蛋黄表面有一白点，叫胚珠。卵泡上有许多血管，自卵巢上送来营养供卵子成长发育。卵巢上每一个卵泡包含一个卵子。卵子在成长过程中，因卵黄累积而逐渐增大。生产较大的卵泡，迅速生长，在排卵前，经9～10天达到成熟。卵泡成熟后，自卵泡缝痕破裂排出卵子，排出的卵子在未形成蛋前叫卵黄，形成蛋后叫蛋黄。

卵泡成熟排出卵黄后，立即被输卵管喇叭部纳入，并在此处与进入输卵管的精子受精形成受精卵。约经30min，进入蛋白分泌部，这里有很多腺体，分泌蛋白，包围卵黄。由于输卵管蠕动作用，推动卵黄在卵输管内旋转前进。在蛋白分泌部（也叫膨大部），因机械旋转，引起这层浓蛋白扭转而形成系带。然后分泌稀蛋白，形成内稀蛋白层，再分泌浓蛋白形成浓蛋白层。最后包上稀蛋白，形成外稀蛋白层。卵在蛋白分泌部停留约3h，在这里形成浓厚黏稠状蛋白。蛋白分泌部的蠕动，促使包有蛋白的卵进入峡部，在此处分泌形成内外蛋壳膜。卵进入子宫部，存留18～20h，由于渗入子宫液，使蛋白的重量增加一倍，同时使蛋壳膜鼓胀而形成蛋的形状。以碳酸钙为主要成分的硬质蛋壳和壳上胶护膜都是在离开子宫前形成的。卵在子宫部已形成完整的鸡蛋。蛋到达阴道部，存留20～30min，在神经和激素的调节作用下，子宫肌肉收缩，使鸡蛋自阴道产出。这就是鸡蛋形成的简单过程。

任务思考

1. 种蛋的选择应该遵循哪些原则？
2. 大型孵化场常采用什么种蛋消毒方法？如何操作？有哪些注意事项？
3. 种蛋保存条件有哪些？有什么注意事项？
4. 蛋的构成分哪几个部分？
5. 简述蛋的形成过程。

任务三 孵化前的准备

任务描述

孵化前的准备工作是孵化生产顺利完成的前提，主要包括孵化计划的制订，孵化室、孵化器、辅助设施的准备以及种蛋预热等环节。

任务分析

为保证孵化生产的顺利完成，要充分做好准备工作。首先，从实际生产能力和市场需求出发制订孵化计划；其次，根据计划准备相配套的孵化设备，并进行调试；最后，要熟悉孵化机的特点及使用方法，方可做好孵化工作。

任务实施

一、 制订计划

孵化前，根据设备条件、孵化和出雏能力、种蛋供应、雏禽销售情况，周密而稳妥考虑，制订出孵化工作计划，列出工作日程表，安排好相应工作人员，做好孵化前设备维护、检修等工作。

二、 孵化室的准备

孵化前对孵化室做好充分准备工作，孵化室必须保证适宜的温度和良好的通风。一般要求孵化室的温度为 22~24℃，湿度为 55%~60%。为了保证此温、湿度，孵化室内应有采暖设备和专有的通风孔或风机，最好建成密闭式的。若为开放式的，窗子也应小而高一些，孵化室天棚距地面 3.5~4m 之间。孵化室的地面要坚固平坦，便于冲刷。整个孵化室经过清扫、冲洗、粉刷、喷淋，最后要进行熏蒸消毒。

三、 孵化器材的准备

1. 孵化机的调试与消毒

（1）检修　孵化操作人员应熟悉和掌握孵化机的各种性能。种蛋入孵前，要全面而彻底检查孵化机各部分配件是否完整无缺，通电试验是否运行正常，整机是否平稳；孵化机内的供温通风部件及各种指示灯、报警灯是否正常；各部位螺钉是否松动，有无异常声响；重点检查控温系统和报警系统是否灵敏。空机运转 1~2 天，未发现异常，才可入孵。

（2）试温　在孵化机内上下、左右、边心等悬挂 15 支经过校对的体温计，通电运行，使机内温度上升至 37.8℃，恒温半小时后取出温度计，记录各点温度，反复 2 次，若各点温度差超过 0.6℃时，应检查机体、机门封闭程度，控温导电表温度值是否正常。如无异常，试机运转 2~3 天，方可进行孵化操作。

（3）消毒　孵化器可与入孵种蛋一起熏蒸消毒，或与孵化室、种蛋同时进行消毒。为了避免疾病感染雏鸡，也应对孵化室的地面、墙壁、天棚消毒。

2. 孵化机的准备

孵化机是孵化场的专用设备，在孵化前一定要充分准备。

（1）孵化机的类型　可视情况购买适宜的机器。大型孵化机主要使用的有箱式孵化机和巷道式孵化机。

① 箱式孵化机　该机一般采用低转速、大直径风扇，一种是风扇放在箱体后测向前吹风，另一种是放在两侧往中间吹风，现多是把风扇装在中间向两边吹风。主要包括孵化机（图 1-4）和出雏机（图 1-5）。

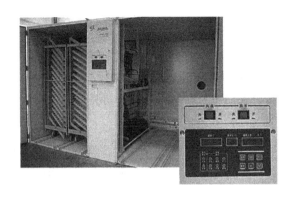

图 1-4　孵化机

图 1-5　出雏机

② 巷道式孵化机 该机特点是多台箱式孵化机组合连体拼装，配备有独特的空气循环和导热系统，容蛋量一般在 7 万枚以上。机内新鲜空气由进气口吸入，经加热加湿后从上部的风道由多个高速风机吹到对面门上，大部分气体被反射下去进入巷道。这种循环充分利用胚蛋的代谢热，箱内没有空气死角，温度均匀，较其他孵化机省电、孵化效果好。

（2）孵化机的主体结构

① 箱体或外壳 孵化器的箱体由框架、内外板、中间夹层组成。要求隔热（保温）性能好、防潮、坚固、美观，外层可选用华丽板或镀锌铁皮喷漆（或镀塑），里层选用华丽板或铝合金板材。箱体中间厚 5cm，中填玻璃纤维或聚苯乙烯泡沫板，孵化机门要密贴封条。为了解决地板防腐难问题，故采用无底结构。

② 种蛋盘 分为孵化盘和出雏盘两种，多用塑料制品，要求通气性能好，不变形，不卡盘、掉盘，利于胚蛋充分、均匀受热和呼吸。

③ 活动转蛋架 按形式分为圆筒式、八角式和驾车跷板式，现多采用驾车跷板式。出雏期因不需转蛋，所以仅设出雏盘架。

（3）孵化机的调控系统

① 控温系统 由电热管（如远红外加热棒）和调节器、控温电路、感温元件等组成。孵化热源——电热管应安放在风扇叶片的侧面或下方，电热管功率以每立方米 200～250W 为宜，并分多组放置。

② 控湿系统 比较原始的方法是在孵化器底部放置水盘，水自然蒸发供湿。先多采用叶片轮式或卧式圆盘片滚筒自动供湿装置。

③ 降温冷却系统 当孵化器内温度超标时，孵化器自动关闭电源停止供热，超温报警，并同时控制"冷排"的电磁阀，打开供给冷水，降低机温。

④ 报警系统 常见的有超温、低温、低湿和电机缺相或停转、过载等报警系统，均可通过灯光及声响同时报警。

（4）孵化机的传动系统

① 翻蛋系统 由转蛋电机、涡轮杆（或丝杆式）、微动开关、定时器和计数器等组成。可保证转蛋次数和角度，并能显示数据。

② 均匀机温 电机带动风扇转动，以均匀孵化器内的温度。转速为 200～240r/min。

③ 通风换气系统 由进、出气孔和均温电机、风扇叶等组成。进风口多采用顶进气和前进气，出气孔均设在孵化器顶部。

（5）孵化机的安全保护装置及机内照明 除上述报警系统外，为了保护操作者的安全，有的孵化器还设定了开孵化器门时，电机风扇停转，关门电机转动。还有开门亮灯、关门灭灯等照明设备。

3. 出雏机的准备

出雏机是与孵化机配套的设备。种鸡蛋入孵 18 天后转入到出雏机完成出壳。箱式出雏机与孵化机的配置一般采用 1∶3 或 1∶4 的比例。由于出雏期不需要翻蛋，所以不设翻蛋结构和翻蛋控制系统。

除此之外，还有倒盘机、雌雄鉴别工作台（图 1-6）、照蛋器（图 1-7）等。

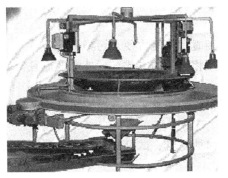

图 1-6　雌雄鉴别工作台

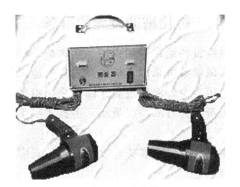

图 1-7　照蛋器

知识拓展

箱式与巷道式孵化机不同点

1. 容量不同　箱式孵化机的容量相对较小，从几千枚到 2 万枚之间，小巧灵活，应用广泛；巷道式孵化机的容量相对较大，大容量可达 9 万多枚，更适合大型孵化场。

2. 温控差别　仅从孵化机的整批入孵而言，箱式孵化机多适用变温孵化法；巷道式孵化机多采用恒温孵化法。

3. 控温系统　箱式孵化机多在中央部位，操作时存在不便；巷道式孵化机加热部件在机器顶部，较为安全。箱式孵化机内部温度为上高下低，孵化后期需要降温和散热；巷道式孵化机内部温度除上高下低外，通过通风系统将先孵化的种蛋将自身热量传递给后入孵而需要热量的种蛋，有效利用了胚胎的自身产热。

4. 转蛋系统　箱式孵化机采用机械翻蛋系统，如操作不当较易出现机械故障；巷道式孵化机采用气压翻蛋系统，较为平稳，故障少。

5. 控湿系统　箱式孵化机多采用水盘供湿，主要靠水温高低和水位来调节湿度，速度较慢；巷道式孵化机采用喷雾来加湿，较快，效果明显。

6. 孵化机与出雏机的配置　箱式孵化机与出雏机配置多为 4∶1；巷道式孵化机与出雏机配置为 1∶1。见图 1-8、图 1-9。

图 1-8　箱式立体孵化机

图 1-9　巷道式孵化机

四、 孵化辅助设施的准备

供暖设备通常采用火墙、热风炉、暖气等，采用暖气供暖方便、污染小。

通风设备可采用机械通风或自然通风与机械通风相结合的方式，舍外温度适宜，就采用自然通风，舍外温度过高或高低采用机械通风。

照蛋设备有简易照蛋箱、手提式照蛋器、照蛋车灯，通常采用手提式照蛋器，一般准备多个。

注射疫苗一般准备连续注射器、煮沸消毒器、白搪瓷盘、试管刷、镊子、消毒药物、冰箱、碘酒等。

此外，备用发电机、高压冲洗机、消毒池紫外线室等也必须准备充足。

五、 入孵前预热

种蛋预热能使暂停发育的胚胎有一个"苏醒适应"的过程，可以减少高温时死精蛋增多，并缓解入孵初孵化温度下降，防止蛋表面凝水，利于提高孵化率。入孵前将种蛋由贮存室（种蛋库）移至22～25℃室内预热12～18h，或30℃环境预热6～8h。

六、 码盘入孵

将种蛋钝端朝上、锐端朝下放置在孵化盘上称码盘，码盘同时挑出破壳蛋、裂纹蛋等。

任务思考 🖐

1. 孵化机的主要结构由哪些部分构成？箱式与巷道式孵化机的不同点是什么？
2. 入孵前为什么要预热？如何操作？
3. 介绍孵化机的构造与使用方法。

任务四 孵化过程管理

任务描述 👤📖

了解和掌控家禽胚胎发育是做好孵化生产的必要技能，给予适宜的种蛋孵化条件是取得良好孵化成绩的先决条件。家禽的胚胎发育各期的温度、湿度、环境对胚胎发育影响很大，因此，必须给予家禽胚胎适合的孵化条件，才能取得良好孵化成绩。

任务分析 📚🖱

要想取得孵化成功，首先应该了解家禽胚胎发育的特点，按照生产程序，掌握好胚胎温度、温度、通风、翻蛋、消毒、凉蛋等孵化条件，以及孵化机器的正确操作方法，才能使人工孵化达到预期效果。

任务实施 🎇

一、 入孵

种蛋经过预热、消毒等准备工作后，即可码盘孵化。入孵的方法依照孵化器的规格而不同，尽量保证整批入孵整批出雏。现有的孵化场多采用推车式孵化器，种蛋码好后直接整车推进孵化器进行孵化。

二、 监控家禽的胚胎发育

入孵后，家禽的胚胎发育重新开始，了解家禽的孵化期及胚胎发育过程，方可做好胚胎发育的监控。

1. 各种家禽的平均孵化期

受精蛋从入孵至出雏所需的天数即孵化期。各种家禽的孵化期（表1-4）各不相同，同种家禽不同品种孵化期也有差异，个体越大、蛋重越大孵化期也越长。家禽的孵化期还受到种蛋保存时间、孵化温度、气候、近亲繁殖等因素影响。

表 1-4 各种家禽的孵化期

家禽种类	鸡	鸭	鹅	瘤头鸭	火鸡	珍珠鸡	鸽	鹌鹑
孵化期/天	21	28	31	33～35	27～28	26	18	16～18

由表可见，家禽的胚胎发育比哺乳动物快得多，且蛋重愈小的禽种孵化期相对愈短。

2. 蛋形成过程中胚胎的发育

成熟的卵细胞从卵巢排出，被输卵管的漏斗部接纳，与精子相遇受精成为受精卵。受精卵在输卵管约停留25h（24～26h）形成完整的鸡蛋产出体外。由于鸡只体温高（41.5℃），适合胚胎发育，因此受精卵在体内形成鸡蛋的过程胚胎已开始发育，即鸡的孵化期为22天，其中有1天是在母体内发育的。

蛋在母体内形成时，囊胚发育成具有外胚层、内胚层两个胚层的囊胚期或原肠早期。鸡蛋产出体外时，温度降低，胚胎暂停发育。剖视受精蛋，肉眼可见卵黄表面形似圆盘状周围有透明带的胚盘。

3. 孵化期中胚胎的发育

（1）家禽的胚胎发育对照　胚胎发育过程相当复杂，禽胚发育不同时期外部特征见表1-5。

表 1-5 各家禽胚胎发育不同时期主要外部特征

胚龄/天			照蛋特征（俗称）	胚胎发育主要特征
鸡	鸭	鹅		
1	1～1.5	1～2	白光珠	胚盘变大,明区上隆形成原条,暗区现红血点
2	2.5～3	3～3.5	樱桃珠	出现血管,心脏开始跳动
3	4	4.5～5	蚊虫珠	卵黄体积增大,出现四肢原基
4	5	5.5～6	小蜘蛛	胚胎头部与卵黄分离,尿囊明显
5	6～6.5	7～7.5	单珠	性腺、肝、脾发育,羊膜长成
6	7～7.5	8～8.5	双珠	胚胎增大,胚体弯曲,活动力增强
7	8～8.5	9～9.5	沉	喙、翼、口腔、鼻孔、肌胃形成,胚胎有体温

续表

胚龄/天			照蛋特征 （俗称）	胚胎发育主要特征
鸡	鸭	鹅		
8	9～9.5	10～10.5	浮	胚胎腹腔愈合，四肢形成，尿囊包围卵黄囊
9	10.5～11.5	11.5～12.5	发边	羽毛突起明显，软骨开始骨化
10	13～14	15～16	合拢	尿囊合拢，龙骨突形成，胚在羊水中浮游
11	15	17		尿囊合拢结束
12	16	18		蛋白部分被吸收，血管加粗，颜色加深
13	17～17.5	19～19.5		躯体被覆绒羽，胚胎迅速增长
14	18～18.5	20～21		胚胎转动，头向气室
15	19～19.5	22～22.5		体外器官基本形成，喙接近气室
16	20	23		大部分蛋白进入羊膜腔，冠和肉髯明显
17	20.5～21	23.5～24	封门	蛋白全部输入羊膜腔，蛋小头不透明
18	22～23	25～26	斜口	尿囊萎缩，气室倾斜，头弯曲，喙向气室
19	24.5～25	27.5～28	闪毛	喙进入气室，肺呼吸开始
20	25.5～27	28.5～30	见嘌	大批啄壳，少量出壳
21	27.5～28	30.5～32	出壳	出雏结束

（2）鸡胚胎发育的主要特征

① 第1天　在入孵的最初24h，即出现若干胚胎发育过程。4h心脏和血管开始发育；12h心脏开始跳动，胚胎血管和卵黄囊血管连接，开始了血液循环；16h体节形成，有了胚胎的初步特征，体节是脊髓两侧形成的众多的块状结构，以后产生骨骼和肌肉；18h消化道开始形成；20h脊柱开始形成；21h神经系统开始形成；22h头开始形成；24h眼开始形成。中胚层进入暗区，在胚盘的边缘血管斑点区出现许多红点，称"血岛"，在灯光透视下，蛋黄隐约可见一微红的圆点，并随蛋黄移动，俗称"白光珠"。见彩图1-10。

② 第2天　卵黄囊、羊膜、绒毛膜开始形成。胚胎头部开始从胚盘分离出来。"血岛"合并形成血管。入孵25h心脏开始形成，30～42h心脏开始跳动。照蛋时可见卵黄囊血管区，形似樱桃，俗称"樱桃珠"。见彩图1-11。

③ 第3天　尿囊开始长出，胚的位置与蛋的长轴垂直，开始形成前后肢芽。出现5个脑胞的原基，眼的色素开始沉积。照蛋时可见胚胎和延伸的卵黄囊血管似蚊子，称为"蚊虫珠"。见彩图1-12。

④ 第4天　舌开始形成，机体的器官都已出现，卵黄囊血管包围蛋黄达1/3，肉眼可明显看到尿囊。羊膜形成。胚和卵黄囊分离，由于中脑迅速增长，胚胎头部明显增大。胚体更为弯曲。照蛋时，蛋黄不容易转动，胚胎与卵黄囊血管形似蜘蛛，称"小蜘蛛"。见彩图1-13。

⑤ 第5天　生殖器官开始分化，出现了两性的区别，心脏完全形成，面部和鼻部也开始有了雏形。胚体极度弯曲，整个胚胎呈"C"形。眼的黑色素大量沉积，照蛋时可明显看

到黑色的眼点，称"单珠"或"黑眼"。见彩图 1-14。

⑥ 第 6 天　尿囊绒毛膜到达蛋壳膜内表面，卵黄囊分布在蛋黄表面的 1/2 以上。由于羊膜壁上的平滑肌的收缩，胚胎有规律地运动。蛋黄由于蛋白水分的渗入而达到最大的重量，由约占蛋黄的 30％ 增至 65％。喙和卵齿开始形成，躯干部增长，翅、脚已可区分。照蛋时可见头部和增大的躯干部两个小圆团，俗称"双珠"。见彩图 1-15。

⑦ 第 7 天　胚胎出现鸟类特征，颈伸长，明显可见翼和喙，肉眼可分辨机体的各个器官，胚胎自身有体温。尿囊液急剧增加，上喙前端出现小白点形的破壳器——卵齿。照蛋时，胚胎在羊水中不容易看清，俗称"沉"。半个蛋表面布满血管。见彩图 1-16。

⑧ 第 8 天　羽毛按一定羽区开始发生，上下喙可以明显分出，右侧卵巢开始退化，四肢完全形成，腹腔愈合。照蛋时，胚胎在羊水中沉浮，时隐时现，俗称"浮"。背面两边蛋黄不易晃动，称"边口发硬"。见彩图 1-17、彩图 1-18。

⑨ 第 9 天　喙开始角质化，软骨开始硬化，喙伸长并弯曲，鼻孔明显，眼睑已达虹膜，翼和后肢已具有鸟类特征。胚胎全身被覆羽乳头，解剖胚胎时，心、肝、胃、食道、肠和肾均已发育良好，肾上方的性腺已可明显区分雌雄。尿囊几乎包围整个胚胎。照蛋时，卵黄囊两边易晃动，尿囊血管伸展越过卵黄囊，俗称"窜筋"。见彩图 1-19。

⑩ 第 10 天　尿囊绒毛膜血管到达蛋的小头，整个背、颈、大腿部都覆盖有羽毛乳头突起。腿部鳞片和趾开始形成，龙骨突形成。尿囊在蛋的锐端合拢。照蛋时，可见尿囊血管在蛋的小头合拢，除了气室外整个蛋布满血管，俗称"合拢"。见彩图 1-20。

⑪ 第 11 天　背部出现绒毛，腺胃明显可见，冠呈锯齿状。尿囊液达到最大量。照蛋时，血管加粗，色加深。见彩图 1-21。

⑫ 第 12 天　身躯覆盖绒毛，肾、肠开始有功能，开始用喙吞食蛋白，蛋白大部分已被吸收到羊膜腔，从原来的占蛋重 76％ 减少至 19％ 左右。见彩图 1-22。

⑬ 第 13 天　头部和身体大部分覆盖绒毛，胫出现鳞片，照蛋时，蛋小头发亮部分随胚龄增加而逐渐减少。见彩图 1-23。

⑭ 第 14 天　胚胎全身覆盖绒毛，头向气室，胚胎开始改变位置，逐渐与蛋的长轴平行。见彩图 1-24。

⑮ 第 15 天　翅已完全成形，胫、趾的鳞片开始形成，眼睑闭合。体内外的器官大体都形成。此时，体内外大部分器官大体都形成了。照蛋时，气室扩大。见彩图 1-25。

⑯ 第 16 天　冠和肉髯明显，绝大部分蛋白进入羊膜腔。照蛋时，气室偏斜更大，小头仅有小部分发亮。见彩图 1-26。

⑰ 第 17 天　羊水和尿囊开始减少。躯干增大，脚、翅、胫变大，眼、头日益显小，两腿紧抱头部，蛋白全部进入羊膜腔。照蛋时，蛋小头看不见发亮的部分，俗称"封门"。见彩图 1-27。

⑱ 第 18 天　羊水、尿囊液明显减少，但仍有少量蛋白羊水。头弯曲在右翼下，眼开始睁开。第 17～18 天肺血管几乎完成形成，但未开始肺呼吸。胚胎转身，喙向气室。照蛋时，可见气室显著增大，且倾斜，俗称"斜口"。见彩图 1-28。

⑲ 第 19 天　尿囊动静脉开始枯萎，卵黄囊收缩，与绝大部分剩余的蛋黄一起缩入腹腔。喙进入气室，开始用肺呼吸。颈、翅突入气室，头埋右翼下，两腿弯曲朝头部，呈抱头姿势，以便于破壳时挣扎。胚胎开始啄壳，可闻雏鸡叫声。照蛋时，可见气室有翅膀、喙、颈部的黑影闪动，俗称"闪毛"。见彩图 1-29。

⑳ 第 20 天　尿囊完全枯萎，血循环停止。卵黄囊与剩余蛋黄已完全吸收到体腔，胚胎占据了除了气室外的全部空间，脐部开始封闭。雏鸡开始大批啄壳，啄壳时上喙尖锐的破壳

齿在近气室处凿一圆的裂孔，然后沿着蛋的横径逆时针间断地敲打至周长 2/3 的裂缝，此时雏鸡用头颈顶，两脚用力蹬挣，20.5 天大量出雏。颈部的破壳肌在孵化后 8 天萎缩，破壳齿也自行脱落。见彩图 1-30～彩图 1-32。

㉑ 第 21 天　雏鸡孵出。破壳而出，绒毛干燥蓬松。见彩图 1-33。

为便于对鸡胚胎发育主要特征的记忆，特编成如下口诀：

> 入孵第一天，血岛胚盘边。二出卵羊绒，心脏开始动。
>
> 三天尿囊现，胚血蚊子见。四天头已出，像只小蜘蛛。
>
> 五天公母辨，明显黑眼点。六天喙基出，头躯像双珠。
>
> 七天卵齿生，胚沉羊水里。八显肋肝肺，羊水胚浮游。
>
> 九天软骨硬，尿囊已窜筋。十天龙骨突，尿囊已合拢。
>
> 十一背毛生，血管粗又深。十二身毛齐，肾肠起作用。
>
> 十三筋骨全，蛋白进羊腔。十四全毛见，胚胎位置变。
>
> 十五翅形成，胫趾生硬鳞。十六显髯冠，蛋白快输完。
>
> 十七蛋白空，小头门已封。十八气室斜，头弯右翅下。
>
> 十九闪毛起，雏叫肺呼吸。二十破壳多，蛋黄腹中缩。
>
> 二十一雏满箱，雌雄要分辨。

知识拓展

家禽胚胎发育及其胎膜

1. **家禽胚胎发育的特点**　家禽的胚胎发育不用于哺乳动物，一是通过蛋中的营养物质发育，不从母体血液中获取营养物质；二是家禽的胚胎发育分为母体内发育（蛋形成过程）和母体外发育（孵化过程）两个阶段。就是因为有母体外发育，才能实现人工孵化。

2. **胎膜的形成及其功能**　胚胎的营养和呼吸主要是靠胎膜实现的，胚胎发育早期形成 4 种胎膜，即卵黄囊、羊膜、浆膜（也称绒毛膜）、尿囊（图 1-34）。

(1) **羊膜和浆膜**　孵化的第 2 天开始出现，先在头部长出一个皱褶，随后向两侧扩展形成侧褶，第 2 天末或第 3 天初羊膜尾褶出现，第 4 天在胚胎背上方合并，形成了羊膜腔包围胚胎，而后体积增大充满透明的液体称羊水。羊水起缓冲震动、平衡压力等保护胚胎作用。羊膜褶包括两层，靠近胚体内层称羊膜，外层称浆膜。羊膜表面无血管，羊膜壁上有平滑肌纤维，能规律性收缩，波动羊水，促使胚胎运动，预防胚胎与羊膜粘连。浆膜紧贴在内壳膜上，当尿囊达到壳膜时，浆膜便与尿囊外层结合形成尿囊浆膜。

(2) **卵黄囊**　孵化的第 2 天开始形成，到第 9 天几乎覆盖了整个蛋黄表面。卵黄囊由卵黄囊柄与胚胎连接，密集血管，并形成循环系统，卵黄囊血管通入胚体，将卵黄囊中的营养物质供给胚胎，卵黄囊还是胚胎造血器官。出壳前，卵黄囊和剩余未被利用的卵黄一起被吸入腹腔，作为初生雏暂时营养来源。

(3) **尿囊**　位于羊膜和卵黄囊之间，孵化的第 2 天开始形成，第 4～10 天迅速增大，在第 10～14 天时包围整个蛋的内容物，并在蛋的小头合拢，称为"合拢"。尿囊膜可起循环系统的作用，其功能如下：尿囊膜可充氧于胚胎的血液，并排除血液中的二氧化碳；将胚胎肾脏产生的排泄物排出而存于尿囊中；它帮助消化蛋白，并帮助从蛋壳吸收钙等矿物质。

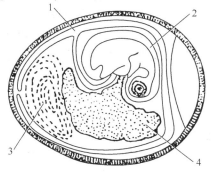

10天

图 1-34 鸡胚的胎膜
1—尿囊；2—羊膜；3—蛋白；4—卵黄及卵黄囊

孵化期中胚胎的物质代谢

胚胎需要从蛋中获取蛋白质、碳水化合物、脂肪、矿物质、维生素、水和氧气等营养物质，才能保证正常生长发育。

1. 水　孵化期间蛋内水分逐渐减少，一部分被蒸发，其余进入蛋黄，形成羊水、尿囊液以及胚胎体内水分。鸡胚至第 6 天蛋白内水分由 54.4% 降至 18.4%，蛋黄水分由 30% 增至 64.4%，约 2 周后蛋黄中增加的水分又重新进入蛋白中，整个孵化器胚蛋因水分蒸发等失重 15%～18%。

2. 蛋白质　蛋内蛋白质约 47% 存于蛋清，其余约 53% 存在于蛋黄，它是形成胚胎组织器官的主要营养物质。第 1 周胚胎主要排泄尿素和氨气，第 2 周起排泄尿酸。其代谢产物存于尿囊中。

3. 脂肪　鸡胚在孵化第 17 天开始大量利用脂肪获取营养，至第 19 天每小时产热达 376.83J，比第 4 天（每小时产热 1.63J）增加 230 倍。

4. 碳水化合物　蛋内含碳水化合物仅 0.5g 左右，是胚胎发育初期的热量来源。

5. 矿物质　胚胎代谢所需要的主要矿物质钙是从蛋壳转移至胚胎中的。从第 12 天起，胚胎中钙含量显著上升，所需其他矿物质，如磷、镁、铁、钾、钠等，主要来自蛋的内容物。

6. 维生素　主要是维生素 A、维生素 B_2、维生素 B_{12}、维生素 D_3 和泛酸，全部来自种鸡所采食的饲料，若不足，造成弱雏、残雏增多。

7. 气体交换　孵化最初 6 天主要通过卵黄中的血液循环供氧；以后尿囊绒毛膜循环系统通过蛋壳上的气孔与外界进行气体交换；19 天后开始肺呼吸。

三、 孵化条件管理

1. 温度管理

（1）温度对胚胎发育的影响　温度是孵化的重要条件，家禽胚胎只有在适宜温度条件下才能保证胚胎的正常发育，获得较高的孵化率和健康雏鸡，温度过高过低都同样有害，严重时导致胚胎死亡。孵化温度偏高时，胚胎发育加快，出壳时间提前，雏鸡软弱，成活率低；孵化温度偏低时，胚胎发育变慢，出壳时间推迟，不利于雏鸡生长发育，孵化率降低。

（2）适宜孵化温度　鸡胚发育对环境有一定的适应能力，以鸡为例，温度在35～40.5℃之间都会有一些种蛋能孵化出雏鸡。鸡孵化的最适宜温度为37.8℃，在环境温度得到控制（24～26℃）前提下，鸡孵化期（1～18天）内适宜孵化温度为37.5～37.8℃，出雏期（19～21天）为36.9～37.2℃。其他家禽的孵化期的适宜温度与鸡接近，一般在±1℃范围内。孵化期长的家禽，孵化适宜温度相对低一些，孵化期短的家禽，孵化适宜温度相对高一些，如鹅的适宜孵化温度为37℃，而鹌鹑为38.6℃。

（3）恒温孵化与变温孵化

① 恒温孵化　孵化期（1～18天）始终保持一个温度，出雏期（19～21天）温度略降。要求孵化器水平较高，而且对孵化室的建筑设计要求较高，需要良好的通风设施，巷道式孵化期采用的是恒温孵化。

② 变温孵化　也称降温孵化，根据不同孵化器、不同的环境温度和胚龄，给予不同的孵化温度。若环境温度低于20℃，则孵化温度可比适宜温度高0.5～0.7℃；若环境温度高于30℃，则可降低孵化温度0.2～0.6℃。鸡变温孵化给温方案见表1-6。

表 1-6　变温孵化给温方案

室温/℃	孵化时间/天			
	1～6	7～12	13～19	19～21
15～20	38.5	38.2	37.8	37.5
22～28	38.0	37.8	37.3	36.9

（4）温度控制　孵化器控温系统，在入孵前已经校正、检验并试机运转正常，一般不要随意变动。刚入孵时，由于种蛋和孵化盘吸热，孵化器内的温度会暂时降低是正常现象。待蛋温、盘温与孵化器里的温度相同时，孵化器温度就会恢复正常。这个过程大约需要几小时，即使暂时停电或维修，引起机温下降，一般不需要调整孵化温度，只有当机温偏低或偏高0.5℃时，才予以调整，并密切观察温度变化，每隔30min观察里面的温度，每2h记录一次温度。要定期测定胚蛋温度，以确定孵化时温度掌握是否适宜。

温度的调控更重要的是要"看胎施温"，即主要通过对照蛋，观察胚胎发育是否正常而确定温度的调整方案。对照胚胎发育的照蛋特征，若胚胎发育正常，则设定温度保持不变；若胚胎发育超前，则应适当降低设定温度；若胚胎发育滞后，则应适当升高设定温度，再进行观察。

2. 相对湿度管理

（1）相对湿度对胚胎发育的影响　相对湿度对胚胎的发育有很大的影响，它与蛋内水分蒸发和胚胎物质代谢有关。适宜的湿度可使胚胎初期受热均匀，后期散热加强，有利于胚胎发育和出壳。相对湿度较低，蛋内水分蒸发过快，雏鸡提前出壳，雏鸡个体小于正常雏鸡，容易脱水；相对湿度较大，水分蒸发过慢，延长孵化时间，导致个体较大且腹部较软。

（2）适宜的孵化湿度 鸡胚发育对环境的相对湿度要求一般为40%～70%即可。分批孵化时，相对湿度为50%～60%，出雏期为65%～70%；整批孵化时采用"两头高，中间低"的原则，孵化初期相对湿度为60%～70%，中期相对湿度为50%～55%，后期相对湿度为65%～70%。出雏器内相对湿度比孵化器内高，一般为70%～75%。

鹅、鸭等水禽出雏湿度要求较高，一般相对湿度在90%以上，有时需要向孵化器内喷温热水增加湿度。

（3）温度和湿度的关系 在家禽胚胎发育期间，一般要求孵化前期，温度高湿度低，出雏时湿度高而温度低。任何阶段都要防止高温和高湿。

（4）湿度的控制 孵化器观察窗内挂有干湿球温度计，每2h观察记录1次，并换算出孵化器内或孵化厅内各室的相对湿度。要注意面纱的清洁和水盘加蒸馏水。较老式的孵化器相对湿度控制，是通过孵化器底部放置水盘多少、控制水温和水位高低来实现的。湿度偏低时，可增加水盘扩大蒸发面积，提高水温和降低水位加快蒸发速度。还可在孵化室地面洒水，改善环境湿度，必要时可用温水直接喷洒胚蛋。出雏时，要及时捞去水盘表面的绒毛。采用喷雾供湿的孵化器，要注意水质，水应经过滤或软化后使用，以免堵塞喷头。目前，箱式孵化器多采用叶片轮式供湿装置。高湿季节通过调节风门控制湿度，风门小则湿度高，风门大则湿度低，雨季不要关闭风门，后期风门全开。

3. 通风换气管理

（1）通风换气的作用 家禽胚胎发育过程中，要不断吸入氧气，排出二氧化碳和水分（表1-7）。随着胚龄的增加，氧气需要量也在增加。通风换气可使空气保持新鲜，减少二氧化碳，有利于胚胎正常发育。二氧化碳浓度不超过0.5%，否则胚胎发育迟缓，死亡率增高，出现胎位不正和畸形。氧气浓度为21%，孵化率最高，每减少1%，孵化率下降5%，每增加1%，孵化率下降1%左右。

表 1-7 孵化期间气体交换（每万枚鸡蛋）

孵化时间/天	氧气吸入量/m³	二氧化碳排出量/m³
1	0.14	0.08
5	0.33	0.16
10	1.06	0.53
15	6.36	3.22
18	8.40	4.31
21	12.71	6.64

（2）通风换气量的掌握 掌握通风换气量的原则是保证正常温度、湿度，充分进行通风换气。机械通风时，要注意孵化器内空气的流速和路线能否引起孵化器内温度、湿度的变化。通风换气量的大小是根据风扇的转速、通气孔的大小和位置进行调节的。通风量大，机械内温度低，胚胎内水分蒸发过快，增加能源消耗；通风量小，机内温度增高，气体交换减缓。冬季和早春适当控制通风，夏季和高温季节适当加大通风量。

（3）通风系统控制 定期检查进气口的防尘纱窗，及时清理灰尘和油污，保证空气畅通。孵化器靠风门大小控制通风量，箱体孵化器前5天风门关闭，冬季前10天风门关闭，利于升温和保温，之后风门逐渐加大，至出雏时风门开至最大。整批入孵时，进出气口随胚龄的增加而增大，分批入孵时，进、出气口一般保持半闭合状态。

4. 翻蛋管理

（1）翻蛋的作用　翻蛋也称转蛋，是指改变种蛋的孵化位置和角度。由于蛋黄脂肪含量较多，相对密度较小，总是位于蛋的上部。而胚胎位于蛋黄之上，若长时间不动，容易与蛋壳粘连，造成胚胎死亡。翻蛋的作用就是改变胚胎位置，使胚胎各部受热均匀，促进羊膜运动，防止与壳膜粘连，有利于胚胎运动和改善胚胎血液循环。

（2）种蛋放置　人工孵化时，种蛋大头高于小头，但是不一定垂直，一般来说雏鸡头部在蛋的大头部位近气室的地方发育，发育过程中的胚胎会使其头部定位于最高位置，如果蛋的大头高于小头，那么上述过程较容易完成。

（3）翻蛋的要求　孵化1～18天，每2h一次，每天12次，若遇停电每天转6～8次对孵化效果无影响。19～21天出雏期，不需要翻蛋。翻蛋的角度以水平位置为标准，与垂线夹角45°，然后反方向转至对侧同一位置。翻蛋角度小，起不到翻蛋的效果，太大则易造成尿囊破裂，而致使胚胎死亡。

（4）翻蛋系统控制　配备有自动翻蛋装置的孵化器，每次要注意翻蛋的时间和角度，手动翻蛋要轻、稳、慢。开始孵化时，应先按动"翻蛋开关"按钮，转到一侧要求角度自动停止后，再将"翻蛋开关"扳至"自动"，按照设定的程序进行。

5. 凉蛋

（1）凉蛋的作用　凉蛋是指种蛋孵化到一定时间，让胚蛋温度下降的一种孵化方法。胚胎孵化到中后期，物质代谢产生大量热量，需要及时凉蛋。凉蛋的主要作用是交换孵化机内的空气，排除胚胎代谢产生的污浊气体，供给新鲜空气，保持适宜的孵化温度。同时用较低的温度刺激胚胎，促使胚胎发育并增强雏鸡出壳对外界气温的适应能力。

（2）凉蛋方法　凉蛋方法依孵化机类型、禽蛋种类、孵化制度、胚龄、季节而定。一般每天上、下午各凉蛋1次，每次20～40min。鸡蛋在封门前，水禽蛋在合拢前，采用不开机门、关闭电热、风扇转动的方法；鸡蛋在封门之后，水禽蛋在合拢后采用打开机门、关闭电热、风扇转动甚至抽出孵化盘喷洒冷水等措施。凉蛋时要注意，若胚胎发育缓慢可暂停凉蛋。

四、移盘

移盘又称落盘。鸡胚胎孵化到第19天或10%出现啄壳、80%处于"闪毛"阶段时将种蛋从孵化蛋车转移到出雏盘中的过程叫作移盘。方法有机器移盘和人工移盘。移盘时，一定要准确判断时间，若过早，胚胎发育需要的温度不能满足，会导致孵化期延长，造成雏鸡质量差。移盘时可进行照蛋，以观察胚胎发育情况。

此后停止翻蛋，将出雏机的温度降低到36.9℃，湿度提高到75%左右，等待出雏。

任务思考

1. 鸡胚胎发育的关键时期有哪些？各有何照蛋特征？
2. 孵化温度调控有哪几种方式？
3. 如何控制孵化条件？
4. 家禽的胚胎发育有何特点？

任务五 出雏及初生雏的处理

任务描述

初生雏禽的处理，是雏禽出场前的重要管理环节。主要有雏禽的分级、免疫、雌雄鉴别、剪冠、切趾等初生雏质量管理程序。

任务分析

根据雏禽的外貌特征和精神状态，对雏禽进行分级，严格挑选出健雏、弱雏、残雏和畸形雏，并严格按照操作程序和客户需求对雏禽进行免疫、雌雄鉴别、剪冠、切趾等工作，为客户提供优质的雏禽。

任务实施

一、 初生雏分级挑选

出雏（将出雏器中已出壳的雏禽拣出的过程叫出雏）结束后，观察雏禽的绒毛覆盖、脐部愈合、精神状态、体型及喙和胫的颜色等对雏禽进行分级，挑出健雏养殖或销售，淘汰弱雏、畸形雏、残雏。具体总结为"一看，二摸，三听"，即一看雏禽的精神状态，二摸雏禽的脐部、膘情、体温等，三听雏禽的叫声。

1. 健雏

发育良好的雏鸡体格健壮，精神状态好，活泼好动，体重大小合适，蛋黄完全吸收腹内；脐部愈合较好、干燥、无黑斑；绒毛整洁又光泽、长度合适，用两个手指可以夹住绒毛；雏鸡站立稳健有力，叫声洪亮。且全群整齐，喙、胫部湿润鲜艳，有光泽。孵化场往往将能够销售的雏鸡视为健雏。

2. 弱雏

蛋黄未完全吸收，脐部愈合不良、腹大或干瘪、绒毛污乱无光泽，手握无弹性，精神萎靡不振，头下垂，叫声无力或尖叫呈痛苦状，反应迟钝，站立不稳，常两腿或一腿叉开、跌滑或拖地，个体大小不一，喙、胫无光泽。

3. 残雏、畸形雏

雏禽骨骼弯曲，脐部开口并流血，蛋黄外露甚至拖地，腹部残缺，绒毛稀短焦黄，眼瞎脖歪，脚或头麻痹，喙交叉或过度弯曲、无上喙。

二、 初生雏的雌雄鉴别

初生雏禽鉴别的意义主要表现在以下几方面：第一，节约饲料。商品蛋禽场饲养母禽淘汰公禽，每只公雏饲养到 4 周龄消耗 600g 配合料。大型禽场仅此一项就可节约非常可观的饲料。第二，节约禽舍、劳动力和各种饲养费用。第三，可以提高母雏的成活率和均匀度。公雏发育快，采食能力强，公母混养，影响母雏的生长发育。

初生雏禽不同于哺乳动物，不能根据外生殖器官立即辨别雌雄。鸭、鹅的生殖器官虽已退化，但公雏泄殖腔下方可见螺旋形皱襞（阴茎雏形），可以很容易鉴别。初生雏鸡很难从外观上分辨公母，需进行特殊的训练才能鉴别。

1. 雏鸡的翻肛鉴别

翻肛鉴别法是我国传统鉴别方法，具有准确、迅速的特点，准确率达 90% 以上，每小时每人可鉴别 1000 只左右。它主要是根据初生雏鸡有无生殖隆起以及生殖隆起在组织形态上的差异，靠肉眼分辨雌雄的一种鉴别方法，准确率极高。

(1) 初生雏鸡泄殖腔退化及交尾器官　鸡的直肠末端与泌尿生殖道共同开口于泄殖腔（泄殖腔模式见图 1-35），泄殖腔向外的开口有括约肌，称为肛门。泄殖腔由内向外有3 个皱襞（第一皱襞、第二皱襞、第三皱襞），雄性泄殖腔有 5 个开口。

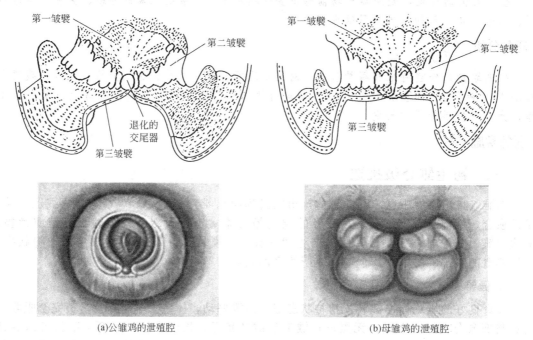

(a)公雏鸡的泄殖腔　　　　　(b)母雏鸡的泄殖腔

图 1-35　泄殖腔模式

(2) 初生雏鸡雌雄生殖隆起的组织形态差异　初生雏鸡有无生殖隆起是鉴别雌雄的主要依据，但部分雌雄的生殖隆起仍有部分残疾，这种残疾与雌雄生殖隆起在组织上有明显的差异。从外表上雌雄雏鸡生殖隆起的差异见表 1-8。

表 1-8　初生雏鸡雌雄生殖隆起组织差异

性别	外观感觉	光泽及紧张程度	弹性	充血程度
公雏	生殖隆起轮廓明显、充实,周围组织衬托有力,基础极稳固	生殖突起表面紧张而有弹性	生殖突起富有弹性,压迫、伸展不易变形	生殖隆起血管发达,刺激易充血
母雏	生殖隆起轮廓不明显、萎缩,周围组织衬托无力,生殖突起有孤立感	生殖突起柔软、透明,无光泽	生殖突起弹性差,压迫、伸展易变形	生殖隆起血管不发达,刺激不充血

(3) 肛门鉴别操作方法　肛门鉴别的操作可分为抓雏和握雏、排粪和翻肛、鉴别和放雏等 3 个步骤。

① 抓雏、握雏　雏鸡的抓握方法一般有夹握法和团握法两种（图 1-36）。

一是夹握法。右手朝着雏鸡运动的方向，掌心贴雏背将雏抓起，然后将雏鸡头部向左侧迅速移至放在排粪缸附近的左手，雏背贴掌心，肛门向上，雏颈轻夹在

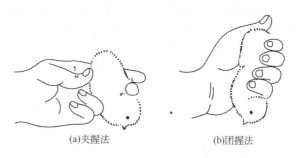

(a)夹握法　　　　(b)团握法

图 1-36　抓握雏方法

中指与无名指之间，双翅夹在食指与中指之间，无名指与小指弯曲，将两脚夹在掌面。

二是团握法。左手朝雏运动的方向，掌心贴雏背将雏抓起，雏背向掌心，肛门朝上，将雏鸡团握在手中，雏的颈部和两脚任其自然。

这两种方法无明显差异，虽然右手抓雏移至左手握雏需要时间，但因右手较左手敏捷而得以弥补，团握法多为熟练鉴别员采用。

② 排粪、翻肛　第一步，排粪。鉴别观察前先排粪。手法是左手拇指轻压雏鸡腹部左侧髋骨下缘，借助雏鸡呼吸将粪便挤入排粪缸中。

第二步，翻肛。翻肛手法（图 1-37）较多，通常采用以下两种方法。

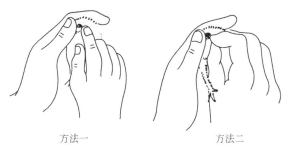

方法一　　　　　　　　方法二

图 1-37　翻肛手法

第一种方法：左手握雏，左拇指从前述排粪的位置移至肛门左侧，左食指弯曲贴于雏鸡背侧，与此同时，右手食指放在肛门右侧，右拇指侧放在雏鸡脐带处。右拇指沿直线往上顶推，右食指往下拉并往肛门处收拢，左拇指也往里收拢，3 指在肛门处形成一个小三角区，3 指凑拢一挤，肛门即翻开。

第二种方法：左手握雏，左拇指置于肛门左侧，左食指自然伸开，与此同时，右中指置于肛门右侧，右食指置于肛门下端，然后右食指往上顶推，右中指往下拉并向肛门收拢，左拇指向肛门处收拢，3 指在肛门形成一个小三角区，3 指凑拢，肛门即翻开。

③ 鉴别、放雏　根据生殖突起的有无和生殖隆起形态差别，便可鉴别雌雄。如果有粪便或渗出物排出，可用左拇指或右食指抹去，再行观察。遇生殖隆起一时难以分辨时，也可用左拇指或右食指触摸，观察其充血和弹性程度。

最适宜鉴别时间是出雏后 2～12h，最迟不超过 24h 为宜。鉴别要领：正确掌握翻肛手法，准确分辨雌雄生殖隆起，不要人为造成隆起变形，把生殖突起与"八"字状襞作为一个整体来观察，翻肛动作要轻，姿势要自然，光线要适中，盒位要固定，鉴别前要充分消毒等。

2. 雏鸡的伴性遗传鉴别

伴性遗传鉴别是利用伴性遗传原理，培育自别雌雄体系，通过不同品系杂交，根据初生雏鸡羽毛颜色（金银羽色）、羽毛生长速度（快慢羽速）等准确无误地鉴别雌雄。

（1）快慢羽鉴别雌雄　根据遗传学原理，决定初生雏鸡翼羽生长快慢的慢羽基因（K）和快羽基因（k）都位于性染色体上，鸡的雌雄体细胞有 1 对染色体：母鸡为 ZW，公鸡为 ZZ。而且慢羽基因（K）对快羽基因（k）为显性，具有伴性遗传现象，利用此遗传原理可对初生雏鸡进行雌雄鉴别。

① 快羽类型　母雏为快羽，它的主翼羽长于覆主翼羽（彩图 1-38）。

② 慢羽类型　公雏为慢羽，有 4 种类型。

a. 主翼羽短于覆主翼羽。

b. 主翼羽与覆主翼羽等长。

　　c. 主翼羽未长出，仅有覆主翼羽。

　　d. 除了有 1~2 根主翼羽的翼尖稍长于覆主翼羽外，其他的主翼羽与覆主翼羽等长。

　　(2) 金银羽鉴别雌雄　由于银色羽和金色羽基因都位于性染色体上，且银色 (S) 对金色 (s) 为显性，所以银色羽母鸡与金色羽公鸡交配时，其子一代的公雏均为银色，母雏均为金色。

　　快慢羽、金银羽自别雌雄模式见图 1-39、图 1-40。

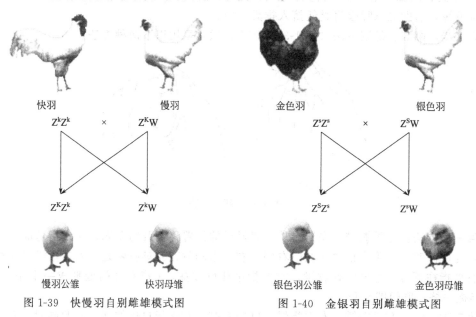

| 快羽 | 慢羽 | 金色羽 | 银色羽 |

Z^KZ^K × Z^kW　　　　Z^sZ^s × Z^SW

Z^KZ^k　　Z^kW　　　　Z^SZ^s　　Z^sW

| 慢羽公雏 | 快羽母雏 | 银色羽公雏 | 金色羽母雏 |

图 1-39　快慢羽自别雌雄模式图　　　　图 1-40　金银羽自别雌雄模式图

　　(3) 横斑 (芦花) 自别　芦花母鸡与非芦花公鸡 (除具有显性白羽基因的白色来航鸡、白科尼什鸡外) 交配，其子一代呈现伴性遗传，即公雏全部是芦花羽色，母雏全部是非芦花羽色。

三、 初生雏的免疫及特殊处理

1. 初生雏的免疫

　　对经选择后留用的雏鸡，皮下注射马立克氏病疫苗 (0.2mL/只) 或马立克氏病疫苗 (0.2mL/只) ＋庆大霉素 (2000 单位/只)。要注意注射器械的消毒，连接药液瓶的乳胶管最好一次性使用。配制出的疫苗在 20min 内用完。此工作应根据客户或养殖场需求是否免疫。

　　为了避免打"飞针"(疫苗注射到雏禽体外)，马立克氏病疫苗稀释液加色素，检查人员通过观察注射者的手和雏鸡的注射部位，即可很容易发现问题。另外，如果要长途运雏，建议注射双倍马立克氏疫苗稀释液，对预防雏鸡脱水有一定作用。有的给剪冠的切口和脐部涂以碘酊，以防感染。

2. 初生雏的特殊处理

　　孵化场为了便于区别雏鸡 (公母间、品系间、组别间等) 对初生雏鸡做必要的标志 (戴翅号、剪冠、切趾等)。

　　(1) 剪冠　目的是减少公鸡长大后啄斗而造成损伤。剪冠在 1~2 日龄进行。用弯剪贴着头顶皮肤右前向后把鸡冠剪掉，要剪平。剪后一般不需要做其他处理。

　　(2) 切趾　用于初生雏的分组编号或肉用种公雏切趾 (图 1-41)，防止以后自然交配时踩伤母鸡背部。分组编号是在雏鸡出雏时，用断喙器 (或电烙铁) 电烙断相应的趾。肉种鸡切趾一般在出雏或 34 日龄时，用专用断趾钳（或断喙器、电烙铁）断去第一趾和第二趾。切趾应断于爪与趾的交界处，破坏其生长点，以免日后长出，创口要止血。

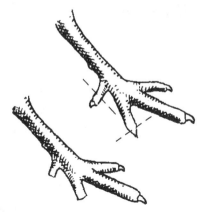

图 1-41　公雏的切趾

四、 初生雏的存放与运输

1. 初生雏的存放

健雏挑出后，要求存放在温度为 25～29℃，相对湿度保持在 55％～65％即可。昼夜温度、湿度变化不大，室内空气新鲜，黑暗，使雏禽有一个良好的休息环境。保障空调（或风扇）正常工作，有条件的单位可采用正压通风。雏禽以每 50～100 只为一盘分放，盘与盘可重叠堆放，但最下层要用控盘或木板垫起，以免湿冷空气危及雏禽。经常用温度计测量保存盘内的温度，如发现盘内温度超过 36℃或雏禽张嘴喘气，甚至绒毛潮湿，要加大通风量，降低温度，若雏禽发抖、扎堆，可降低通风量或提高温度。雏禽存放时间不能过久，应尽快运到育雏室饮水开食。

2. 初生雏的运输

雏禽出雏后经过严格挑选和处置后，应尽快送至育雏舍或送交用户。以"迅速及时、舒适安全、卫生清洁"为原则顺利完成运雏工作。运雏前对运输车辆和器具消毒，运输用的包装盒一般每盒 4 个小格，每格放雏禽 20～25 只，每盒 80～100 只，装车时，一般码不超过 10 层，雏盒离车顶 20cm，盒与盒之间的间隙不少于 7cm。同时要根据季节和气温的高低确定每盒放的数量，夏季少放，冬季多放。

雏鸡运输可选择用汽车、火车、船只或飞机等交通工具。超过 3000m 或运输时间超过 5h、低于 24h，火车、船舶是最佳选择。运雏前对运输车辆进行检修并消毒，保证车厢温度恒定和适当通风。夏季车厢底部铺上有利于通风的板条，冬季铺上棉毯等保温隔热材料。有条件的可在车上安装 GPS 系统，随时掌握运输车辆行驶情况。

运输途中要遮光、匀速行驶、定期检查雏鸡状态。提前通知接雏的客户，做好接雏准备。雏鸡到达后马上卸下，放于育雏舍，充分休息后放于育雏笼，并提供清洁、卫生的凉开水。

任务思考 👆

1. 初生雏如何分级？有何意义？
2. 初生雏的处理工作有哪些？

3. 初生雏的雌雄鉴别方法有哪些？如何鉴别？

任务六 孵化效果检查和分析

任务描述

孵化效果的检查和分析是全面了解孵化生产的手段之一，是对种蛋及种禽场生产情况的直接反映。须在家禽孵化生产中对受精率、孵化率、胚胎发育情况进行检查，查找出原因，分析问题，总结经验，并及时采取措施，以便取得更好的孵化效果。

任务分析

首先，对照孵化效果检查指标，对受精率、入孵蛋孵化率、受精蛋孵化率、健雏率等进行比较；其次，通过头照、二照、死亡胚胎的情况，了解胚胎发育是否正常；最后，根据雏禽出雏期间绒毛色泽、脐部愈合程度、精神状态、体型大小等情况，查找问题，判断原因，分析影响孵化效果因素，及时调整孵化条件，总结提高孵化效果的措施，为今后生产提供指导。

任务实施

一、 制订孵化效果检查的指标

1. 受精率

$$受精率 = \frac{受精蛋数}{入孵蛋数} \times 100\%$$

受精蛋包括活胚蛋和死胚蛋，一般水平的受精率应在90％以上，高水平的可达98％以上。受精率是检查种鸡质量的重要指标。

2. 早期死胚率

$$早期死胚率 = \frac{1 \sim 5 胚龄死胚数}{受精蛋数} \times 100\%$$

通常统计头照（5日龄）时的死胚数。正常在1.0％～2.5％范围内。

3. 受精蛋孵化率

$$受精蛋孵化率 = \frac{出雏的全部雏鸡数}{受精蛋数} \times 100\%$$

出雏的雏鸡数包括健雏、残弱雏和死雏。高水平的受精蛋孵化率应达92％以上。此项是衡量孵化场孵化效果的主要指标。

4. 入孵蛋孵化率

$$入孵蛋孵化率 = \frac{出雏的全部雏鸡数}{入孵蛋数} \times 100\%$$

高水平的达到88％以上。该项反映种鸡场和孵化场的综合水平，既能反映种鸡场的饲养水平，也可以反映孵化场的孵化效果。

5. 健雏率

$$健雏率 = \frac{健康雏鸡数}{出雏的全部雏鸡数} \times 100\%$$

高水平达到 98％ 以上。孵化场多以售出的雏鸡数视为健雏。

6. 死胎率

$$死胎率 = \frac{死胎数}{受精蛋数} \times 100\%$$

死胎蛋一般指出雏结束后扫盘时的未出雏的胚蛋（俗称"毛蛋"）。一般为 3％～7％。

除上述几项指标外，为了更好地反映经济效益，还可以统计受精蛋健雏孵化率、入孵蛋健雏率、种母鸡提供健雏数等。

二、 检查孵化效果

1. 照蛋（验蛋）

利用照蛋灯透视胚胎发育情况，判断孵化条件是否适宜。照蛋胚龄及胚胎发育特征见表 1-9。

表 1-9 照蛋胚龄及胚胎发育特征

照蛋	孵化时间/天			胚胎发育特征
	鸡	鸭、火鸡	鹅	
头照	6（白壳）、10（褐壳）	6～7	7～8	"黑眼"
抽检	10～11	13～14	15～16	"合拢"
二照	19	25～26	28	"闪毛"

头照，是挑出无精蛋和死精蛋，观察胚胎发育是否正常。

鸡蛋在孵化的 6 天（白壳）或 10 天（褐壳）进行，发育正常的胚胎，血管网鲜红，扩散面大，呈放射状，胚胎下沉或隐约可见，可明显看到黑色眼点；发育较弱的胚胎，血管纤细，色淡，扩散面小，胚胎小，起珠不明显；无精蛋的表现是整个蛋光亮，蛋内透明，有时只能看到蛋黄的影子；死精蛋能看到不规则的血点、血线或血弧、血圈，有时可见到死胚的小黑点贴壳静止不动，蛋色浅白，蛋黄流散。见彩图 1-42。

二照，鸡蛋在第 19 天落盘时进行。主要是挑出死胎蛋，确定落盘具体时间。

发育正常的胚胎，气室边缘弯曲倾斜，有黑影闪动，呈小山丘状，胚胎已占满蛋的全部容积，能在气室下方红润处看到一条较粗的血管和胚胎转动。发育迟缓的胚胎，气室比发育正常的胚蛋小，边缘平齐，黑影距气室边缘较远，可看到红色血管，胚蛋小头浅白发亮。死胎蛋的特征是气室小而不倾斜，其边缘模糊，色淡灰或黑暗。胚胎不动，见不到"闪毛"。见彩图 1-43。

一般在头照和二照之间有一次抽检，鸡胚在孵化的 10～11 天检查。发育正常的胚胎，尿囊已经合拢并包围蛋内所有内容物，蛋的小头布满血管；若胚胎发育迟缓，尿囊尚未合拢，蛋的小头发白；死胚蛋的两头呈灰白色，中间漂浮着灰暗的死胎或沉落一边，血管不明显或破裂。

照蛋时，还应剔除破蛋和腐败蛋，通过照蛋器可以看到破蛋的裂纹或破空，有的蛋壳破裂，表面有很多黄黑色渗出物。

2. 胚胎孵化期间的失重

种蛋在孵化过程中，由于蛋内水分蒸发要失去一定的重量，在孵化的 1～19 天，鸡蛋重量减轻约 11.5％（10％～13％）。雏鸡出壳体重是种蛋重的 60％ 左右，其他家禽的出壳体重占蛋重的比例和鸡差不多。测定种蛋失重可以用称量工具测量，但大多凭经验，根据种蛋气室的大小以及后期的气室形状，了解孵化湿度和胚胎发育是否正常。

3. 出雏期间的观察

雏鸡出壳之后，根据绒毛颜色、脐部愈合好坏、精神状态、体型大小、健雏比例等检查孵化效果。

正常情况下，出雏有明显的高峰时间，持续时间较短，生产中常称为"出得脆"。若孵化异常，出雏无明显的高峰时间，出雏时间较长，孵化期超出1天尚有部分胚胎未出壳。

4. 死胚的病例剖检

种蛋品质差和孵化条件不良时，死胚一般表现出生理变化。如孵化温度过高，出现充血、溢血现象；维生素 B_{12} 缺乏时出现脑水肿；维生素 D_3 缺乏时，出现皮肤浮肿等。解剖胚体，检查其内脏器官是否有异常。

三、 分析孵化效果

1. 胚胎死亡原因分析

(1) 孵化期胚胎死亡的分布规律　胚胎死亡在整个孵化期不是平均分布的，在正常情况下，孵化期间有两个死亡高峰。第1个高峰在孵化前的第3～5天，死亡率占全部死亡的15%～20%；第2个高峰期出现在孵化后期（第18天后），约占50%。两个高峰期死胚率共占全期死亡率的约2/3。可见死亡高峰期主要集中在第2高峰期。见图1-44。

(2) 胚胎死亡高峰的原因　第1死亡高峰正是胚胎发育快及形态变化显著时期，各种胎膜相继形成而作用尚未完善。胚胎对外界环境的变化很敏感，稍微不适，胚胎发育就受阻，导致夭折死亡。第2高峰期正是胚胎从尿囊呼吸过渡到肺呼吸时期，此时胚胎生理变化剧烈，胚胎需氧量剧增，其自温增加，传染性胚胎病威胁更加突出，对孵化环

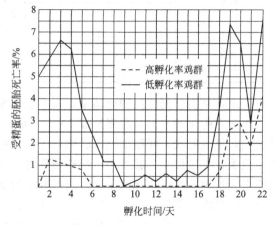

图1-44　胚胎死亡分布曲线

境要求较高，如不能充分供氧、通风散出多余热量，就会造成一部分本来就较弱的胚胎不能顺利破壳出雏而死亡。

2. 孵化效果影响因素分析

孵化率的高低受到内部和外部两方面因素的影响。内部品质是指种蛋的内部品质，而种蛋品质又受到种鸡质量和营养的影响，它是由遗传和饲养决定的。外部品质是指孵化前的环境（种蛋保存）和孵化中的环境（孵化条件）。内部因素对第1死亡高峰影响大，而外部因素对第2死亡高峰影响大。具体孵化不良原因的分析见表1-10。

表1-10　孵化不良原因分析一览表

原因	新鲜蛋	第1次照蛋 (5～6天)	第2次照蛋 (19天)	死胎	初生雏
维生素A缺乏	蛋黄淡白	无精蛋多，死亡率高	生长迟缓，肾有盐类结晶的沉淀物	肾等器官有盐类沉积，眼睛肿胀	带眼病的弱雏多

续表

原因	新鲜蛋	第1次照蛋 (5~6天)	第2次照蛋 (19天)	死胎	初生雏
维生素 D 缺乏	壳薄而脆,蛋白稀薄	死亡率略有增高	死亡率显著增高	胚胎有营养不良特征	出壳拖延,初生雏软弱
核黄素缺乏	蛋白稀薄		死亡率增高,蛋重损失少	营养不良,绒毛卷缩,脑膜浮肿	颈和脚麻痹,绒毛卷起
陈蛋	气室大,系带和蛋黄膜松弛	12 天死亡多,胚盘有泡沫	发育迟缓	—	出壳时间延长
冻蛋	很多蛋的外壳破裂	1 日龄死亡多,蛋黄膜破裂	—	—	—
运输不良	破蛋多,气室流动	—	—	—	—
前期过热	—	充血、溢血和异位多	异位,心、胃和肝变形	异位,心、胃和肝变形	出壳早
后半期长,过热	—	—	啄壳较早	破壳后死亡多,蛋黄、蛋白未吸收好,卵黄囊、肠和心脏充血	出壳早但拖时长,雏鸡小,绒毛黏着,脐带愈合不良
温度不足	—	生长发育非常迟缓	生长发育非常迟缓,气室边缘平齐	尿囊充血,心脏肥大,蛋黄吸入,呈绿色,肠内充满蛋黄和粪	出壳晚而拖延,呆滞,脚站立不稳,腹大有时下痢
湿度过大	—	—	气室边界平齐,蛋重损失少,气室小	啄壳时喙粘在蛋壳上,嗉囊、胃和肠充满液体	出壳晚而拖延,绒毛粘连蛋液,腹大
湿度不足	死亡率高,充血并粘连在蛋壳上	—	外壳膜干而结实,绒毛干燥	—	出壳早,绒毛干燥,发黄,有时粘壳
通风不良	—	死亡率增高	羊水有血液,内脏充血溢血	在蛋的锐端啄壳	—
翻蛋不正常	—	蛋黄粘于壳膜上	尿囊外有剩余蛋白	—	—

知识拓展

提高孵化率的措施

1. 保证种禽健康 种蛋产出后,其遗传特性就已经固定。从受精蛋发育成一只雏鸡,必需的营养物质只能从种蛋中获得。一般受精率和孵化率与遗传(鸡种)关系较大,而产蛋率、孵化率也受外界因素的制约。影响孵化率的疫病,除维生素 A、维生素 B_2、维生素 B_{12}、维生素 D_3 缺乏症外,还有禽流感、新城疫、传染性支气管炎、副伤寒、曲霉菌病、黄曲霉毒素中毒、脐炎、大肠杆菌病、喉气管炎等。必须指出,从无白痢(无其他疫病)种鸡场引进种蛋、种雏,如果饲养条件较差,仍会重新感染疫病。只有抓好卫生防疫工作，才能保证种鸡的健康。必须认真执行"全进全出"制度。种鸡营养不良，往往导致胚胎后期死亡率增加。

2. 加强种蛋管理　一般种鸡开产最初2周的蛋不宜孵化，因为这一时期的种蛋孵化率低，雏鸡品质也差。高温季节或夏季种鸡采食量降低（造成季节性营养缺乏）和种蛋在保存前置于较差的鸡舍，使种蛋品质下降，以致孵化率降低。在实际生产中，一般比较重视冬夏季节种蛋的管理，而忽视春秋季节种蛋的保存，片面认为春秋季节气温对种蛋无多大影响。其实不然，种蛋对多变的温度较敏感，全年都必须重视种蛋的保存。

实践证明，按蛋重对种蛋进行分级入孵，可以提高孵化率。可以更好地确定孵化温度，同时胚胎发育速度较一致，出雏比较集中。

种蛋的保存条件也是很重要的，特别是种蛋的来源、外观选择。照蛋透视可以剔除肉眼很难发现的破壳蛋、裂纹蛋等，可以剔除对孵化率影响较大的气室不正、气室破裂以及肉斑、血斑蛋，间接提高了种蛋孵化率。

为了减少平养种鸡的窝外蛋及脏蛋，可在鸡舍中设栖架，产蛋箱不宜过高，而且箱前的踏板要有适当宽度，不能残缺不全。踏板用合页与产蛋箱连接，傍晚驱赶出产蛋箱中的种鸡，然后掀起踏板，拦住产蛋箱入口，以阻止种鸡在产蛋箱过夜、排粪，污染产蛋箱，第二天亮灯前放下踏板。肉种鸡产蛋箱应放在地面上或网面上，以利于母鸡产蛋，并要及时捡蛋保存。

3. 创造良好的孵化条件　主要抓住以下两个方面，就能够获得良好的孵化效果，即"掌握主要孵化条件，抓好孵化关键时期"。

（1）掌握主要孵化条件　掌握好孵化温度、通风换气和卫生，对孵化率和雏鸡质量至关重要。

① 掌握适宜的孵化温度

第一，确定最适宜孵化温度。温度是胚胎发育的首要条件。在"孵化条件"中所提出的"变温孵化"、"恒温孵化"的最适温度，是所有种蛋的平均孵化温度。实际上最适孵化温度，除因孵化器类型和气温不同外，主要受遗传（品种）、蛋壳质量、蛋重、蛋的保存时间和孵化器中入孵蛋的数量等因素影响。应根据孵化器类型、孵化室的环境温度灵活掌握。结合本地区的气候条件、孵化室的环境，确定最适宜孵化温度。

第二，孵化操作中温度的掌握。尽可能使孵化室温度保持在22～26℃，以简化最适孵化温度的定温；用标准温度计校正孵化温度计，并贴上温差标记。新孵化器或大修后的孵化器，需要用经过校正的体温计，测定孵化器里的温差，求其平均温度。然后将控温水银到电表的孵化给温调至37.8℃，试孵1～2批，根据胚胎发育和孵化效果，确定适合本地区和孵化器类型的最适宜孵化温度。

② 保持空气新鲜清洁

第一，胚胎发育的气体交换和热量产生。孵化过程中，胚胎不断与外界进行气体交换和热量交换。这一过程是通过孵化器的出气孔、风扇和孵化场的通风系统完成的。胚胎气体和热量交换，随胚龄的增长而增加。胚胎的呼吸器官——尿囊绒毛膜的发育过程，是与胚胎发育的气体交换逐渐增加相适应的。第21天胚龄尿囊绒毛膜停止血液循环，与之相衔接的是鸡胚在第21天胚龄时，进入气室啄破蛋壳，通过肺呼吸直接与外界进行气体交换。

从第 7 天胚龄开始胚胎自身有体温，产热量小于损失热量，至第 10～11 天胚龄时，胚胎产热才超过损失热，以后胚胎代谢加强，产热量增多。如果孵化器各处的孵化率比较一致，说明各处温差小、通风良好。

第二，通风换气的操作。一是，整个 21 天孵化期，前 5 天可以关闭进、排气孔，以后随胚龄的增加逐渐打开进、排气孔，直至全部打开。利用氧气和二氧化碳测定仪器实际测量，若无仪器，可通过观察孵化控制器的给温或停温指示灯亮灯时间的长短，估测通风换气是否合适。在控温系统正常情况下，如给温指示灯长时间不灭，说明孵化器里的温度达不到预定值，通风换气过度，此时可把进排气孔调小；若停温指示灯长亮，说明通风换气不足，可调大进排气孔。二是，如孵化 1～17 天鸡胚发育正常而最终孵化效果不理想，有一定数量的胚胎发育正常，但闷死于壳内或啄壳后死亡，则可能是孵化 19～21 天通风换气不良造成的，可通过加强通风措施，提高孵化效果。三是，高原地区空气稀薄，氧气含量低，如果增加氧气输入量可改善孵化效果。

③ 孵化场卫生　如果分批入孵，要有备用孵化器，以便对孵化器进行定期消毒。如无备用孵化器，则应定期停机对孵化器彻底消毒。

（2）抓住孵化过程的关键时期　整个孵化过程，都要认真、仔细按规范操作，但根据胚胎发育的特点，有两个关键时期：1～7 天胚龄和 18～21 天胚龄。在孵化操作中，尽可能地创造适合这两个时期胚胎发育的孵化条件，即抓住了提高孵化率和雏鸡质量的主要矛盾，一般是前期注意保温，后期重视通风。

① 1～7 天胚龄。为了提高孵化温度，尽快缩短达到适宜孵化温度的时间。有以下措施：

第一，入孵前种蛋预热，既利于鸡胚苏醒、恢复活力，又可减少孵化器中温度下降，缩短升温时间。

第二，孵化 1～5 天，孵化器进排气孔全部关闭。

第三，用福尔马林和高锰酸钾消毒孵化器内的种蛋时，应在蛋壳表面凝水干燥后进行。

第四，5 天胚龄前不照蛋，以免孵化器及蛋表温度剧烈下降，整批照蛋应在 5 天胚龄以后进行。照蛋时将小头朝上的胚蛋更正过来，因小头朝上啄壳时喙不能进入气室进行气体交换，增加胚胎死亡鸡弱雏率。同时应剔除破蛋。

第五，提高孵化室的环境温度。

第六，避免长时间停电。遇到停电，除提高孵化室温度外，还可在水盘中加热水。

② 18～21 天胚龄。18～19 天胚龄时胚胎从尿囊绒毛膜呼吸过渡到肺呼吸时期，需氧量剧增，胚胎自温很高，而且随着啄壳和出雏，壳内病原微生物在孵化器中迅速传播。此时期通风换气要充分，解决供氧和散热的问题，有下列措施。

第一，避开在 18 天胚龄移盘到出雏盘，转入出雏器中出雏。可提前在 17 天胚龄或延长至 19 天胚龄时移盘。

第二，啄壳、出雏时提高湿度，同时降低温度。一方面是防止啄破蛋壳，蛋内水分蒸发加快，不利破壳出雏；另一方面可防止雏鸡脱水，特别是出雏持续时间较长时，提高湿度更为重要。在提高湿度的同时，降低出雏器的孵化温度，避免高温高湿。出雏器温度不超过 37.5℃，相对湿度为 70%～75%。

第三，注意通风换气，必要时可加大通风量。

第四，保证供电正常，若短时间停电，对孵化效果影响也挺大的，停电应急措施是：打开机门，进行上下倒盘，用体温计测蛋表温度。

第五，检雏时间的选择。一般在 60%～70% 雏鸡出壳、绒毛已干净进行第一次检雏。出雏后，将未出雏胚蛋集中移至出雏器顶部，以便出雏，最后再检一次雏，并扫盘。

第六，观察窗的遮光。雏鸡有趋光性，已出壳的雏鸡将挤到出雏盘前部，不利于其他胚蛋出壳。观察窗应遮光，使出壳雏鸡保持安静。

第七，防止雏鸡脱水。雏鸡脱水严重会影响成活率，所以雏鸡不能长时间放置在出雏器内和雏鸡处理室里，雏鸡不可能同时出齐，即使比较整齐，最早出的和最晚出的时间也相差 32～35h，有的时间会更长，所以应及时将雏鸡运送至育雏舍或送交用户。

只要在种蛋孵化过程中，把握好种禽质量、种蛋管理和孵化条件这三个因素，就可以提高种蛋的孵化效果。

任务思考

1. 孵化效果检查指标有哪些？
2. 家禽胚胎发育检查方法有哪些？
3. 家禽胚胎死亡规律是怎样的？简述其原因。
4. 如何提高家禽的孵化率？

项目二 蛋鸡生产

学习目标

知识目标

- 了解不同类型蛋鸡的生产特点和营养需要
- 掌握鸡场的建设及防疫要求
- 掌握蛋鸡的饲养管理要点
- 掌握蛋种鸡饲养管理要点

技能目标

- 能够选择适宜的鸡种进行饲养
- 能够进行种鸡人工授精操作
- 熟练掌握雏鸡的断喙技术

鸡蛋富含谷类和豆类缺乏的人体必需氨基酸、易被人体吸收的不饱和脂肪酸、维生素和微量元素等营养成分，因此，鸡蛋是营养价值丰富、消化率高、食用对象广泛、价格相对低廉的优质食品。

我国蛋鸡存栏量和鸡蛋产量连续多年居世界首位，是鸡蛋生产大国，蛋鸡业已成为畜牧业的重要组成部分。目前，蛋鸡养殖正向集约化、规模化、专业化、机械化、自动化、智能化方向快速发展，这必将实现养殖环境的优越化，为蛋鸡安全生产提供有力保障。本项目以生产实际环节为主线分解任务，将蛋鸡品种的选择、蛋鸡场的建筑与设计、蛋鸡育雏期、育成期、预产期、产蛋期和蛋种鸡的饲养管理与生产过程紧密结合，融入科学健康的养殖理念，使养殖者获得良好的饲养成绩和经济效益，同时让蛋鸡生产更安全，蛋产品更优质。

任务一 蛋鸡品种选择

任务描述

家禽品种资源丰富，是家禽现代育种的可靠物质基础。品种的形成不仅与自然生态条件和饲养管理条件密切相关，而且也随着人类需要和当时的社会经济条件以及文化的发展而变化。不同蛋鸡品种其体型外貌、经济性状、生理特点等均有很大的差异。掌握蛋鸡的品种类型，了解各个品种的特点及生产性能，选择适宜的蛋鸡品种，为饲养和销售打下良好基础。蛋鸡品种主要分为标准品种、地方品种、现代商用鸡种三大类。

任务分析

根据不同蛋鸡品种的体型外貌、经济性状、生理特点、生产性能，能够有针对性地选择适宜的蛋鸡品种，并根据品种特点，提供适合该品种生物学特性的饲养管理条件，才能发挥蛋鸡最大的生产潜力，创造更大的经济效益。

任务实施

一、标准品种识别

蛋鸡的标准品种是指 20 世纪 50 年代前，经过有计划、有组织的系统选育，并按照育种组织制定的标准，经过鉴定予以承认的品种；或凡是列入《美国家禽志》和《不列颠畜禽品种志》的品种。标准品种的生产性能较高，体型外貌一致，遗传稳定，并具有相当的数量。

1. 白来航

白来航原产于意大利，是世界著名的蛋用型品种。其特点是白羽（显性），蛋壳纯白，单冠，大而鲜红，公鸡直立，母鸡倒向一侧，喙、胫、皮肤皆黄色，耳叶白色，体型小而清秀，成年公鸡重 2.5kg，母鸡 1.75kg，成熟早，平均 140 天开产，产蛋多，年产蛋 220 枚以上，高产的可超过 300 枚蛋。蛋重 56g 以上，蛋壳白色。耗料少，适应性强，无就巢性，活泼好动，容易惊群（彩图 2-1）。

2. 洛岛红

洛岛红育成于美国洛德岛州，属兼用型。其特点是羽毛呈深红色，尾羽黑色，肉垂、耳叶、脸、眼皆红色。中等体重，背宽平长，适应性强，产蛋量较高，约 180 天开产，年产蛋 180～200 枚，蛋重大，平均为 60g，蛋壳褐色。成年公鸡重 3.7kg，母鸡 2.75kg（彩图 2-2）。

3. 新汉夏

新汉夏育成于美国新汉夏州，是由洛岛红中选择体质好、产蛋多、成熟早、蛋重大和肉质好的经三十年选育而成的。属兼用型，体型似洛岛红，但背部略短，羽色略浅，约 180 天开产，年产蛋 200 枚，蛋重平均为 58g，蛋壳褐色。成年公鸡重 3.6kg，母鸡 2.7kg。

4. 狼山鸡

狼山鸡原产于我国江苏省南通地区如东县和南通县石港一带。1872 年由狼山输往英国而得名，后至欧美其他国家，1883 年承认为标准品种，属兼用型。狼山鸡有黑羽和白羽两种，外貌特点是颈部挺立，尾羽高耸，呈 U 字形，冠、肉垂、耳叶、脸皆红色。眼、喙、胫、脚底皆黑色，胫外侧有羽毛。其优点是适应性强，抗病力强，胸部肌肉发达，肉质好。210～240 天开产，年产蛋 170 枚左右，蛋重 59g，成年公鸡 4.15kg，母鸡 3.25kg，蛋壳褐色（彩图 2-3）。

5. 澳洲黑鸡

澳洲黑鸡原产于澳洲，是用奥品顿鸡着重产蛋性能经 25 年选育而成的，属兼用型。喙、眼、胫皆黑色，脚底白色，皮肤白色。单冠，肉垂、耳叶、脸皆红色，全身羽毛黑色而有光泽。约 180 天开产，年产蛋 170～190 枚，蛋重平均为 62g，蛋壳黄褐色。成年公鸡重 3.7kg，母鸡 2.8kg。

二、 地方品种识别

地方品种是在育种上没有明确的方向，无系统化选育，生产性能较低，有较为一致的外貌、生活力强、适应性强、耐粗饲，具备一定的种群数量，在地方长期饲养而形成的品种。

1. 仙居鸡

仙居鸡原产于浙江省台州地区，重点产区是仙居县，属蛋用型。体型较小，结实紧凑，体态匀称，动作灵敏，易受惊吓，属神经质型。头小、眼大、单冠、颈细长、翘尾、骨细；外形和体态颇似来航鸡。羽毛紧密，羽色有白羽、黄羽、黑羽、花羽及栗羽之分，胫色有黄、青及肉色。性成熟早，繁殖性能好，但有就巢性，产褐壳蛋。成年公鸡体重 1.25～1.5kg，母鸡 0.75～1.25kg。产蛋性能目前变异度较大，一般农家饲养的母鸡约 180 日龄开产，年产蛋 180～200 枚；但在饲养场及农家饲养条件较好的情况下，约 150 日龄开产，年产蛋 200～230 枚。平均蛋重为 42g 左右。蛋壳颜色以浅褐色为主。见彩图 2-4。

2. 浦东鸡

浦东鸡原产于上海市黄浦江以东的广大地区，故名浦东鸡。浦东鸡属肉用型，该鸡体型大，呈三角形，骨粗脚高，羽毛蓬松，以黄色、麻褐色者居多。嘴粗短稍弯曲，黄色或褐色。单冠，冠、肉垂、耳叶和脸均红色。皮肤和胫黄色，多数无胫羽。早期生长速度不快，羽毛生长缓慢，特别是公鸡，通常到 3～4 个月龄时全身羽毛才长齐。成年公鸡平均体重 4.0kg 左右，母鸡 3.0kg 左右。此鸡开产期，春雏约 215 天，秋雏约 179 天。平均年产蛋量 100～130 枚，平均蛋重 58g，蛋壳褐色，就巢性强。

3. 惠阳鸡

惠阳鸡主要产于广东博罗、惠阳、惠东等地。惠阳鸡属肉用型，其特点可以概括为黄毛、黄脚、黄嘴、胡须、短身、矮脚、易肥、软骨、白皮及玉肉（又称玻璃肉）。主尾羽颜色有黄、棕红和黑色，以黑色居多。主翼羽大多为黄色，有些主翼羽内侧呈黑色。腹羽及胡须颜色均比背羽色稍淡。头中等大，单冠直立，肉垂较小或仅有残疾，胸深、胸肌饱满。背短，后躯发达，呈楔形，尤以矮脚者为甚。惠阳鸡育肥性能良好，沉积脂肪能力强。成年公鸡重 1.5～2.0kg、母鸡 1.25～1.5kg。母鸡 180～210 天开产，平均年产蛋量 70～90 枚，平均蛋重 47g。蛋壳有浅褐色和深褐色两种，就巢性强。

三、 现代商用品种识别

现代商用蛋鸡是家禽育种公司根据市场需求，在原品种基础上，经过配合力测定而筛选出的最佳杂交组合。其杂交而生产出的商品蛋鸡，生产性能高且整齐，具备体重小、耗料少、饲料报酬高、较敏感等特点。现代商用蛋鸡根据其所产蛋的蛋壳颜色分为白壳蛋鸡、褐壳蛋鸡、粉壳蛋鸡三大类，也有少部分绿壳蛋鸡。

1. 白壳蛋鸡

白壳蛋鸡全部来源于单冠白来航鸡品变种，是蛋用型鸡典型代表。可用羽速自别雌雄，属于轻型鸡。具有开产早、产蛋量高、无就巢性、体型小、耗料少、富于神经质、抗应激性较差等特点。如北京白鸡、星杂 288、巴布考克 B-300、滨白鸡、海兰 W-36、罗曼白、尼克白等（品种代表见彩图 2-5）。

2. 褐壳蛋鸡

褐壳蛋鸡是由肉蛋兼用型鸡培育而成的。利用羽色和羽速基因自别雌雄，目前发展比较快。具有蛋重较大、蛋壳厚、体型适中、性情温顺、抗应激性较强，且商品鸡雏可作羽色自别雌雄。与白壳蛋鸡相比，体重较大，耗料略高，且蛋中肉斑、血斑率高。耐寒性好、耐热性差。如京红1号、伊莎褐、罗曼褐、海赛克斯褐、海兰褐、尼克红等（品种代表见彩图2-6）。

3. 粉壳蛋鸡

粉壳蛋鸡是由白壳蛋鸡与褐壳蛋鸡杂交育成的，主要是由白来航和洛岛红等标准品种进行品种间正反交所得的杂种鸡。蛋壳颜色介于褐壳与白壳之间，故称为粉壳蛋鸡。具有产蛋量高、饲料转化率高等特点，只是生产性能不够稳定。如京粉1号、中国农大农昌2号、B-4鸡（农科院畜牧所）、京白鸡939、989等，加拿大星杂444、天府粉壳蛋鸡、伊莎粉壳蛋鸡、尼克粉壳蛋鸡等（品种代表见彩图2-7）。

4. 绿壳蛋鸡

绿壳蛋鸡是利用我国特有的原始绿壳蛋鸡遗传资源，运用现代育种技术，以家系选择和DNA标记辅助选择为基础，进行纯系选育和杂交配套育成的。具有体型小、产蛋量较高、蛋壳颜色为绿色、蛋品质优良、与白壳蛋鸡相比耗料少、蛋重偏小等特点。如上海新杨绿壳蛋鸡、江西东乡绿壳蛋鸡、江苏三凤青壳蛋鸡。

著名白壳、褐壳、粉壳商品代蛋鸡的主要生产性能分别见表2-1～表2-3。

表 2-1　部分白壳商品代蛋鸡的主要生产性能

鸡种	50%开产周龄	72周龄入舍鸡产蛋/枚	20周龄体重/kg	平均蛋重/g	料蛋比	育种单位名称
海兰 W-36	24	294～315	1.28	64.8	2.2：1	美国海兰国际公司
京白 938	23	303	1.19	59.4	2.3：1	北京市种禽公司
滨白 584	24	281.1	1.49	60	2.5：1	东北农业大学
星杂 288	23～24	260～285	1.25～1.35	63	2.3：1	加拿大雪佛公司
罗曼白	22～23	290～300	1.3～1.35	62～63	2.35：1	德国罗曼公司
巴布考克 B-300	21～22	275	1.46	64.6	2.29：1	美国巴布考克公司
迪卡白	21	295～305	1.43	61.7	2.17：1	美国迪卡布公司
伊莎白	21～22	80W322-334	1.45	61.5	(2.15～2.3)：1	法国伊莎公司

表 2-2　部分褐壳商品代蛋鸡的主要生产性能

鸡种	50%开产周龄	72周龄入舍鸡产蛋/枚	20周龄体重/kg	平均蛋重/g	料蛋比	育种单位名称
海兰褐	22～23	317	1.54	63.7	2.11：1	美国海兰国际公司
京红1号	21	324	1.65	63	2.05：1	北京市华都峪口禽业公司
罗曼褐	23～24	295～305	1.5～1.6	63.5～64.5	2.10：1	德国罗曼公司
海赛克斯褐	23～24	290	1.63	63.2	2.39：1	荷兰优利布里德公司
伊莎褐	24	285	1.6	62.5	(2.4～2.5)：1	法国伊莎公司
迪卡褐	22～23	305	1.65	65	(2.07～2.28)：1	美国迪卡布公司

表 2-3 部分粉壳商品代蛋鸡的主要生产性能

鸡种	50%开产周龄	72周龄入舍鸡产蛋/枚	20周龄体重/kg	平均蛋重/g	料蛋比	育种单位名称
星杂 444	22～23	265～280	1.25	61～63	(2.45～2.7):1	加拿大雪佛公司
京粉1号	20	327	1.5	62	2.1:1	北京市华都峪口禽业公司
B-4	23	276.7	1.78	60.7	2.51:1	中国农科院畜牧研究所
农昌2号	23～24	255	1.49	59.8	2.7:1	中国农业大学
京白939	21～22	299	1.51	62	2.33:1	北京市种禽公司
海兰灰	24	310	1.5	60.1	2.29:1	美国海兰国际公司

任务思考

1. 鸡的品种是如何分类的？有何特点？
2. 商用品系分为几类？从料蛋比、产蛋量、蛋重等方面分析品种特点。
3. 调查当地主要饲养蛋鸡品种的生产性能，并分析优缺点。

任务二 鸡场的建设与规划

任务描述

鸡场规划设计是养鸡场奠基性的硬件工程，事关养鸡场的生物安全体系建设。选址科学、结构合理及舍内外环境易控制是养好家禽的前提，合理的鸡场规划设计会给养鸡场带来无形的效益。鸡场规划主要包括养殖场的选址、建筑的合理布局、养鸡场禽舍设计及场区绿化美化。

任务分析

鸡场的规划和布局要根据其生产经营性质而定。场址要从位置、地势、水源等方面进行综合选择；场区建设布局要充分考虑采光、通风、防疫等因素，科学合理的规划是舍内外环境控制、鸡体的健康和生产性能充分发挥的重要前提条件。

任务实施

场址选择、鸡场的规划布局、鸡舍设计与饲养管理密切相关，设计与规划是否合理直接影响鸡舍的环境控制，也就会直接影响到鸡场的生物安全、高效生产，因此，必须科学合理地规划鸡场建设。

一、 鸡场的选址与规划布局

鸡场根据生产任务和经营性质的不同，分育种场、种禽繁殖场和商品禽场三级。场址选择时推行"管理区与生产区分离"的布局，为有利于生物安全体系的建立，应尽可能将育种场、种禽繁殖场、商品禽场异地建设。

1. 场址选择

场址选择时必须考虑自然条件和社会条件，并为长远发展留有余地。

（1）场地

① 位置　养鸡场的位置要选择远离公路、铁路、屠宰场、化工厂等，周围 3km 内无大型工厂、矿厂，距离其他畜牧场、居民区、交通要道、水源地应至少 1km 以上（符合行业标准 NY/T 5038—2006、NY/T 1620—2008 规定的标准）；空气和水源没有污染的位置；养鸡场的位置应选在居民点的下风处，地势要低于居民点，但要离开居民点污水排放口；更不应选在化工厂、屠宰场、制革厂等容易造成污染企业的下风处或附近。

② 地形地势　地形指场地形状、大小和地物（房屋、树木、河流沟坎等）情况，要求开阔、整齐、边角不宜过多；地势是指场地的高低起伏状况，要求地势在干燥、排水良好、背风向阳、空气流通的山坡上，禽舍坐向最好为坐北朝南或坐西北朝东南。平原地区建养鸡场时场址应选择在比周围地段稍高的地方，以利排水；山区建场应选在缓坡上，坡面向阳，鸡场总坡度不超过 25％，建筑区坡度应在 2％～3％；在靠近河流、湖泊的地区，场地要选择在较高的地方，应比当地水文资料中最高水位高 1～2m，离河流或湖泊 1km 以上，严禁向河流或湖泊排放污水，同时需考虑养鸡场的污水排量应与附近的田地及果园对污物的处理能力相匹配。

（2）水源水质

① 水量充足　水源要求水量丰富，包括场内人员用水、家禽饮用水和饲养管理用水、消防用水等，同时应考虑河流、湖泊流量，地下水的初见水位和最高水位，含水层次、厚度和流向。

② 水质良好、清洁　满足人、家禽生产和生活需要（符合行业标准 NT 5027—2008 规定的标准），要求不含细菌、寄生虫卵及矿物毒物，在选择地下水作水源时，要调查是否因水质不良而出现过某些地方性疾病；水质包括酸碱度、硬度、透明度，有无污染源和有害化学物质等，应做水质的物理、化学和生物污染等方面的化验分析。

③ 取用方便、易保护　水源周围环境条件好，便于进行卫生防护。

（3）地质土壤　土壤的物理化学和生物学特性影响场区的空气，还影响土地的净化，主要有以下几点。

① 土壤透气透水良好　透水透气性强的土壤吸湿性小、容易干燥，否则，土壤潮湿会产生氨气、硫化氢等有害气体，也可能产生污染物造成地面水源污染。

② 土壤洁净　即土壤没有被病原微生物、有害物质和重金属污染。

③ 抗压性　土壤要有一定的抗压性，适宜建筑。

沙壤土既有一定的透水透气性，易干燥，又有一定的抗压性，昼夜湿度稳定，是适宜建设鸡场的理想的土壤类型。

（4）气候因素　主要了解常年气象资料，包括平均气温，绝对最高、最低气温，土壤冻结深度，降雨量与积雪深度，最大风力，常年主导风向，日照情况等。

（5）三通条件　指供水、电、交通三个方面的条件。鸡场对电力依赖，应设计双线路供电或配备发电机。

2. 鸡场的规划布局

养鸡场的合理布局事关养鸡场的生产经营、生物安全体系和人类公共安全体系的建设，它关系到养鸡场的持续发展和人类的公共安全。场址选定后，进行规划布局时，应将鸡场的性质、规模、建筑物情况、鸡场生物安全等因素综合分析后，进行鸡场的规划布局，使其科学合理。

（1）养鸡场总体布局　鸡场通常根据生产功能进行分区规划，分为经营区、生活区与生产区等。有条件的可将办公区、生活区设在远离养鸡场的城镇中，将养殖场建在城郊外，变成一个独立的生产单位。这样有利于办公区的信息交流和产品销售，也有利于生活区的生活便利和社会联系，更有利于养鸡场生物安全体系的建立。养鸡场生产区四周需砌围墙或绿色隔离带与外界隔离，有条件的尽量做一个防疫沟与外界隔离；养鸡场内各生产区之间要有一定的距离和绿色林带作为缓冲防疫隔离带；各生产区间应配有检疫隔离间和消毒池。见彩图2-8、图2-9。

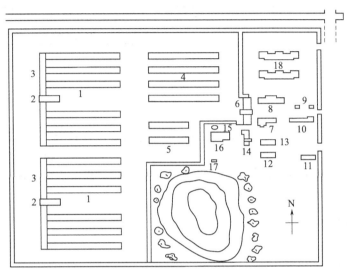

图2-9　某养鸡场平面布局示意图

1—蛋鸡舍；2—集蛋间；3—集蛋走廊；4—育成鸡舍；5—育雏舍；6—消毒间；7—食堂；8—办公室；
9—传达室；10—车库；11—配电间；12—病禽急宰间；13—机修间；14—鸡笼消毒间；
15—水塔；16—锅炉房；17—电井；18—职工宿舍

（2）鸡舍的布局

① 鸡舍间距　鸡舍间距是指各鸡舍之间的距离，鸡舍间距要考虑到防疫、防火、日照和排污的要求。鸡舍间距与鸡舍高度和长度有一定的关系。可取5~8倍的高度作为鸡舍间距，鸡舍的长度增加，鸡舍间距可适当增加。鸡舍间距一般为20~50m。为了保持场区和鸡舍环境良好，鸡舍之间应保持适宜的距离。

② 鸡舍朝向　朝向选择应考虑当地的主导风向、地理位置、鸡舍采光和通风排污等情况。饲料库和蛋库因与场外联系频繁、劳动量大，因此均要靠近生产区的上风向，但不能在生产区内；粪污与饲料库和蛋库为相反的两个方向，因此其平面位置也应是相反的下风向或偏角的位置。我国大部地区采用东西走向或南偏东方向较为适宜。

鸡舍的生产工艺流程顺序为种鸡→种蛋→孵化→育雏→育成→成鸡，其生产布局应按所饲养鸡群的经济价值和鸡群获得的免疫力有序排列。种鸡生产小区应优于商品鸡；育雏育成鸡又应优于成年鸡，且与成年鸡舍的间距要大。

③ 鸡舍的排列　生产用房一般要求横向成行，纵向成列，尽量将建筑物排成方形，避免排成狭长而造成饲料、粪污运输距离加大，管理和工作不便。四栋以内，单行排列；超过四栋则可双行或多行排列。见图2-10。

（3）道路的布局　道路是养鸡场各建筑物间联系的纽带，场内道路按大小可为分主干道（5m以上）和支干道（2~5 m）；按用途分为净道和污道。净道是饲料和产品的运输通道；污道为运输粪便、死鸡、淘汰鸡以及废弃设备的专用道。为了保证养鸡场的安全，设计时道路与房屋及畜舍也要有合适的间距，净、污分开，互不交叉，出、入口分开，净道不能与污道贯通，净道和污道以沟渠或林带相隔。见图 2-10。

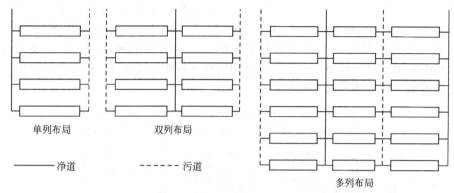

单列布局　　　　　　双列布局

——————净道　　- - - - - 污道

多列布局

图 2-10　鸡舍排列布置模式图

（4）粪场　粪场可设置在多列鸡舍的中间，靠近道路，有利于粪便的清理和运输。粪场应在管理区和鸡舍的下风处，与鸡舍保持一定距离（50～100m）；粪池的深度应进行防渗处理，以防污染地下水和土壤；粪场底部应有一定坡度，以便粪水流向集液井；粪池大小就根据鸡场的排粪量多少及贮藏时间长短而定。

二、鸡舍设计

1. 鸡舍类型选择

鸡舍类型指鸡舍的建筑形式和密封性，鸡舍类型有开放式和密闭式两种类型。

（1）开放式鸡舍　所谓开放式鸡舍是指舍内与外部直接相通，可直接利用光、热、风等自然能源的鸡舍。此种建筑投资低，但易受外界不良气候的影响，需要投入较多的人工进行温度、湿度的调节，主要有以下三种形式。

① 全开式鸡舍　此种鸡舍四周无墙壁，由柱子或砖条支撑房顶，用网、篱笆或塑料编织物等与外部隔开。这种鸡舍通风效果好，但防寒、防暑、防雨、防风效果差，用于种鸡、育成鸡和成鸡的饲养，适用于热带或亚热带地区或北方夏季使用，但低温季节需做好保温防寒工作。农村大部分养鸡户均采用此种鸡舍。

② 半开放式鸡舍　指前墙和后墙上部是敞开的鸡舍。敞开的面积取决于气候条件及鸡舍类型，一般敞开 50%～60% 的面积。敞开部分可安装卷帘、塑料布、草帘等设施，高温季节拉起通风，低温季节封闭保温。这种鸡舍用于种鸡、育成鸡和成鸡的饲养，适用于气候条件变化不太大的地区。

③ 有窗鸡舍　指鸡舍四周用围墙封闭，前后墙设有较大的窗口用来采光和通风的鸡舍。此种鸡舍可借助一定的设备进行人工调节舍温和污气。适用于各阶段鸡的饲养，适宜各种气候条件，是目前采用最多的鸡舍类型。

（2）密闭式鸡舍　指无窗、与外界隔离的鸡舍。密闭式鸡舍要求屋顶与四壁隔温良好，可通过设备的控制与调节，减少自然不利因素对鸡群的影响，使舍内小气候适宜于鸡体生理特点的需要。密闭式鸡舍建筑和设备投资高，对电的依赖性大，饲养管理技术要求高，需要根据当地的气候条件和资金能力慎重地选用。此种鸡舍一般适宜于大型机械化鸡场和育成公司。

2. 鸡舍结构设计与布局

（1）鸡舍结构的设计

① 鸡舍的坐向　鸡舍的坐向应根据日照和通风的方向来确定。开放式鸡舍场区排污需要借助于自然通风，利用主导风向与鸡舍长轴所形成的一定的角度，获得较好的排污效果。密闭式鸡舍造禽舍时最好坐北朝南或坐西北朝东南，鸡舍的主要窗户尽可能向南或基本向南。

② 鸡舍的长度　鸡舍的长度指每栋鸡舍的长度。鸡舍长度取决于设计容量，应根据每栋舍具体需要的面积与跨度来确定。也与机械化水平、环境控制水平有一定关系。大型机械化生产鸡舍长度一般为 66m、90m、120m；中小型普通鸡舍为 36m、48m、54m。

鸡舍长度可用公式来确定：鸡舍长度＝鸡舍面积/鸡舍跨度。

③ 鸡舍的跨度　鸡舍的跨度指鸡舍的宽度。鸡舍的跨度与鸡舍类型和舍内的设备有关。普通开放式鸡舍跨度不宜太大，否则，舍内的采光与换气不良，一般以 6～9.5m 为宜；采用机械通风的鸡舍其跨度可在 9～12m，甚至更大；笼养鸡舍要根据安装列数和走道宽度来决定鸡舍的跨度。

④ 鸡舍的高度　鸡舍的高度与饲养方式、笼层高度、跨度与气候条件有关，普通鸡舍一般高度以 2.5～3.0m 为宜，现代化、多层重叠式笼养应根据笼具高度而定。在南方干热地区，鸡舍的高度可适当高些以利于通风，北方寒冷地区可适当矮些以利于保温。

⑤ 鸡舍的地面　鸡舍的舍内地面一般要高出舍外地面30cm，潮湿或地下水位高的地区应50cm以上。鸡舍的地面要求表面坚固无缝隙，多采用混凝土铺平，虽造价较高，但便于清洗消毒，还能防潮保持鸡舍干燥。阶梯式笼养鸡舍地面设有浅粪沟，比地面深15～20cm。

⑥ 鸡舍的墙壁　普通鸡舍墙壁的有无、多少或厚薄依当地气候条件和鸡舍类型而定。育雏室要求墙壁保温性能良好，并有一定数量的窗户来保温和通风；中鸡舍和种鸡舍的前、后墙壁有全敞开式、半敞开式和开窗式几种，一般敞开 1/3～1/2。有墙鸡舍应与地面一起抹上墙裙，便于冲刷消毒和隔湿，寒冷地区鸡舍可增加墙体厚度。现代化密闭式鸡舍，其墙壁要做保温隔热层，以便于环境的稳定和控制。

⑦ 鸡舍的窗　有窗鸡舍窗口设置形式不一，除南北侧墙上部设面积较大的通风窗外，有的鸡舍上部设天窗，或在侧壁下部设地窗，起调节气流或辅助通风作用。利用机械负压通风时风机口是集中的排气口，窗口为进风口，其面积和位置应与风机功率大小相一致，既要避免形成穿堂风，又要使气流均匀，防止出现涡流或无风的滞留区。

⑧ 鸡舍的屋顶　鸡舍屋顶形状有很多种，如单落水式、单落水加坡式、双落水式、双落水不对称式、钟楼式和半钟楼式等。一般根据当地的气温、通风等环境因素来决定。生产中大多数鸡舍采用三角形屋顶，坡度值一般为 1/4～1/3。屋顶材料要求绝热能良好，以利于夏季隔热和冬季保温。在气温高雨量大的地区屋顶坡度要大一些，屋顶两侧加长房檐；北方寒冷地区的屋顶最好设顶棚，其上放一层稻壳或干草以增加隔热性能。

（2）鸡舍的布局

① 平养鸡舍　按鸡栏排列与通道的组合有以下几种。

无通道平养鸡舍：这种鸡舍没设专门通道，舍内面积利用率高。管理鸡群时饲养人员进入鸡栏，不如有通道鸡舍操作方便，也不利防疫。

单列单通道：舍内通道约1m宽，饲养人员在通道上操作，管理方便，不经常进入栏内，有利于鸡群防疫。但通道所占鸡舍面积的比例较大，有效利用面积较低，适于跨度较小的种鸡舍采用。

双列单通道或双通道：双列单通道指鸡舍纵向的中央设通道，分别管理两侧栏圈鸡群，人员操作方便，提高通道的利用率，如垫料或网上平养鸡舍多用这种形式。也可采用通道设在沿墙两侧，将双列鸡栏放在鸡舍中部，集中使用一套喂料设备，便于鸡群管理，且开窗方便。

三列两通道或四通道：舍内设置三列鸡栏，若有两列纵向沿墙排列则用两通道、舍内面积利用率高，但开放式鸡舍靠墙鸡栏易受外界气温和光照影响，夏季开窗时还易因洒落雨水弄湿垫料。还可采用三列四通道排列，通道宽度控制在 $60\sim80cm$，否则舍内面积利用率降低。

上述方式以单列式、双列式排列比较普遍。跨度较大的鸡舍采用三列式，甚至还有四列多通道排列形式（图 2-11）。

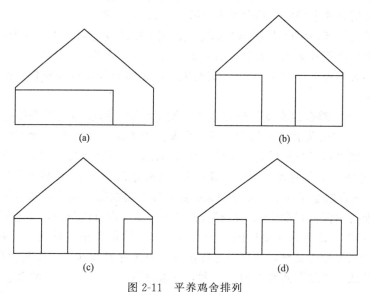

图 2-11　平养鸡舍排列
（a）单列单通道；（b）双列单通道；（c）三列两通道；（d）三列四通道

② 笼养鸡舍　笼养鸡舍鸡笼的列数与平养鸡栏的形式完全相同，只是每列笼都必须在通道上操作，应留有一定宽度工作道，半架笼组为单侧道，整架笼两侧都设通道。

（3）鸡舍的建筑方式　按鸡舍组建方式可分为砌筑型和装配型两种。砌筑型常用砖瓦或其他建筑材料。近年已研制出适合装配型结构的鸡舍，施工时间短，鸡舍构件已有专业厂家生产，建造质量也有保障。目前适合装配型鸡舍复合板块材料有多种，房舍面层有金属镀锌板、玻璃钢板、铝合金、耐用瓦面板。保温层有聚氨酯、聚苯乙烯等高分子发泡塑料，以及岩棉、矿渣棉、纤维材料等。

任务思考 👆

1. 分析密闭式鸡舍与开放式鸡舍各自的优势和劣势。
2. 北方寒冷地区与南方温热地区的鸡舍建筑要求有哪些不同？

任务三　育雏期的饲养管理

任务描述 📖

育雏期是蛋鸡整个生产周期中最为重要的阶段。雏鸡在育雏期较为弱小，各项生理机能均不完善，所以要精心呵护、细心管理，并提供良好的生活环境，使雏鸡健康成长。

任务分析

要取得育雏期良好的饲养成绩，在确定饲养品种后，首先，要根据品种特点选择适宜的饲养方式和饲养设备；其次，需要了解蛋鸡育雏期的生理特点及其营养需求，做好充分的准备工作；最后，为雏鸡提供适宜的营养、温度、湿度、光照、通风等饲养管理条件，适时正确地断喙，实现雏鸡良好的成活率和合格率，为后期的饲养管理奠定基础。

任务实施

一、育雏方式的选择

1. 育雏方式的选择

根据育雏占地和空间的不同，人工育雏方式可分为地面、网上和立体三大类。

（1）地面育雏 是指在室内地面上培育雏鸡的方式，称为地面育雏。要求舍内为水泥地面，便于冲洗消毒。育雏前对育雏舍进行彻底消毒，再铺20～25cm厚的垫料，垫料可以是锯末、麦草、谷壳、稻草等，应因地制宜，但要求干燥、无寄生虫、卫生、柔软（图2-12）。

地面育雏成本较低，但房舍利用率低，雏鸡经常与粪便接触，易发生疾病流行。

（2）网上育雏 就是用网面来代替地面育雏。网面的材料有铁丝网、塑料网，也可用木板条或竹竿，但以铁丝网最好。网孔的大小应以饲养育成鸡为适宜，不能太小，否则，粪便下漏不畅。饲养初生雏时，在网面上铺一层小孔塑料网，待雏鸡日龄增大时，撤掉塑料网。一般网面距地面的高度应随房舍高度而定，多以60～100cm为宜，北方寒冷地区冬季可适当增加高度。网上育雏最大的优点是解决了粪便与鸡直接接触这一问题（图2-13）。

图2-12 地面育雏

图2-13 网上育雏

由于网上饲养鸡体不能接触土壤，所以提供给鸡的营养要全面，特别要注意微量元素的补充。

（3）立体育雏（笼育） 这是大中型饲养场常采用的一种育雏方式。立体笼一般分为3～4层，分为阶梯式与重叠式两种，重叠式每层之间有接粪板，四周外侧挂有料槽和水槽。立体育雏具有热源集中、容易保温、雏鸡成活率高、管理方便、单位面积饲养量大等优点。但笼架投资较大，且上下层温差大，鸡群发育不整齐。为了解决这一问题，可采取小日龄在上面2～3层集中饲养，待鸡稍大后，逐渐移到其他层饲养（图2-14）。

2. 制订育雏计划，选择育雏季节

（1）制订育雏计划 育雏前必须有完整周密的育雏计划。育雏计划应包括饲养的品种、育雏数量、进雏日期、饲料准备、免疫及预防投药等内容。育雏数量应按实际需要与育雏舍

容量、设备条件进行计算。进雏太多，饲养密度过大，影响鸡群发育。一般情况下，新母雏的需要量加上育雏育成期的死亡淘汰数，即为进雏数。

图 2-14　立体育雏（笼育）

同时，进雏前还应确定育雏人员，育雏人员必须吃苦耐劳，责任心强，最好有一定的育雏经验。

（2）育雏季节的选择　在密闭式鸡舍内育雏，由于为雏鸡创造了必要的环境条件，受季节影响小，可实行全年育雏。但对开放式鸡舍因不能完全控制环境条件，受季节影响较大，应选择育雏季节。

春季育雏气候干燥，阳光充足，温度适宜，雏鸡生长发育好，并可当年开产，产蛋量高，产蛋时间长；秋季育雏，气候适宜，成活率较高，但育成后期因光照时间逐渐延长，会造成母鸡过早开产，影响产蛋量；冬季气温低，特别是北方地区育雏需要供暖，成本高，且舍内外温差大，雏鸡成活率受影响；夏季高温高湿，雏鸡易患病，成活率低。可见，育雏最好避开夏冬季节，选择春秋两季效果最好。也要参考市场行情和周转计划选择育雏季节。

二、饲养设备的选择

1. 饲喂设备选择

饲喂设备主要包括料槽、料桶、喂料车、螺旋式喂料机、链条式喂料机等。可以根据不同的饲养方式进行适当的选择。近年来，随着生产水平的不断提高，国内大型规模化的养殖场已经开始使用自动给料设备。在鸡舍外设有料塔，舍内配备自动给料设备，节省了劳动成本，并大大提高了生产效率。不同的饲喂设备见图 2-15。

(a)舍外料塔　　　　　(b)自动喂料器　　　　　(c)螺旋式喂料机　　　　　(d)链条式喂料机

图 2-15　饲喂设备

2. 饮水设备选择

饮水设备包括水泵、水塔、管道设施、饮水器等。常用的饮水器类型有水槽、真空饮水器、吊塔式饮水器、乳头式饮水器等，每种饮水器各有优缺点，比如水槽虽然简单易行，但耗水量大，易受污染；真空饮水器适用于雏鸡和平养，优点是供水均衡、使用方便，但清洗工作量大；吊塔式饮水器适用于平养，能够节约用水，清洗方便；乳头式饮水器分为球阀式和锥阀式两种，平养和笼养均适用，可有效保证饮水清洁，节省用水，但一次性投入成本较高。

养殖场可视不同的饲养方式和不同饲养阶段选择适宜的饮水器。不同的饮水设备见图 2-16。

| (a)乳头式饮水器 | (b)自动加药器 | (c)真空饮水器 | (d)吊塔式饮水器 |

图 2-16　饮水设备

3. 环境设备选择

（1）电热保温伞　这是平面育雏较原始的一种供温方式，现在用得较少。育雏伞由热源和伞罩等组成。热源可为电热板、红外线灯管等，位于伞内罩的上部。伞罩可用金属板等材料制成，其功能是将热量集中向下辐射。它的优点是干净卫生，雏鸡可在伞下进出，寻找适宜的温度区域，但单独使用效果不十分理想，且耗电较多。育雏伞一般离地面 10cm 左右，伞下所容鸡的数量可根据伞罩的直径大小而定（表 2-4）。

表 2-4　电热保温伞育雏容纳雏鸡数

伞高/cm	伞罩直径/cm	15 天内容鸡量/只
55	100	300
60	130	400
70	150	500
80	180	600
100	240	1000

使用育雏伞育雏时，要求室温达到 27℃ 左右。最初几天内，为防止雏鸡乱跑，应在伞外 100cm 处设置 60cm 高的护栏，2 周后再撤离。

（2）暖风炉供暖　是以煤等为原料的加热设备，在舍外设立热风炉，将热风引进鸡舍上空或采用正压将热风吹进鸡舍上方，集中预热育雏室内空气，效果较好。此方法是目前国内大型种鸡场及商品场普遍采用的供暖方式。

（3）自动燃气暖风炉供暖　此设备原料主要是天然气，设备可安装于舍内，通过传感器自动控制温度，热效率高，100％ 被利用，温度均匀，卫生清洁，通风良好，是比较理想的供暖方式。

（4）煤炉供暖　在取暖的火炉上设置铁皮或木板制成的伞形罩，用烟囱将烟排出室外，用进风管调节进风量控制炉子燃烧，以调节炉火温度，但是室温无法精确控制，尤其在冬季，要通风换气，防止缺氧及空气污浊。同时要注意严防煤气中毒及发生火灾。

（5）红外线灯供暖　利用红外线灯散发的热量进行育雏，雏鸡通过吸收红外线，引起温度升高。红外线的致热作用与雏鸡的羽毛色泽有关，浅色与深色的可以相差 20％ 左右。因为色泽不同,反射的能量也不同。

除以上方式外,还有火炕供暖、地上烟道供暖、火墙供暖等方式。

4. 其他设备

(1) 通风降温设备 一般有风机、湿帘降温系统、喷雾降温系统等。风机主要是起到通风换气的作用;湿帘降温系统由波纹多孔湿帘、湿帘冷风机、水循环系统及控制装置组成,在夏季可起到较好的降温效果;喷雾降温系统由高压塞泵、过滤器、雾化喷嘴水管及控制元件组成,既可喷雾降温,又可喷雾消毒。

(2) 集蛋设备 分为人工集蛋和机械集蛋。人工集蛋是使用蛋托进行手工集蛋,破损率低,但劳动强度较大;机械集蛋较常见是传送带式集蛋系统,主要由电动机、齿轮、链条、流蛋槽和传送带组成,这种方式可大幅提高劳动效率,节省劳动力,但破损率较高。

(3) 笼具设备 主要有育雏笼、育成笼、产蛋笼,并分为层叠式(一般为3~5层)、阶梯式(一般为3层)。生产中应该选择质量优良、有一定弹性、焊接点平滑的笼具,可降低破损率。

(4) 清粪设备 主要有牵引式刮板清粪机和传送带式清粪机。牵引式刮板清粪机由牵引机、刮粪板、框架、钢丝绳、滑轮、转动器组成,其结构简单,维修方便,但钢丝绳易腐蚀而断裂;传送带式清粪机主要由传送带、主动轮、从动轮、托轮组成,常用于层叠式鸡笼,清粪效果好但成本较高。

三、 进雏前的准备

1. 育雏室的准备

(1) 房舍准备 育雏舍应做到保温良好、不透风、不漏雨、不潮湿、无鼠害。通风设备运转良好,所有通风口设置防兽害的铁网。舍内照明分布要合理,上、下水正常,不能有堵漏现象。供温系统要正常,平养时要备好垫料。

(2) 育雏舍的清洁消毒 消毒前要彻底清扫地面、墙壁和天花板,然后洗刷地面、鸡笼和用具等。待晾干后,用2%的火碱喷洒。最后用高锰酸钾和福尔马林熏蒸,剂量为每立方米空间福尔马林42mL,高锰酸钾21g。熏蒸前关闭门窗,熏蒸24h以上。

2. 饲料药品的准备

育雏前要按雏鸡日粮配方准备足够的饲料,特别是各种添加剂、矿物质、维生素和动物蛋白质饲料。常用的药品如消毒药、抗生素等必须适当准备一些。

3. 育雏舍预温

育雏舍在进雏前2~3天应进行预温,预温的主要目的是使进雏时的温度相对稳定,同时也检验供温设施是否完好,这在冬季育雏时特别重要。室内温度一般应达到30℃,湿度在60%~70%为宜。预温也能够使舍内残留的福尔马林逸出。

四、 雏鸡的选择和接运

1. 雏鸡的挑选

高质量的雏鸡是取得较高育雏成绩的基础。通过选择,将残次、弱雏淘汰,按雏鸡的大小、强弱实行分群饲养,这对提高整体鸡群的抗病力和提高整体的均匀度有利。

选择标准可参照孵化中的雏鸡的分级标准。

2. 雏鸡的接运

雏鸡的运输是一项重要工作,稍有不慎就可能对生产造成巨大损失,有些雏鸡本来很强壮，运输中管理不当，就会变成弱雏，严重时，会造成雏鸡大量死亡。

（1）运输工具的准备 应根据具体情况，选择空运、火车运输、汽车运输、船舶运输等。运输雏鸡的用具最好使用一次性专用运输盒。近距离运输也可使用塑料周转箱，但每次使用后都要认真清洗消毒。雏盒周围打适当数量的透气孔，内部最好隔成四部分，每个部分装鸡20～25只，每盒可装鸡80～100只。这种结构可防止在低温时，由于雏鸡集群起堆而压伤压死。雏盒底部最好铺吸水强的垫纸，一方面具有防滑作用，可使雏鸡在盒内站立稳当，同时，又可吸收雏鸡排泄物中的水分，保持干燥清洁。

在运输时，雏鸡盒要摆放平稳，重叠不宜过高，以免太重而相互挤压，使雏鸡受损。

（2）运输过程的环境监控 运输中要定期观察雏鸡情况，当发现雏鸡张嘴喘息绒毛湿时，温度可能太高，应及时倒换雏盒的上下、左右、前后位置，以利通风散热。最适宜运输雏鸡的温度为22～24℃。当运输距离远、时间长时，应在车内洒水，一方面以利蒸发而散热；另一方面，由于雏鸡出壳后，体内水分消耗较大，48h可消耗15％，通过洒水，避免雏鸡脱水而影响成活率。

不同季节运输有不同要求，夏季运输比冬季运输更容易发生问题，主要是由于过热闷死雏鸡。空调车内因氧气不足而造成雏鸡死亡的事屡见不鲜。所以，最好避开高温时间，早晚运输较好。冬季尽管气温低，但只要避免冷风直吹，适当保温，是比较安全的，保温用具可用棉被、棉毯、床单。汽车运输时，车厢内底部最好铺一层毡，效果会更好。当雏鸡发出刺耳叫声时，应及时检查，不是过冷，就是太热，或夹挤受伤，应马上采取相应措施。冬季运输还应特别注意贼风。

雏鸡运到鸡舍后，休息片刻，即可按雏鸡的大小、强弱分群，按照合理的密度，放入舍内饲养。

五、雏鸡的饲养

接雏鸡后，应遵循"先饮水后开食"原则进行饲养。

1. 初饮

（1）初饮的意义 及时饮水有促进肠道蠕动、有利于残留卵黄吸收、排出胎粪、增进食欲、利于开食的作用。另外在运输过程和育雏室的高温环境中，雏鸡体内的水代谢和呼吸的散发都需要大量水分，饮水可有助于体力的恢复。因此，育雏时，必须重视初饮，使每只鸡都能喝上水。

（2）初饮方法 雏鸡初次饮水的水温很重要，不能直接饮用凉水，否则，极易造成腹泻，在育雏第一周最好饮用温开水。饮水时，可在水中适当加一些维生素、葡萄糖，以促进和保证鸡的健康生长。特别是经过长途运输的雏鸡，饮水中加糖和维生素C可明显提高成活率。另外，在水中添加抗生素可预防白痢等病的发生。

在育雏初期，特别是前3天，为使雏鸡充分饮水，应有足够的光照。由于鸡体所有的代谢离不开水。体温调节离不开水，维持体液的酸碱平衡和渗透压也离不开水。断水会使雏鸡干渴，因抢水而发生挤压，造成损伤。所以，在整个育雏期内，要保证全天供水。

为使所有的雏鸡都能尽早饮水，应进行诱导，用手轻轻握住雏鸡身体，用食指轻按头部，使喙进入水中稍停片刻，松开食指，雏鸡仰头将水咽下，经过个别诱导，雏鸡很快相互模仿，普遍饮水。要随着雏鸡日龄的增加，更换饮水器的大小和型号。数量上必须满足雏鸡的需要，使用水槽时，每只雏鸡要有2cm的槽位，小型饮水器应保证50只雏鸡一个，且要定期进行清洗和消毒。

知识拓展

家禽的行为学特性——饮水行为

鸡体内的水分来源于三种，分别为直接饮水、青饲料中的游离水和营养物质在氧化代谢过程中化学反应释放出来的氧化水，这三种来源的水在调节体液平衡过程中起的作用是相同的。

当鸡失去水分后，会通过神经系统控制鸡出现觅水行为和饮水行为。

鸡的饮水受年龄、饲料、温度、时间以及疾病等因素的影响。幼小的鸡体内水分比例比成年鸡高，缺水也更敏感，缺水会很快导致脱水。刚出壳的 1 日龄雏鸡，由于可以利用体内卵黄 48h 内不吃料没有生命危险，但须及时补充水分。随着鸡的不断长大，通过各种途径排出的水分增多，饮水的绝对量增加，产蛋鸡比不产蛋鸡需要更多的饮水。

温度对饮水行为的影响与温度对采食行为的影响正好相反。温度升高，鸡从体表、粪尿、呼吸等方式蒸发散热过程中，丢失大量的体液，必须通过增大饮水量得到补充。饮用温度高的水比温度低的饮水量要大一些。

2. 开食

(1) 开食时间　雏鸡饲喂的第一步是开食，开食是指雏鸡出壳后第一次吃料。雏鸡孵出后，体内蛋黄还没有完全吸收，肠胃发育还不宜于消化饲料，蛋黄仍能满足一定时间的营养需要，刚出壳的雏鸡喜欢沉睡，还没有求食表现。但开食过晚会消耗雏鸡体力，影响生长发育。

正常情况下，在孵出后 24～36h 开食为宜。但经过长途运输，刚到达目的地后，不要急于饲喂，最好是遮光休息一会，饮上 1～2h 水后再开食，最有效的是观察鸡群，当 60%～70% 的雏鸡有啄食表现时再开食；也不要在运输途中饲喂，因为开食后嗉囊变大，在运输中容易因挤压而造成损伤。

(2) 开食方法　开食前用浅平开食盘或塑料布（厚纸）铺在地面或网上，塑料布要有足够大小，以便所有的雏鸡能同时采食。

为了使雏鸡易于见到和接触到饲料，应将调制好的开食饲料均匀地撒在塑料布或浅盘上面，并增加光亮度，引诱雏鸡前来啄食开食料。初生雏有天生的好奇性和模仿性，只要有少数雏鸡啄食，其他就会跟着学会啄食。对少数不会采食的雏鸡还要耐心诱导，诱导采食的方法有两种，一是抓几只已开食过的小鸡当开食引导，引导小鸡一见食物后便低头不停地啄食，其他小鸡也能跟随试探啄食，慢慢走向食物中心频频啄食；二是边撒食，边用"吧吧……吧吧"的声音信号呼唤雏鸡前来，小鸡能跟随人的声音和撒食声音去寻找食物，很快地建立起条件反射。应尽力争取在一天之内使所有的雏鸡都开食，为培育整齐的鸡群打下良好的基础。

开食前 3 天采用 23h 光照，这样便于雏鸡有较多的时间自由学习采食，熟悉环境，每天有 1h 熄灯休息。育雏的第一天要多次检查雏鸡的嗉囊，以鉴定是否已经开食和开食后是否吃饱，雏鸡采食几小时就能将嗉囊装满，否则就要查清问题的所在，及时纠正，杜绝个别雏鸡"饿昏"与"饿死"现象出现。为了防止雏鸡有糊肛的现象，建议雏鸡 1～2 日龄饲喂碎玉米。

雏鸡给料要遵循"少喂勤添"的原则，以刺激食欲。最初的几天，每隔 3h 喂 1 次，每昼夜 8 次；以后随着日龄增长逐步减少到春夏季每天 6～7 次，冬季、早春 5～8 次。3～8 周龄时改夜间不喂，每天 4h 饲喂 1 次，即每昼夜 4～5 次。

随着雏鸡生长，2～3 天后逐渐加料槽，待雏鸡习惯料槽时撤去料盘或塑料布，0～3 周使用幼雏料槽，3～6 周龄使用中型料槽，6 周龄以后逐步改用大型料槽。料槽的高度应根据鸡背高度进行调整，这样既可防止雏鸡食管弯曲，又可减少饲料浪费。

（3）饲喂空间　为保证雏鸡吃饱吃好，必须备足料槽，保证喂食时雏鸡都能站在料槽边。料槽不足时，必然有一些弱雏、胆小的雏鸡站立一边，吃不上料或吃强鸡剩料，导致雏鸡生长发育参差不齐，出现较多的弱雏。

（4）喂料量　雏鸡营养要全面，饲喂量要恰当，还要求能达到各个品种的生长发育指标（表 2-5）。

表 2-5　不同类型雏鸡喂料量

周龄	白壳蛋鸡		褐壳蛋鸡	
	日耗料/(g/只)	周累计耗料/(g/只)	日耗料/(g/只)	周累计耗料/(g/只)
1	7	49	12	84
2	14	147	19	217
3	22	301	25	392
4	28	497	31	609
5	36	749	37	868
6	43	1050	43	1169

按照正常耗料量饲喂，如果长时间采食不完，应立即查找原因。或者是饲料突然改变，雏鸡不能立即适应；或者是饲料腐败变质，也可能是雏鸡感染疾病，处于潜伏期。这几种情况都要及时处理。

（5）雏鸡日粮　雏鸡日粮中碳水化合物含量较为丰富，热能不至缺乏。配合雏鸡饲料时，重点在蛋白质、维生素和矿物质的需要。蛋白质是雏鸡生长发育最主要的营养成分，雏鸡日龄越小，对蛋白质营养的要求越高。

知识拓展

家禽的行为学特性——采食行为

1. 雏鸡采食行为　雏鸡出壳后不久就有啄食行为。但鸡的味觉系统不发达，雏鸡的味觉更不发达，雏鸡开始啄食和采食是没有选择性的，需要经过反复试探性采食，雏鸡对饲料的颜色、形状、粒度、硬度等逐渐产生了条件反射，达到学会采食的目的。为了使雏鸡尽快建立起对周围环境主要是对饲料和水的条件反射，一般要求雏鸡在 3 日龄之前给予 23～24h 的光照，有足够多的料盘供雏鸡采食，3 日龄之后光照时间逐渐减少，光照强度逐渐降低。

温度和湿度可以影响雏鸡的采食行为。在适宜的温度环境中，雏鸡处于一种舒适的状态，活泼好动，睡眠安详，可以很快学会饮水、吃料，发育正常。环境温度高于 36℃时，刚出壳的雏鸡就会由于感到太热而处于热应激状态，垂翅、伸舌、张嘴喘气、伏地、饮水量大增，室内湿度过大，也不利于雏鸡的开食。雏鸡对温度的依赖性随着雏鸡日龄的增长而逐渐降低，14 日龄以上的雏鸡，可以在 25℃ 左右的常温下正常采食。

光和响声可以影响雏鸡的采食行为。雏鸡的趋光性可以帮助雏鸡加快学会寻找到食物，但是如果光照强度不均匀，就会造成雏鸡向光源一方拥挤。禽舍中碰击料槽的响声或饲养员的行走声、说话声等都能吸引雏鸡前来采食。明暗交替变化的光照和时而的响声，可以把那些闲散或卧睡的雏鸡惊醒，转向采食。这一点对肉鸡更重要，可以增加鸡的采食量，提高增重速度。

2. 成年鸡采食行为　成年鸡的采食行为要受到产蛋和群体优势等级的限制。散养鸡一般都有一只公鸡保护十几只母鸡在其领地内采食，一旦看到其他鸡尤其是公鸡来偷吃饲料，它就会将入侵者赶跑。母鸡之间也存在等级现象，优势母鸡不让劣势母鸡吃食，劣势母鸡只有趁其不注意抢吃几口，看到对手来啄就逃避，优势母鸡即使已经吃饱之后，如果看到劣势母鸡来吃又会再去夺食。

笼养母鸡由于受到鸡笼的限制，不能到处觅食，只能采食人工加在食槽中的饲料。长期食用饲槽中的饲料，使鸡对饲料的形状、颜色、颗粒大小等形成了固定的条件反射，对饲槽中的其他物质如苍蝇、大的骨粉块等均不予理睬，甚至将整粒的玉米也剩下。笼养鸡的饲料粒度尽量保持始终一致，不要轻易加大或减小，否则会影响鸡的正常采食。

母鸡采食高峰和喂料次数以及时间有很大关系。鸡全天都采食饲料，但相比较而言，早晨采食速度快，但傍晚的采食量较多些。

六、 雏鸡的管理

1. 环境条件管理

（1）温度管理　能否提供最佳的温度，是育雏成败的关键之一。温度适宜，有利于雏鸡运动、采食和饮水，生长发育好。如果温度过高，雏鸡饮水量增加，采食量下降，容易出现拉稀，使体质变弱，弱雏增多，并易诱发啄癖和呼吸道疾病。如果温度过低，雏鸡运动减少，体热散发速度快，影响雏鸡增重，严重时，还可能诱发白痢等疾病。因此，必须严格控制育雏温度。

育雏温度包括育雏器的温度和舍内温度。舍温一般低于育雏器的温度。由于较高的温度可促使雏鸡体内蛋黄进一步吸收，雏鸡发育健壮，生长整齐。因此，最初育雏温度可控制在 33～35℃，以后每周下降 2～3℃，直到 18℃ 脱温（表 2-6）。

表 2-6　育雏期的供温程序

雏鸡日龄	1～7	8～14	15～21	22～28	29～35	36～56
温度/℃	33～35	30～33	27～30	24～27	21～24	18～21

育雏器的温度是指鸡背高处的温度值，测温时要求距离热源 50cm，用保温伞育雏时，将温度计挂在保温伞边即可。立体育雏，要将温度计挂在笼内热源区底网上。

影响育雏温度的因素很多，不同品种鸡对温度的要求是不同的，如褐壳蛋鸡由于羽毛生长速度比轻型蛋鸡慢，育雏前期温度要求略高，应以 34～35℃ 为宜，以后则和轻型蛋鸡要求一致。当舍内外温差较大时，可适当使育雏温度提高。育雏方式不同，也影响育雏温度，如立体笼育雏，由于饲养密度大，雏鸡活动范围小，温度可稍低；平养时，热源较集中，温度稍高，在育雏1～2周内，最好用护栏围住。另外，网上平养，由于网下有凉气，进雏应使温度稍高些。

温度是否适宜，可直接查看温度计与要求的温度是否一致，生产实际中常通过观察鸡群的行为进行判断，俗称"看鸡施温"。若温度过高，雏鸡远离热源，饮水量增加，伸颈、张口喘气；若温度过低，雏鸡靠近热源，运动量减少，为了取暖，常拥挤扎堆，会造成部分雏鸡被压而窒息死亡；温度适宜，雏鸡食欲旺盛，饮水量正常，羽毛生长良好，活泼好动，分布均匀，安静伸脖休息。在控制温度时，要注意及时降温，按照雏鸡生长发育要求供热，随着鸡日龄的加大，温度应逐步降下来，否则会影响鸡的生长发育，但降温不能突然，每周下降2～3℃，即每天下降约0.5℃，而不是在周末突然下降2～3℃。

（2）湿度管理　湿度虽不像温度那样重要，但如果掌握不好，育雏也可能出问题。湿度要随鸡日龄的变化而调整。开始育雏时，要防止高温脱水，特别是延迟出雏的鸡和经长途运输的雏鸡。要防止湿度过低，一般要求相对湿度为70%。湿度低，雏鸡脚趾干瘪，皱纹多，干瘦；在垫料上奔跑时，可能带起灰尘。育雏后期湿度以50%～60%为宜。

增加湿度通常采用室内挂湿帘、地面洒水、喷雾等方法。随着雏鸡日龄的不断增加，呼出的水汽量和排粪量增加，容易出现湿度偏高，导致球虫病暴发，使大量细菌繁殖，对鸡的生长发育造成很大威胁。因此，可通过开窗或机械通风的方法来控制湿度，使之保持在适宜的范围内。

温度与湿度密切相关，必须综合起来加以考虑。高湿低温，出现"阴冷"；而高湿高热易形成"闷热"，应引起足够的重视。

（3）通风换气管理　经常保持室内空气新鲜是雏鸡正常生长发育的重要条件之一。正常大气中氧气含量约为20%，二氧化碳含量约为0.03%。雏鸡比其他家禽的体温高、呼吸快、代谢机能旺盛，单位体重排出的二氧化碳比大家畜高2倍以上。雏鸡每千克体重每小时需氧气约740 mL，呼出二氧化碳约710 mL。

育雏室温、湿度比较高，鸡粪内含有20%～21%尚未消化的营养物质和垫料分解产生大量的氨气和硫化氢。雏鸡对氨气相当敏感，氨气的浓度应低于20mg/m³。育雏室内氨气的浓度偏高会刺激感觉器官，削弱雏鸡的抵抗力，导致发生呼吸道疾病，降低饲料转化率，影响生长发育，持续时间一长，雏鸡肺部发生充血、水肿，鸡新城疫等传染病感染率增高。二氧化碳育雏室内允许浓度为0.5%，浓度达到7%～8%时会引起雏鸡窒息（表2-7）。育雏室的二氧化碳浓度一般不会超过允许浓度。

表 2-7　二氧化碳浓度与雏鸡状态

二氧化碳浓度/%	雏鸡状态	二氧化碳浓度/%	雏鸡状态
4.0	无显著影响	8.6～11.8	忍耐,明显痛苦状
5.8	轻微痛苦状	15.2	昏睡
6.6～8.2	呼吸次数增加	17.4	致死

硫化氢较空气为重，无色，有腐败的臭蛋气味，育雏室内允许浓度在10mg/m³以下，硫化氢的毒性很大，育雏室在一般通风情况下很少超过允许浓度。

育雏室内通风不良时，二氧化碳、氨气、硫化氢浓度增大，氧气逐渐减少，空气变得混浊。通风目的是满足雏鸡对氧气的需要，排除有害气体和湿气。

当人进入鸡舍内受氨气刺激眼睛流泪时，说明氨气的浓度已超过20mg/m³，这时应马上打开窗户通风换气，清除粪便。否则，就会引起雏鸡患病。

机械通风对调节育雏舍的温度、湿度，降低雏鸡舍内废气浓度，保持空气新鲜，更为有效。无论是在有窗鸡舍或密闭的无窗鸡舍，按换气量计算，安装一定数量的风机都是经济的，一般要求 4 周龄前最小通风量为 $0.56m^3/$（h·kg），8 周龄中等气温下通风量为 $5.5m^3/$（h·kg），炎热气候下最大通风量为 $7.6m^3/$（h·kg）。

无论何种通风形式，都要求有效换气量在鸡体水平提供稳定的气流和风速，杜绝贼风。有窗开放式鸡舍由于门窗有缝隙，最初几天换气无多大困难，不必开窗；密闭式鸡舍启用风机在 5 日龄后进行，每次启动时间不能太长，次数可随育雏日龄增大而增加。

（4）光照管理

① 光照对雏鸡的影响　光照对雏鸡的影响主要表现在：一是影响鸡的采食、饮水、运动和健康；二是影响性成熟，在养鸡生产中光照最重要的作用是刺激脑下垂体，促进生殖系统的发育。所以，雏鸡在生长发育时期，尤其是在育雏后期，若每天光照时间过长，小母鸡就会出现身体尚未发育成熟，而过早开产的现象，由于性成熟过早，小母鸡产的蛋小，产蛋高峰也不会维持太久，并且容易发生脱肛现象，处理不及时，则会导致母鸡死亡。因此，应严格控制光照，以防止母鸡过早性成熟。

② 育雏期的光照原则　育雏初期采用较强光照，以便使雏鸡找到水源和饲料，使雏鸡熟悉环境；育雏中后期要采用弱光，避免强光，以防发生啄癖；育雏期内光照时间只能减少，不能增加；开放舍与半开放舍如需补充光照，其补充光照的时间不可时长时短，以免造成光刺激紊乱；在规定的关灯时间内，要杜绝漏光。

③ 光照强度的调节　改变灯泡瓦数，育雏初期用 40～60W 灯泡，后改为 15～25W 灯泡；控制开关数量，在每条光线通道内，设单、双数灯头各自独立的开关系统，可通过调整几条，或某条通道灯光中单数或双数灯头的办法来控制光照强度；采用调压的办法，可以采用调压变压器来改变电压的大小，从而调整光照强度。

④ 封闭式鸡舍的光照方案　封闭式鸡舍基本不受自然光照的影响，完全采用人工光照。育雏前期（1～7 日龄），由于刚出壳的幼雏视力弱，为了尽早让雏鸡熟悉周围环境，采食饮水，要求光照时间为 23 h，强度为 20 lx；2～20 周龄，雏鸡已能逐步适应所处的生活环境，可将光照时间缩短到 10 h 左右，光照强度减至 5 lx。但如果鸡群前期体重不达标，也可在 8 周龄前将光照时间稍加延长，以增加采食量，促进鸡的发育。

⑤ 开放式鸡舍光照方案　开放舍由于受自然光照的影响大，所以，要根据不同的出雏时间制订不同的光照方案。在我国 4 月中旬到 9 月初，孵出的雏鸡，整个育雏育成期直接利用自然光照，不需补充人工光照。一般可采用以下两种方案。

第一，增光后渐减法。查出本批雏鸡 20 周龄时的日照时间，再加上 5h 作为出壳 3 天后采用的光照时间，以后每周减少 15min。第二，查出本批鸡 20 周龄时的自然光照时间，加上日出前有曙光的 0.5h 和日落后有暮光的 0.5h，并从出壳第 3 天起一直保持这一光照时间，恒定不变，自然光照不足部分用人工光照补充。

⑥ 鸡舍内灯泡的安装　应以靠近鸡群的活动区域为好，高度为距离地面 2～4m，为了获得均匀的光照强度，灯泡应交错设置。灯泡功率不宜太大，应以 40～60W 为宜。

⑦ 不同颜色的光照对鸡的影响　不同的光色对鸡的性成熟和产蛋有一定影响，在蓝光和绿光下育成的母鸡，它的性成熟时间要比在红光和日常灯光下育成的母鸡早几天；养在红光和蓝光下的母鸡产蛋率较高，而养在绿光和日常灯光下的母鸡产蛋率较低。

知识拓展

雏鸡的生理特点与饲养管理

1. 幼雏体温较低，体温调节机能不完善 初生雏的体温较成年鸡低 2～3℃，4 日龄开始慢慢上升，到 10 日龄时达到成年鸡体温，到 3 周龄左右，体温调节机能逐渐趋于完善，7～8 周龄以后才具有适应外界环境温度变化的能力。因此，在饲养管理上要特别要注意保温防寒。

2. 雏鸡生长迅速，代谢旺盛 蛋用雏 2 周龄体重约为初生时的 2 倍，6 周龄为 10 倍，8 周为 15 倍；肉仔鸡生长更快，相应为 4 倍、32 倍及 50 倍。以后随日龄增长而逐渐减慢生长速度。雏鸡代谢旺盛，心跳快，每分钟脉搏可达 250～350 次，刚出壳时可达 560 次/min，安静时单位体重耗氧量比家畜高 1 倍以上，雏鸡每小时单位体重的热产量为 5.5cal/g 体重（1cal＝4.18J，下同），为成鸡的 2 倍。所以，在饲养管理上既要为雏鸡提供营养全面的日粮，又要注意舍内通风，保证良好的空气质量。

3. 幼雏羽毛生长快，更换勤 雏鸡 3 周龄时羽毛为体重的 4%，4 周龄时为 7%，以后大致不变。从出壳到 20 周龄，鸡要更换 4 次羽毛，分别在 4～5 周龄、7～8 周龄、12～13 周龄和 18～20 周龄。羽毛中蛋白质含量高达 80%～82%，为肉、蛋的 4～5 倍。因此，雏鸡日粮的蛋白质（尤其是含硫氨基酸）水平要高。

4. 消化系统发育不健全 幼雏胃肠容积小，进食量有限，消化腺也不发达（缺乏某些消化酶），肌胃研磨能力差，消化力弱。因此，要注意喂给粗纤维含量低、易消化的饲料，并且要少喂勤添。

5. 抵抗力弱，敏感性强 雏鸡免疫机能较差，约 10 日龄才开始产生自身抗体，产生的抗体较少，出壳后母源抗体也日渐衰减，3 周龄左右母源抗体降至最低，故 10～21 日龄为危险期，雏鸡对各种疾病和不良环境的抵抗力弱，对饲料中各种营养物质缺乏或有毒药物的过量反应敏感。所以，要做好疫苗接种和药物预防工作，搞好环境净化，保证饲料营养全面，投药均匀适量。

6. 雏鸡易受惊吓，缺乏自卫能力 各种异常声响以及新奇的颜色都会引起雏鸡骚乱不安。因此，育雏环境要安静，并有防止兽害设施。

2. 做好日常管理

育雏是一项细致的工作，要养好雏鸡应做到眼勤、手勤、腿勤、科学思考。

（1）观察鸡群状况 通过观察雏鸡的采食、饮水、运动、睡眠及粪便等情况，及时了解饲料搭配是否合理，雏鸡健康状况如何，温度是否适宜等。

观察采食、饮水情况主要在早晚进行，健康鸡食欲旺盛，晚上检查时嗉囊饱满；早晨喂料前嗉囊空，饮水量正常。如果发现雏鸡食欲下降、剩料较多、饮水量增加，则可能是舍内温度过高，要及时调温，如无其他原因，应考虑是否患病。

观察粪便要在早晨进行。若粪便稀，可能是饮水过多、消化不良或受凉所致，应检查舍内温度和饲料状况。若排出红色或带肉质黏膜的粪便，是球虫病的症状；如排出白色稀粪，且黏于泄殖腔周围，一般是白痢。

（2）定期称重　为了掌握雏鸡的发育情况，应定期随机抽测5％～10％的雏鸡体重，与本品种标准体重比较，如果有明显差别时，应及时修订饲养管理措施。

① 开食前称重　雏鸡进入育雏舍后，随机抽样50～100只逐只称重，以了解平均体重和体重的变异系数，为确定育雏温度、湿度提供依据。如体重过小，是由于雏鸡从出壳到进入育雏舍间隔时间过长所造成的，应及早饮水，开食；如果是由于种蛋过小造成的，则应有意识地提高育雏温度和湿度，适当提高饲料营养水平，管理上更加细致。

② 育雏期的称重　为了了解雏鸡体重发育情况，应于每周末随机抽测50～100只鸡的体重，并将称重结果与本品种标准体重对照，若低于标准很多，应认真分析原因，必要时进行矫正。矫正的方法是：在以后的3周内慢慢加料，以达到正常值为止，一般的基准为1g饲料可增加1g体重，例如，低于标准体重25g，则应在3周内使料量增加25g。

（3）适时断喙

① 断喙的目的　由于鸡的上喙有一个小弯弧，这样在采食时容易把饲料刨在槽外，造成饲料浪费。当育雏温度过高，鸡舍内通风换气不良，鸡饲料营养成分不平衡，如缺乏某种矿物元素或蛋白质水平过低，鸡群密度过大，光照过强等，都会引起鸡只之间相互啄羽、啄肛、啄趾或啄裸露部分，形成啄癖，如果不断喙会造成更大的损失。所以，在生产中，特别是笼养鸡群，必须断喙。

② 断喙的时间　原则上在开产前的任何时间都可以，但实际生产中常在为7～10日龄进行，因为此时雏鸡耐受力比初生雏要强得多，体重不大，便于操作。

③ 断喙的操作方法　断喙使用的工具最好是专用断喙器，它有自动式和人工式两种。在生产中，自动断喙器尽管速度快，但由于精确度不高，所以，多采用人工式。如没有断喙器，也可用电烙铁或烧烫的刀片切烙。断喙器的工作温度按鸡的大小、喙的坚硬程度调整，7～10日龄的雏鸡，刀片温度达到700℃较适宜。这时，可见刀片中间部分呈樱桃红色，这样的温度可及时止血，且不致破坏喙组织。

断喙时，左手握雏，右手拇指压在雏头顶，食指放于咽下并稍用力使雏鸡缩舌，将雏鸡的喙放入适当的断喙孔内，用灼热的刀片将上喙断掉1/2，下喙断掉1/3切去，做到上短下长，切后迅速在刀片上灼烙2～3s，以利止血。如图2-17所示。

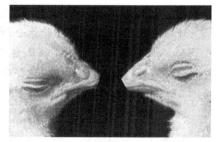

(a)断喙标准　　　　(b)自动断喙器及断喙操作手法　　　　(c)断喙后

图2-17　断喙

④ 断喙的注意事项　由于断喙时雏鸡的应激较大，应注意以下事项：断喙应选择在雏鸡健康状况良好时进行；断喙前后2天内的饲料中加维生素K以减少出血；饮水中加电解质营养液以缓解应激；断喙前不要喂给磺胺盐药物，防止出血过多；断喙后几天内可向料槽内多加些料，以防喙部因啄到硬物疼痛而不敢采食；断喙后要注意观察鸡群，如发现雏鸡的喙部出血要及时进行烧烙止血。

（4）密度的调整　密度即单位面积能容纳的雏鸡数量。密度过大，鸡群采食时相互挤压，采食不均匀，雏鸡的大小也不均匀，生长发育受到影响；密度过小，设备及空间的利用率低，生产成本高。所以，饲养密度必须适宜（表2-8）。

表 2-8 不同育雏方式的饲养密度

地面平育		网上平育		笼 育	
周龄	容纳鸡数/m²	周龄	容纳鸡数/m²	周龄	容纳鸡数/m²
0～6	20	0～6	24	0～1	60
7～12	10	7～10	14	2～3	34

（5）及时分群 为了提高鸡群的整齐度，应按体重大小分群饲养。可结合断喙、疫苗接种及转群进行，分群时，将过小或过重的鸡挑出单独饲养，使体重小的尽快赶上中等体重的鸡，体重过大的，通过限制饲养，使体重逐渐接近标准体重，提高鸡群的整齐度。

知识拓展

家禽的生物学特性

1. 新陈代谢旺盛 家禽的基本生理特点是新陈代谢旺盛，表现在：①体温高，成年鸡的体温是41.5℃；②心率高，血液循环快，心率可达200～350次/min；③呼吸频率高，禽类的呼吸频率随品种不同，范围在22～110次之间，且家禽对氧气不足很敏感，其单位体重耗氧量是家畜的2倍以上。因此，鸡的基础代谢高于其他动物，生长发育迅速、成熟早、生产周期短。

2. 繁殖力强 鸡是卵生动物，繁殖后代须经受精蛋孵化。母鸡的卵巢在显微镜下可见到12000个卵泡。高产蛋鸡年产蛋已超过300枚，大群年产蛋280枚也已实现；公鸡的繁殖能力也是相当强的，公鸡精液量虽少，但浓度大，精子的数量多且存活期长，一只公鸡配10～15只母鸡可以获得较高的受精率，鸡的精子可以在母鸡输卵管中存活5～10天，个别可存活30天以上。

3. 就巢性 俗称"抱窝"。就是家禽在产蛋达到一定数量后，出现的自然孵化现象，有的家禽只有雌性有抱窝，有的雌雄禽共同抱窝，抚育后代。

4. 对饲料营养要求高 一只高产母鸡一年所产的蛋重量达15～17kg，为其体重的10倍，由于鸡口腔无咀嚼作用且大肠较短，除了盲肠可以消化少量纤维素以外，其他部位的消化道不能消化纤维素，所以，鸡只必须采食含有丰富营养物质的饲料。

5. 对环境变化敏感 鸡的视觉很灵敏，一切进入视野的不正常因素如光照、异常的颜色等均可引起"惊群"；鸡的听觉不如哺乳动物，但突如其来的噪声会引起鸡群惊恐不安；此外鸡体水分的蒸发与热能的调节主要靠呼吸作用来实现，因此对环境变化较敏感，所以养鸡业要注意尽量控制环境变化，减少鸡群应激。

6. 抗病能力差 由于鸡解剖学上的特点，决定了鸡只的抗病力差。尤其是鸡的肺脏与很多的胸腹气囊相连，这些气囊充斥于鸡体内各个部位，甚至进入骨腔中，所以鸡的传染病由呼吸道传播的多，且传播速度快，发病严重，死亡率高。不死也严重影响产蛋。

7. 适合规模饲养　由于鸡的群居性强，在高密度的笼养条件下仍能表现出很高的生产性能。另外鸡的粪便、尿液比较浓稠，饮水少而又不乱甩，这给机械化饲养管理创造了有利条件。尤其是鸡的体积小，占笼底的面积仅 400cm²/只，即每平方米笼底面积可以容纳 25 只鸡。所以在畜禽养殖业中，工厂化饲养程度最高的是鸡的饲养。

任务思考

1. 如何根据雏鸡的生理特点进行饲养管理？
2. 分析各饲养方式的优缺点。
3. 雏鸡的初饮与开食有哪些原则和操作要点？
4. 育雏时如何根据雏鸡表现进行温度调控？
5. 简述断喙操作要点及其注意事项。
6. 育雏期的光照应如何调整？

任务四　育成鸡的饲养管理

任务描述

新育成母鸡质量的好坏，直接影响产蛋期的生产性能，特别对死亡率、产蛋率、蛋重、蛋的品质、料蛋比影响较大。后备鸡质量好，体质健壮，进入蛋鸡舍后，即使环境条件稍微差一些也可以忍受，而且能获得较好的产蛋成绩。因此，要想蛋鸡高产，必须重视后备鸡的培育。

任务分析

要获得健康合格的后备鸡，首先，需要了解育成期的生理特点及其营养需求；其次，监控好鸡的体重均匀度和骨骼发育水平，最后，通过合理的限饲、科学细致的管理，来提高育成期的成活率和合格率，为实现蛋鸡养殖效益的最大化奠定基础。

任务实施

一、　制订育成鸡的培育目标

18 周龄的育成鸡，要求健康无病，体重符合该品种标准，肌肉发育良好，无多余脂肪，骨骼坚实，体质状况良好，鸡群均匀度高。

二、　控制育成鸡的体重与均匀度

鸡群生长的整齐度，单纯以体重为指标不能准确反映问题，还要以骨骼发育水平为标准，具体可用跖长来表示。总之，要注意保持体重、肌肉发育程度和肥育之间的适当比例。小体格肥鸡和大体形瘦鸡就是两种典型的体重合格、但发育不合理的类型，前者脂肪过多，体重达标而全身器官发育不良，必然是低产鸡；后者体型过大，肌肉发育不良，也很难能成为高产鸡。

测定时要求体重、跖长在标准上下 10％ 范围以内，至少 80％ 符合要求。体重跖长一致的后备鸡群，成熟期比较一致，达 50％ 产蛋率后迅速进入高峰期，且持续时间长。

1. 体重测定

（1）测定时间及次数　轻型鸡要求从 6 周龄开始每隔 1～2 周称重一次；中型鸡从 4 周龄后每隔 1～2 周称重一次，以便及时调整饲养管理措施。体重测定要安排在相同的时间，如周末早晨空腹测定，称完体重后再喂料。

（2）测定方法　为保证抽样的代表性，称量体重时按鸡群总数的 5％ 进行抽样，但小群不能少于 50 只。平养条件下，一般先把栏内的鸡徐徐驱赶，使舍内各区域的鸡以及大小不同的鸡能均匀分布，然后在鸡舍的任一地方随意用铁丝网围大约需要的鸡数，并将伤残鸡剔除，剩余的鸡逐个称重登记，以保证抽样鸡的代表性。笼内饲养，为保证抽样鸡的代表性，要在鸡舍内不同区域抽样，但不能仅取相同层次笼的鸡，因为不同层次的环境不同，体重有差异。每层笼取样数量也要相等。

2. 均匀度的控制

（1）均匀度测定　鸡群的均匀度是指群体中体重在标准平均体重 ±10％ 范围内鸡所占的百分比。例如，某品种鸡群 10 周龄标准平均体重为 760g，标准平均体重 ±10％ 的范围是：

$$760 + (760 × 10\%) = 836(g)$$
$$760 - (760 × 10\%) = 684(g)$$

在 5000 只鸡群中抽样 5％ 的 250 只中，体重在 ±10％（836～684g）范围内的有 198 只，占称重总鸡数的百分比是 198 ÷ 250 = 79.2％，抽样结果表明，这群鸡的均匀度为 79.2％。

均匀度在 70％～76％ 时为合格，达 77％～83％ 认为较好，达到 84％～90％ 为很好。

统计学上以变异系数来表示均匀度，变异系数在 9％～10％ 为合格，在 7％～8％ 为比较好。

必须强调，评价育成群体优劣，重要的是全群鸡必须均匀一致。但是，均匀度必须建立在标准体重范围内，脱离了标准体重来谈均匀度是无意义的。一个良好的育成鸡群不仅体重符合标准，且均匀度高。

在鸡群密度大，过于拥挤，喂料不均匀或不按标准喂料，断喙不正确，每个笼或栏内饲养鸡的数不一致以及疾病感染时，体重均匀度均会受到不利影响。

（2）提高均匀度的措施

① 分群管理　将个体较小的鸡挑出，单独饲养，增加营养水平，使其体重迅速增加。对体重太大的鸡进行限饲，减缓生长速度，从而较快提高鸡群的均匀度。

② 降低密度　当鸡群的均匀度较低，而又不太好挑鸡时，如网上平养，就可以通过降低鸡群饲养密度的方法，提高鸡群的均匀度。

三、 育成鸡的限制饲养

鸡在育成期，为避免因采食过多，造成产蛋鸡体重过大或过肥，在此期间对日粮实行必要的数量限制，或在能量、蛋白质质量上给予限制，这一饲喂技术称限制饲养。生产中简称为"限饲"。合理的限饲可以控制蛋鸡的生长，抑制性成熟，又可以节省饲料。蛋鸡育成鸡一般从 6 周龄开始实施限制饲喂。主要有限量法和限质法。

1. 限量法

主要是限制饲喂量，适用于中型蛋鸡。一般常采用定量限饲，就是不限制采食时间，而给予正常采食量的 80%～90%。

2. 限质法

即限制日粮的能量和蛋白质水平，适用于轻型蛋鸡。可采用低能量、低蛋白质日粮，进行自由采食。例如，代谢能 11.72MJ/kg，粗蛋白质 14% 的日粮。也可以采用限制日粮中氨基酸含量的办法进行限制饲养，达到控制生产速度、过肥和早熟的目的。

其他限饲方法的使用及注意事项，请参看肉种鸡饲养管理部分。

四、 育成鸡的管理

1. 饲养密度管理

育成鸡无论是平面饲养还是笼养，都要保持适宜的密度，才能使个体发育均匀。适当的密度不仅增加了鸡的运动机会，还可以促进育成鸡骨骼、肌肉和内部器官的发育，从而增强体质。网上平养时 10～12 只/m²。在育成期的前几周 12 只/m²，后几周 10 只/m²；笼养条件下，比较适宜的密度，按笼底面积计算，15～16 只/m²。

2. 饲喂设备管理

育成鸡按不同的饲养方式，采取不同的管理措施，鸡舍面积和料槽、水槽都要以性成熟时的需要为准。育成期料槽位置每只鸡为 8cm 或 4.5cm 以上的圆形食盘位置，以防因采食位置不当而造成抢食和出现拥挤踩踏现象，饮水器则每只有 2cm 以上即可。

3. 通风管理

育成鸡的环境适应能力比雏鸡强，但是育成鸡的生长和采食量增加，呼吸和排粪量相应增多，舍内空气很容易污浊。通风不良，鸡羽毛生长不良，生长发育减慢，整齐度差，饲料转化率下降，容易诱发疾病。

管理良好的开放式鸡舍，不难保持清新的空气；密闭式鸡舍必须安装排风机，特别在夜间熄灯后，往往忽视开机通风。通风如适当，既能维持适宜的鸡舍温度，又可保证鸡舍内有较新鲜的空气。夏季鸡舍温度升至 30℃ 时，鸡表现不安，采食量下降，饮水减少，温度越高，应激越大，越要加大通风量。

4. 预防啄癖

防治啄癖也是育成鸡管理的一个重点。防治的方法不能单纯依靠断喙，应当配合改善室内环境，降低饲养密度，改进日粮，采用 10 lx 光照。在体重、采食量正常的情况下如槽中无料，也可考虑适当缩短光照时间等，防止啄癖。

已经断喙的鸡，在 14～16 周龄转群前，应拣出早期断喙不当或捕捉时遗漏的鸡，进行补切。

5. 添喂沙砾

在饲料中添喂沙砾，是为了提高鸡胃肠的消化机能，改善饲料转化率；而且育成期日粮中能量与蛋白质在肌胃停留过久，会对肌胃胃壁产生一定的腐蚀作用，沙砾能加速饲料在肌胃中通过的速度，减少腐蚀性，保护肌胃健康；防止育成鸡因肌胃中缺乏沙砾而吞食垫料、羽毛，特别是吞入碎玻璃，对肌胃造成创伤。

添喂沙砾要注意添加量和粒度，每 1000 只育成鸡，5～8 周龄一次饲喂量为 4.5kg，能通过 1mm 筛孔；9～12 周龄 9kg，能通过 3mm 筛孔；13～20 周龄 11kg，能通过 3mm 筛孔。沙砾除可拌入日粮外，也可以单独放在砂槽内任鸡自由采食，沙砾要清洁卫生，添喂之前用清水冲洗干净，再用 0.01% 高锰酸钾水溶液消毒。

6. 卫生和免疫管理

疫苗接种方案应在育雏之前制订好。疫苗接种方案由专家制订，因时间、地区、不同季节、不同批次的鸡群而异。严格遵守程序，接种认真、正确。大多数免疫失败不在于免疫方案的失误，而在于管理上的失误，如疫苗陈旧、保存不当、使用不正确等。育成期内免疫任务最重，注射疫苗工作量大，要保质保量。应用药物和疫苗必须认真核对品名与剂量。以饮水方式给药的疫苗，要先断水 2～4h，根据日饮水量，控制加疫苗的适当用水量，既要保证疫苗饮水充足，又要防止加水太多，不能在规定时间内饮完会使疫苗失效。

接种疫苗后还要检查免疫状态，监测产生抗体的滴度与均匀度，这是和免疫同等重要的控制疾病的重要措施。

发现寄生虫病（如蛔虫、绦虫或螨类），必须采取有针对性的防治措施。鼠类消耗和污染饲料，传播疾病，常引起重大的经济损失，出现鼠害时应立即实施灭鼠措施。在生长期转群时或天气骤冷时，应做好药物投放工作。

7. 转群

转群是鸡的饲养管理过程中的重要一环，处理不当对鸡将产生较大的应激。在 7～8 周龄由育雏舍转入育成舍，17～18 周龄，最迟不过 20 周龄转到产蛋舍。

（1）转群前要做好准备工作　新鸡舍的整理与消毒；将人员分成抓鸡组、运鸡组、接鸡组三组，工作的具体要求在转群前要强调好；转群的用具的准备；饲料的准备，在鸡进入新鸡舍前将饲料添好，使转群后的鸡马上能吃到料。

（2）转群注意事项　最好在晚上进行；在转群前 6h 应停料，并在转群前后 3 天内的饲料中加各种维生素和饮电解质营养液；转群当天应连续 24h 光照，以方便鸡只有足够的时间采食、饮水及熟悉环境；从育雏舍转入育成舍时，尽量减少两舍间的温差；饲料过渡要逐渐进行；结合转群对鸡群进行清理和选择，并彻底清点鸡数；转群时不要同时断喙、预防注射等；做好转群的组织工作，避免人员交叉感染；抓、放鸡时轻拿轻放，要抓两脚；观察鸡的动态，勤观察鸡群的采食、饮水等行为是否正常。

8. 育成母鸡性成熟的控制

现代蛋鸡一般均具早熟特点，在生产期间对光照或饲养等条件未加注意，特别是一些体重小的蛋鸡易于过早性成熟，开产虽早，但蛋小，日后产蛋持续性差，鸡群死亡率也高。因此，要注意控制性成熟。

控制性成熟的关键是把限制饲养与光照管理结合起来，只强调某个方面都不会起到很好的效果。按限制饲养要求管理，鸡的体重达到了该品种的开产日龄，但没有开产，原因是光照时间不足，性器官发育受到影响，这说明鸡的体重不完全是控制性成熟的标志；仅强调光照管理，鸡群体重较小，增加光照时间的结果会使开产鸡蛋重小，脱肛现象增多。

（1）光照控制

① 光照对育成鸡的作用　鸡在 10～12 周龄时性器官开始发育，此时光照对育成鸡的作用很大，光照时间的长短，影响性成熟的早晚。育成鸡若在较长或渐长的光照下，性成熟提前，反之性成熟推迟。育成期的光照原则为：绝不能延长光照时间，以每天 8～9h 为宜，强度以 5～10lx 为最好。

② 密闭式鸡舍的光照管理　由于密闭式鸡舍不受外界自然光照的影响，可以采用恒定的光照程序，即从 4 日龄开始，到 20 周龄，恒定为 8～9h 光照，从 21 周龄开始，使用产蛋期光照程序。

③ 开放式鸡舍的光照管理　在开放式鸡舍饲养育成鸡，由于受外界自然光照的影响。

采用自然光照加补充光照的办法。夏天在鸡舍的窗子上安装遮阳罩，以降低鸡舍内的光照强度。光线太强，鸡烦躁不安，活动量大，容易惊群，且容易发生啄癖。

另外，鸡对橙光和红光较敏感，生产中常将窗户、灯泡或鸡笼刷成红色，以防发生啄癖。

（2）限制饲喂　用每天减少饲喂量，隔日饲喂或限制每天喂料时间等方法，使母雏在8～20周龄的采食量，轻型蛋鸡减少7％～8％，中型蛋鸡减少10％左右，这样不仅节省饲养费用，也可防止体重增长过快，发育过速，提前开产。

知识拓展

育成鸡的生理特点及营养需求

1. 育成期的生理特点

（1）对环境具有良好的适应性　育成鸡的羽毛已经丰满，具备了调节体温及适应环境的能力。所以，在寒冬季节，只要鸡舍保温条件好，舍温在10℃以上，则不必采取供暖措施。

（2）消化机能提高　消化能力日趋健全，食欲旺盛；对麸皮、草粉、叶粉等粗饲料可以较好地利用，所以，饲料中可适当增加粗饲料和杂粕。

（3）骨骼和肌肉处于旺盛的生长时期　钙、磷的吸收能力不断提高，骨骼发育处于旺盛时期，此时肌肉生长最快，鸡体重增加较快，如轻型蛋鸡18周龄的体重可达到成年体重的75％。

（4）生殖系统发育较快　小母鸡从第11周龄起，卵巢滤泡逐渐积累营养物质，滤泡渐渐增大；小公鸡12周龄后睾丸及附性腺发育加快，精子细胞开始出现。18周龄以后性器官发育更为迅速，卵重可达1.8～2.3g，即将开产的母鸡卵巢内出现成熟滤泡，使卵巢重量达到44～57g。所以在光照和日粮方面加以控制，蛋白质水平不宜过高，含钙不宜过多，否则会出现性成熟提前，从而早产，影响产蛋性能的充分发挥。

2. 育成鸡的营养需求与饲料配制　育成鸡饲料中粗蛋白含量，从7～20周龄逐渐减少，6周龄前为19％，7～14周龄为16％，15～18周龄为14％。通过采用低水平营养控制鸡的早熟、早产和体重过大，这对于以后产蛋阶段的总蛋重、产蛋持久性都有好处，否则，早产对鸡的健康不利，产蛋高峰维持时间短。育成期饲料中矿物质含量要充足，钙磷比例应保持在（1.2～1.5）∶1。同时，饲料中各种维生素及微量元素比例要适当。育成阶段食槽要充足，每天喂3～4次，为改善育成鸡的消化机能，地面平养每100只鸡每周喂0.2～0.3kg沙砾，笼养鸡按饲料量的0.5％喂给。

任务思考

1. 蛋鸡群的体重均匀度有何重要性？如何测定和评价？

2. 蛋鸡的限饲方法都如何应用？

3. 转群及其注意事项有哪些？

4. 蛋鸡育期的培育目标和生理特点有哪些？

任务五 预产期蛋鸡的饲养管理

任务描述

蛋鸡从 16 周龄起进入预产期，25 周龄可达到产蛋高峰，这个时期蛋鸡处于生理变化较为剧烈的时期，因此，饲养管理状况将影响鸡的生长发育和产蛋性能，对整个产蛋期间的产蛋量影响极大。

任务分析

根据预产期的生理特点，通过科学光照程序、适时的产蛋料更换、细致的饲养管理措施，使蛋鸡达到性成熟与体成熟的同步，实现从育成期到产蛋期的平稳过渡，保证产蛋高峰及时出现和产蛋高峰期持续较长时间，为取得更高总蛋重奠定基础。

任务实施

一、 预产期蛋鸡的饲养

预产阶段鸡的生理机能发生了很大变化，若饲养管理设施不能与之配套，则会影响以后的产蛋性能。

1. 饲料选择

预产阶段采用预产期饲料。为了适应鸡只体重、生殖器官的生长和髓质钙的沉积需要，在 18 周龄就应使用预产期饲料。预产期饲料中粗蛋白质的含量为 15.5％～16.5％、钙含量为 2.2％左右，复合维生素的添加量应与产蛋鸡饲料相同或略高。当产蛋率达 10％时换用产蛋期饲料。

2. 饲料添加

在预产期阶段，由于鸡的生长发育需要，器官发育迅速增大并逐渐成熟、体重快速增长等一系列特点。所以鸡的采食量明显增大，在这个阶段，要同时注意到饲料的逐步过渡，慢慢地使蛋鸡在预产期阶段能够逐渐适应，逐渐过渡到产蛋期的饲喂要求，以免突然换料造成应激现象出现。这时，日饲喂次数可以按每日 2～3 次进行。若日饲喂 3 次时，第 1 次饲喂时间应在早上光照开始后 2h 进行。最后 1 次饲喂时间在晚上光照停止前 3h 进行，中间加喂 1 次。喂料量应以早、晚两次为主，补足充分的饲料量，保持早、晚 2 次自由采食量。要注意观察，当饲喂时采食量大的时候要勤添加，同时也不能添加过多，造成抛洒、浪费。在休息、饮水时要少加，正常保持料槽内有半槽料量为标准。

3. 饮水卫生控制

饮水要保持全天 24h 都能喝到水为标准，要保持水质的洁净卫生，勤洗饮水器具。做好经常消毒饮水器具工作，注意不能使水成为鸡舍内的污染物，常观察、勤管理，做到饮水器内的水不能过满，也不能过少，以适量为要求，不要使水弄湿料槽，沾湿了羽毛，尽量保持舍内环境干燥、卫生。

二、 预产期蛋鸡的管理

1. 适时转群，按时接种、驱虫

蛋鸡入笼工作最好在 18 周龄前完成，以便使鸡尽早熟悉环境。过迟易使部分已开产鸡停产，或使卵黄落入腹腔引起卵黄性腹膜炎。在上笼前或上笼的同时应接种鸡新城疫油苗或Ⅰ系苗，减蛋综合征疫苗及其他疫苗。入笼后最好进行一次彻底的驱虫工作，对体表寄生虫如螨、虱等可用喷洒药物的方法，对体内寄生虫可内服丙硫咪唑 20～30mg/kg 体重、或用阿福丁（虫克星）拌料中服用。转群、接种前后在料中应加入多种维生素、抗生素以减轻应激反应。

2. 适时转换产蛋料

为了适应鸡体重的增加，生殖系统的生长和对钙的需求，可在 18 周龄开始喂产蛋鸡料，20 周龄起喂产蛋高峰期料。同时在料中额外添加 1 倍量多种维生素。这个时期应当取消限制饲喂的方法，让鸡自由采食，在开灯期间槽中始终有料。

3. 光照管理

多数养殖户在育成期多采用自然光照法。在 18 周龄时，如果鸡群体重达到标准，可每 2 周增加光照 30min，直到产蛋率达到最高峰时光照总时数达到每天 15h 或 16h 为止。如果鸡群体重较轻，发育较慢，可在增加喂料的同时推迟到 20 周龄增加光照时间。在产蛋期间光照的原则是时间不能缩短，强度不能减弱。

4. 环境管理

产蛋鸡最适合的温度是 13～23℃，冬季最好能保持在 10℃ 以上，夏天最好能保持在 30℃ 以下。保持室内空气流通、防止各种噪声。保持环境和喂料、饮水、光照等稳定性。

5. 疫病防治

（1）定期投药　鸡入笼后在饲料或饮水中投加抗生素，如氟哌酸、环丙沙星、庆大霉素等，每 4～5 周投药一周，以预防大肠杆菌病、沙门氏菌病、肠炎等。

（2）增强抵抗力　定期在料中额外添加 1 倍量多种维生素，以适应鸡的产蛋需要和减轻各种应激反应，提高对各种疾病的抵抗力。

（3）合理免疫　加强卫生管理，执行合理的免疫程序，坚持带鸡消毒和环境消毒制度，防止疫病传入。密切注意产蛋率的上升幅度是否符合标准，密切注意外界环境对鸡群的任何微小影响。

知识拓展

预产期的生理特点

1. 生殖器官的快速发育　蛋鸡进入 14 周龄后卵巢和输卵管的体积、重量开始出现较快的增加，17 周龄后其增长速度更快，19 周龄时大部分鸡的生殖系统发育接近成熟。发育正常的母鸡 14 周龄时的卵巢重约 4g，18 周龄时达到 25g 以上，22 周龄能够达到 50g 以上。

2. 骨钙沉积加快、体重快速增加　在 18～20 周龄期间骨的体重增加 15～20g，其中有 4～5g 为髓质钙。髓质钙是接近性成熟的雌性家禽所特有的，存在于长骨的骨腔内，在蛋壳形成的过程中，可将分解的钙离子释放到血液中用于形成蛋壳，白天在非蛋壳形成期采食饲料后又可以合成。髓质钙沉积不足，则在产蛋高峰期常诱发笼养蛋鸡疲劳综合征等问题。在此期间，平均每只鸡体重增加 350g 左右，体重的增加对以后产蛋高峰持续期的维持是十分关键的。体重增加少会表现为高峰持续期短，高峰后死淘率上升。

3. 自身生理出现的变化　（1）内分泌功能的变化：18 周龄前后鸡体内的促卵泡素（FSH）、促黄体生产素（LH）开始大量分泌，刺激卵泡生长，使卵巢的重量和体积迅速增大。同时大、中卵泡中又分泌大量的雌激素、孕激素，刺激输卵管生长、耻骨间距扩大、肛门松弛，为产蛋做准备。（2）内脏器官的变化：除生殖器官快速发育外，心脏、肝脏的重量也明显增加，消化器官的体积和重量增加得比较缓慢。（3）法氏囊的变化：法氏囊是鸡的重要免疫器官，在育雏育成阶段在抵抗疾病方面起到很大作用。但是在接近性成熟时由于雌激素的影响而逐渐萎缩，开产后逐渐消失，其免疫作用也消失。因此，这一时段是鸡体抗体青黄不接的时候，比较容易发病。因此要加强环境、营养与疾病预防等方面的管理，给进入预产期的蛋鸡一个适宜的环境，从而规避风险，确保高产蛋率。

任务思考

1. 蛋鸡预产期的光照应如何调整？
2. 蛋鸡预产期的生理特点有哪些？饲养管理中应给予哪些方面的关注？

任务六　产蛋鸡的饲养管理

任务描述

产蛋期是养鸡的收获季节。为了实现蛋鸡的稳产、高产和经济效益的最大化，通过最大限度地减少或消除各种不利因素对蛋鸡的影响，创造一个有益于蛋鸡健康和产蛋的最佳环境，使鸡群充分发挥生产性能，以最少的投入换取最多的产出，从而获得最佳的经济效益。

任务分析

要取得蛋鸡的良好生产成绩，实现经济效益的最大化，首先需要了解现代蛋鸡的特点及其营养需求，供给合理充足的营养全面的日粮，再通过科学、细致的管理，为蛋鸡提供一个适宜的饲养环境，减少应激反应，实现蛋鸡在产蛋期间的健康、稳产、高产。

任务实施

一、产蛋鸡的饲养

1. 阶段饲养法的应用

蛋鸡产蛋期间的阶段饲养是指根据鸡群的产蛋率和周龄将产蛋期分为几个阶段，并根据环境温度喂给不同营养水平的日粮，这种既满足营养需要、又不浪费饲料的方法叫阶段饲养法。阶段饲养在不同的情况下有着不同的含义，这里主要指产蛋阶段饲料蛋白质和能量水平的调节，以便更准确地满足蛋鸡不同产蛋期的蛋白质、能量需要量，以降低饲料成本。阶段饲养分为三阶段饲养法和两阶段饲养法两种。

（1）三阶段饲养法　即产蛋前期、中期、后期，或产蛋率 80% 以上、70%～80%、

70％以下三个阶段。第一阶段是产蛋率 80％以上时期（多数是自开产至 40 周龄）。在育成阶段发育良好，均匀度较高，光照适时，一般在 20 周龄开产，26～28 周龄达产蛋高峰，产蛋率可达 95％左右。到 40 周龄时产蛋率也能维持在 80％以上，蛋重由开始的 40g 左右增至 56g 以上。实践证明，产蛋率 50％的日龄以 160～170 天为宜，这样的鸡初产蛋重较大，蛋重上升快，高峰期峰值高，持续时间也长。在一群鸡中，有些开产早，有些开产晚，此鸡群不会有很高的产蛋高峰出现。可通过控制光照、限饲等使鸡群开产同步。开产后喂给高能量、高蛋白质水平且富含矿物质和维生素的日粮，在满足自身体重增加的基础上使产蛋率迅速达到高峰，并维持较长的时间。此阶段日粮可掌握每天每只鸡采食 18～19g 粗蛋白质，能量 1263.6kJ 左右。

产蛋前期的母鸡除了应注意刚转群时饲养管理外，还应特别注意因繁殖机能旺盛、代谢强度大、产蛋率和自身体重均增加，而出现抵抗力较差的特点。应加强卫生和防疫工作。

第二、三阶段分别为产蛋率 70％～80％和 70％以下（多在 40～60 周龄和 66 周龄以后）。此期母鸡的体重几乎不再增加，而且产蛋率开始下降，只是蛋重有增加，故此时的饲养管理应是使产蛋率缓慢和平稳地下降。应降低日粮的营养水平，粗蛋白质采食量应掌握在 16～17g 和 15～16g。只要日粮中各种氨基酸平衡，粗蛋白质降低 1％对鸡的产蛋性能不致有影响。加拿大雪佛公司的阶段饲养法为：第一阶段的蛋白质给量是每天每只鸡 17～18g，高峰的顶峰阶段甚至高达 19g；第二、三阶段分别为 16g 和 15g。一般情况下轻型蛋鸡三阶段日粮标准为前期粗蛋白质 18％，代谢能 11.97MJ/kg；中期粗蛋白质 16.5％，代谢能 11.97MJ/kg；后期粗蛋白质 15％，代谢能 11.97MJ/kg。

蛋鸡饲料在原料选择上要注意粒度问题，粒度较小，鸡不喜欢采食。另外，黏度大的原料如小麦粉过细易黏嘴。使用土霉素渣时，用量要小于 3％，否则会使蛋壳变色。注意某些饲料原料可引起蛋品质下降，如棉仁粕的使用，可使蛋黄产生异味。产蛋鸡配方中必须有较高的钙水平，注意蛋鸡钙的供给，钙、磷比一般为（6～5）：1，常使用骨粉、石粉或磷酸氢钙补充。添加一定数量的着色剂可增加蛋黄的颜色。

（2）两阶段饲养法　即从开产至 42 周龄为前期，42 周龄以后为后期（表 2-9）。

表 2-9　两阶段饲养日粮能量与蛋白质含量关系

代谢能/(MJ/kg)	产蛋前期蛋白质含量/％		产蛋后期蛋白质含量/％	
	普通气温	炎热气温	普通气温	炎热气温
11.05	14.7	16.3	13.2	14.6
11.51	15.3	17.0	13.8	15.2
11.97	15.9	17.7	14.3	15.8
12.49	16.6	18.4	14.9	16.5
12.89	17.2	19.1	15.4	17.1
13.35	17.8	19.7	16.0	17.7

2. 蛋鸡的调整饲养

产蛋鸡的营养需要受品种、体重、产蛋率、鸡舍温度、疾病、卫生状况、饲养方式、密度、饲料中能量含量以及饮水温度等诸多因素的影响，而分段饲养的营养标准只是规定鸡在标准条件下营养需要的基本原则和指标，不能全面反映可变因素的营养需要。调整日粮配方以适应鸡对各种因素变化的生理需要，这种饲养方式称为调整饲养。

（1）按产蛋曲线调整饲养　就是按照产蛋规律进行调整饲养。一是鸡产蛋高峰上升期，在产蛋率还没有上升到高峰期时，需要提前更换高峰期饲料，以促使产蛋率的快速提高；二是产蛋率下降期，在产蛋率下降后，为抑制产蛋率下降速度，要在产蛋率下降后一周再更换饲料。

（2）按气温变化调整饲养　气温在10～26℃条件下，鸡按照本身需要量采食，超出这一范围，其自身调节能力减弱，要进行人工调整。气温低时，鸡的采食量增加，营养物质摄入量增加，因此必须提高饲料能量水平，同时降低其他营养物质水平，以抑制采食；气温高时，鸡的采食量下降，营养物质摄入量减少，为促进采食必须降低饲料能量含量，同时增加其他营养物质水平。

（3）异常情况下的调整饲养　在断喙当天或前后1天，每天饲料中添加5mg维生素K，断喙1周内或接种疫苗后7～10天内，日粮中蛋白质含量增加1%；出现啄羽、啄肛等恶癖，在消除引起恶癖原因的同时，饲料适当增加粗纤维含量；蛋鸡开产初期，脱肛、啄肛严重时，可加喂1%的食盐1～2天；在鸡群发病时，可提高日粮中营养成分，如提高蛋白质1%～2%，多种维生素提高0.02%等。

（4）调整饲养的注意事项　调整饲养时，要注意配方的相对稳定性，不到万不得已，尽量不要调整配方，这是产蛋鸡稳定的一个重要条件；调整时要以饲养标准为基础进行，偏差过大会对生产造成危害；调整后，要认真观察鸡群的产蛋情况，发现异常，要及时采取措施；调整前，要进行认真细致的计算，保证日粮中各种营养成分之间的平衡；不能为了节约而对配方进行大的调整或对饲料品种进行调换，以免打乱鸡对日粮的习惯性和适口性，引起产蛋量大幅度下降。

3. 产蛋鸡的产蛋规律检查

（1）周期产蛋规律　在正常情况下，鸡群产蛋有一定的规律性。第一年产蛋量最高，以后每年递减15%～20%。鸡群21周龄开产后（产蛋率50%），最初3～4周内产蛋迅速增加，到24～25周龄时产蛋到达高峰，鸡的产蛋在高峰期维持一段时间后（大概到40周龄左右），产蛋率逐渐下降直至产蛋末期。如果以鸡的周龄大小为横坐标，以周龄所对应的产蛋率为纵坐标即可得出鸡的产蛋曲线（图2-18）。

现代蛋鸡由于有优异的产蛋性能，所以各品系鸡种的正常产蛋曲线有以下特点。

① 上升速度快　开产后，产蛋迅速增加，曲线呈陡然上升态势。这一时间产蛋率每周成倍增长，在产蛋6～7周之内可达90%以上，这就是产蛋高峰期。

② 下降速度慢　产蛋高峰过后，产蛋曲线下降十分平稳，呈直线状。一般情况下此期产蛋率以每周1%～2%的速度降低，十分缓慢。

③ 产蛋损失不可补偿　在产蛋过程中，如遇到饲养管理不当或其他应激刺激时，会使产蛋受到影响，产蛋率低于标准曲线，这种损失在以后

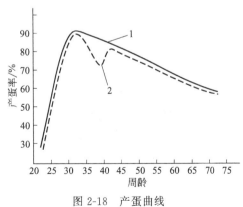

图 2-18　产蛋曲线
1—正常曲线；2—异常曲线

的生产中不能完全补偿。如果这种情况发生在前6周，会使曲线上升中断，产蛋下降，永远达不到标准高峰。

产蛋率的上升或下降，尽管因鸡的品种不同而有差异，但受饲养管理条件的影响较大。所以，只有在良好的饲养管理条件下，鸡群的实际产蛋状况才能同标准曲线相符合。在生产中，及时绘制出鸡群每周的产蛋曲线，并对照标准曲线，相当重要，如果偏离标准曲线，说

明饲养管理方面出了问题，应设法及时纠正。

（2）蛋重变化规律　蛋重随周龄增大而增加，至第一个产蛋年末达到最大，以后趋于稳定，一直保持至第二个产蛋年。第二个产蛋年后，随年龄增大，蛋重变小。

知识拓展

产蛋鸡的生理特点

1. 开产后身体尚在发育　刚进入产蛋期的母鸡，虽然已性成熟，但身体仍在发育，体重继续增长，开产后24周，约达54周龄后生长发育基本停止，体重增长较少，54周龄后多为脂肪积蓄。

2. 产蛋鸡富有神经质，对于环境变化非常敏感　鸡产蛋期间，饲料配方的变化，饲喂设备的改换，环境温度、湿度、通风、光照、密度的改变，饲养人员和日常管理程序的变换，鸡群发病、接种疫苗等应激因素，都会对产蛋产生不利影响。

3. 不同时期对营养物质的利用率不同　刚到性成熟时期，母鸡身体贮存钙的能力明显增强。随着开产到产蛋高峰，鸡对营养物质的消化吸收能力增强，采食量持续增加。而到产蛋后期，其消化吸收能力减弱而脂肪沉积能力增强。

4. 卵巢、输卵管发育在性成熟时急剧增长　性成熟以前输卵管长仅8～10cm，性成熟后输卵管发育迅速，在短时期变得又粗又长，长50～60cm。卵巢在性成熟前，重只有7g左右，到性成熟时迅速增长到40g左右。

5. 蛋壳在输卵管的峡部开始成形，其他部分在输卵管子宫部完成　蛋壳形成所用的钙，是由饲料中的钙进入肠道，吸收后形成血钙；然后通过卵壳腺分泌，在夜间形成蛋壳。若饲料中含钙少，或钙磷比例不平衡，不能满足鸡的需要，就要动用骨骼中的钙而造成产蛋疲劳。因此保证足量的钙和磷以及钙磷比例平衡，对提高产蛋率和防止产蛋疲劳综合征很有意义。

二、产蛋鸡的管理

1. 产蛋鸡的环境管理

（1）温度的管理　温度对鸡的生长、产蛋、蛋重、蛋壳品质以及饲料转化率都有明显影响。鸡因无汗腺，通过蒸发散发热量有限，只有依靠呼吸散热。所以，高温对鸡极为不利，当环境温度高于37.8℃时，鸡有发生热衰竭的危险，超过40℃，鸡很难存活。由于成年鸡有厚实的羽毛，皮下脂肪也会形成良好的隔热层，所以，它能忍受较低的温度。

产蛋鸡适宜的环境温度为5～28℃，产蛋适宜温度为13～20℃，13～16℃产蛋率较高，15.5～20℃饲料转化率较高。

（2）湿度的管理　一般情况下，湿度对鸡的影响与温度共同发生作用。表现在高温或低温时，高湿度的影响最大。在高温高湿环境中，鸡采食量减少，饮水量增加，生产水平下降，鸡体难以耐受，且易使病原微生物繁殖，导致鸡群发病。低温高湿环境，鸡体热量损失较多，加剧了低温对鸡体的刺激，易使鸡体受凉，用于维持所需要的饲料消耗也会增加。

产蛋鸡在适宜的温度范围内，鸡体能适应的相对湿度是40%～72%，最佳湿度应为60%～65%。如果舍内湿度低于40%，鸡羽毛零乱，皮肤干燥，空气中尘埃飞扬，会诱发呼吸道疾病。若高于72%，鸡羽毛粘连，关节炎病也会增多。

防止鸡舍潮湿，尤其是冬季鸡舍潮湿是一个比较困难的问题，需要采取综合措施。

（3）通风的管理 由于鸡舍内厌氧菌分解粪便、饲料与垫草中的含氮物，产生氨气，鸡体呼吸产生二氧化碳，还有空气中的各种灰尘和微生物。当这些有害气体和灰尘、微生物含量超标时，会影响鸡体健康，使产蛋量下降。所以，鸡舍内通风的目的在于减少空气中有害气体、灰尘和微生物的含量，使舍内保持空气清新，供给鸡群充足的氧气，同时也能够调节鸡舍内的温度，降低湿度。

① 通风要领 进气口与排气口设置要合理，气流能均匀流进全舍而无贼风。即使在严寒季节也要进行低流量或间隙通风。进气口要能调节方位与大小，天冷时进入舍内的气流应由上而下，不能直接吹到鸡身上。

② 通风量 鸡的体重愈大，外界气温愈高，通风量也愈高，反之则低。具体根据鸡舍内外温差来调节通风量与气流的大小。气流速度：夏季不能低于0.5m/s，冬季不能高于0.2m/s。

（4）光照的管理

① 光照管理的目的 适宜的光照，使母鸡适时开产，并充分发挥它的生产潜力，光照是蛋鸡高产稳产必不可少的条件，必须严格管理，准确控制。

② 产蛋鸡的光照原则 产蛋阶段光照时间只能延长，不可缩短，光照强度不可减弱，不管采用何种光照制度，一经实施，不宜随意变动，要保持舍内照度均匀，并保证一定的照度。

③ 产蛋期间的光照制度 一般采用渐增方式，这种方式能使产蛋达到高峰的平稳上升，而产蛋高峰过后缓慢下降。采用光照刺激时，一般应在产蛋高峰过后进行。

开放式鸡舍都需要用人工光照补充日照时间的不足。生产中多采用不论哪个季节都可定为早晨5时到晚上21时为光照时间，即每天早晨5时开灯，日出后关灯，日落后开灯，规定时间（21时）关灯。

密闭式鸡舍充分利用人工光照，不需要随日照的增减变更来补充光照时间，简单易行，效果也能保证。可在19周8h/天光照的基础上，20～24周每周增加1h，25～30周每周增加0.5h，直至每天光照时间达16h为止，最多不超过17h，以后保持恒定。但必须防止漏光。

鸡舍内光照强度，应当控制在一定范围内，不宜过大或过小，太大会多耗电，增加生产成本，鸡群也易受惊，易疲劳，产蛋持续性会受到影响，还容易产生啄肛、啄羽等恶癖。光照强度太低，不利于鸡群采食，达不到光照的预期目的。一般产蛋鸡的适宜光照强度在鸡头部为10lx。

（5）产蛋鸡舍的环境控制

① 严格消毒 搞好环境消毒，定期用2%的火碱喷洒，门口设消毒池。

② 改善环境 及时清除鸡舍外的杂草，因为可能有致病性病原微生物附着在上面。在不影响鸡舍通风的情况下，在鸡舍外种植一些低矮植物或草坪，以改善鸡舍周围的空气环境。

③ 避免应激 严防各种应激因素的发生，特别是在产蛋高峰期，一定要保持周围环境安静，饲养人员穿固定的工作服。

④ 严防鼠害 定期灭鼠，防止鼠、猫、犬进入鸡舍。

2. 产蛋鸡的日常管理

（1）观察鸡群 观察鸡群是蛋鸡饲养管理过程中既普遍又重要的工作。通过观察鸡群，及时掌握鸡群动态，以便于有效地采取措施，保证鸡群的高产稳产。

① 观察鸡群的健康状况和粪便情况 健康鸡羽毛紧凑，冠脸红润，活泼好动，反应灵

敏，越是产蛋高的鸡群，越活泼。健康鸡的粪便盘曲而干，有一定形状，呈褐色，上面有白色的尿酸盐附着。同时，要挑出病死鸡，及时交给兽医人员处理。常在清晨开灯后进行。

② 观察采食和饮水　注意料槽和水槽的结构和数量是否适合鸡，查看鸡的采食饮水情况，健康鸡采食饮水比较积极，要及时挑出不采食的鸡。

③ 及时挑出有啄癖的鸡　由于营养不全面，密度过大，产蛋阶段光线太强或脱肛等原因，均可引起个别鸡产生啄癖，这种鸡一经发现立即抓出淘汰。

④ 及时挑出异常鸡　由于光照增加过快或鸡蛋过大，从而引起鸡脱肛或子宫脱出，及时挑出进行有效处理，即可治好。否则，会被其他鸡啄死。及时挑出开产过迟的鸡和开产不久就换羽的鸡。

⑤ 夜间询查　夜间关灯后，首先将跑出笼外的鸡抓回，然后倾听鸡群动静，是否有呼噜、打喷嚏和甩鼻的声音，发现异常，应及时上报技术人员。

（2）饲养人员要按时完成各项工作　开灯、关灯、给水、喂料、拣蛋、清粪、消毒等日常工作，都要按规定、保质保量地完成。

每天必须清洗水槽，喂料时要检查饲料是否正常，有无异味、霉变等。要注意早晨一定让鸡吃饱，否则会因上午产蛋而影响采食量，关灯前，让鸡吃饱，不致使鸡空腹过夜。

及时清粪，保证鸡舍内环境优良。定期消毒，做好鸡舍内的卫生工作，有条件时，最好每周2次带鸡消毒，使鸡群有一个干净卫生的环境，从而使其健康得以保证，充分发挥其生产性能。

（3）拣蛋　及时拣蛋，给鸡创造一个无蛋环境，可以提高鸡的产蛋率。鸡产蛋的高峰一般在日出后的 3～4h，下午产蛋量占全天产蛋量的 20%～30%，生产中应根据产蛋时间和产蛋量及时拣蛋，一般每天应拣蛋 2～3 次。

（4）保证鸡群安静，减少各种应激　产蛋鸡对环境的变化非常敏感，尤其是轻型蛋鸡。任何环境条件的突然改变都能引起强烈的应激反应。如高声喊叫、车辆鸣笛、燃放鞭炮等，以及抓鸡转群、免疫、断喙、光照强度的改变、新奇的颜色等都能引起鸡群的惊恐而发生强烈的应激反应。

产蛋鸡的应激反应，突出表现为食欲缺乏，产蛋下降，产软蛋，有时还会引起其他疾病的发生，严重时可导致内脏出血而死亡。因此，必须尽可能减少应激，给鸡群创造良好的生产环境。

（5）做好记录　通过对日常管理活动中的死亡数、产蛋数、产蛋量、产蛋率、蛋重、料耗、舍温、饮水等实际情况的记载，可以反映鸡群的实际生产动态和日常活动的各种情况，可以了解生产，指导生产。所以，要想管理好鸡群，就必须做好鸡群的生产记录工作。也可以通过每批鸡生产情况的汇总，绘制成各种图表，与以往生产情况进行对比，以免在今后的生产中再出现同样的问题。

生产记录通过日报表等形式反映出来（表 2-10）。

表 2-10　蛋鸡生产日报表

日期	日龄	存栏/只	死淘/只		产蛋数/枚			产蛋率/%	产蛋量/kg	耗料量/kg
			淘汰	死亡	完好	破损	小计			
备注										

（6）产蛋鸡的挑选　挑选出低产鸡和休产鸡是鸡群日常管理工作中的一项重要工作。它不仅能节约饲料，降低成本，还能提高笼位的利用率。高产鸡与低产鸡、休产鸡的外貌区别见表 2-11、表 2-12。

表 2-11　高产鸡与低产鸡的鉴别

观察部位	高产鸡特征	低产鸡特征
头	较细致,皮薄毛少无皱褶	较粗糙,乌鸦头
喙	短粗,稍弯曲	细长而直
胸	宽深,胸肌发达,胸骨直而长	窄浅,胸骨弯或短
背	宽平	窄短或驼背
脚	结实稍短,两脚间距宽,爪短而钝	细长,两脚间距窄,爪长而锐
羽毛	产蛋后期干污,残缺不全	产蛋后期仍光亮整齐
肥度	适中	过肥或过瘦

表 2-12　高产鸡与休产鸡的鉴别

观察部位	高产鸡特征	休产鸡特征
鸡冠和肉髯	颜色鲜红,硕大而有弹力	暗红无光,萎缩干皱
肛门	椭圆形,湿润松弛,颜色粉红	圆形,干燥紧缩,颜色发黄
耻骨	直而薄,有弹性,间距2～3指	弯而厚,弹性差,间距1指左右
腹	宽大柔软,耻骨与胸骨间距3～4指	小而硬,耻骨与胸骨间距2～3指
色素消退	肛门眼圈、耳叶、喙、脚均呈白色	肛门眼圈、耳叶、喙、脚恢复黄色
换羽	尚未换羽	已经换羽
性情	活泼温顺,觅食力强,接受交配	呆板胆小,觅食力差,拒绝交配

知识拓展

产蛋量、产蛋率、蛋重的计算

1. **产蛋量**　产蛋量是养鸡生产的经济指标之一,生产量多、质优的鸡蛋,是养鸡生产追求的主要目标之一。产蛋量指母鸡在统计期内的产蛋枚数。通常统计开产后60天产蛋量、300日龄产蛋量和500日龄产蛋量。繁殖场和商品蛋鸡饲养场统计群体产蛋量,群体产蛋量的计算方法有如下两种。

(1) **按母鸡饲养只日统计**　一个母鸡饲养只日就是指一只母鸡饲养一天。

$$饲养只日产蛋量（枚/只）=\frac{统计期内产蛋数}{平均饲养母鸡数}$$

(2) **按入舍母鸡数统计**

$$入舍母鸡产蛋量（枚/只）=\frac{统计期内总产蛋数}{入舍母鸡数}$$

2. **产蛋率**　指母鸡在统计期内的产蛋百分率。通常用饲养只日产蛋率(%)和入舍母鸡产蛋率(%)来表示。

$$饲养只日产蛋率（\%）=\frac{统计期内总产蛋数}{统计期内总饲养只日数}×100\%$$

$$入舍母鸡产蛋率（\%）=\frac{统计期内总产蛋数}{入舍母鸡数乘以统计期日数}×100\%$$

3. **蛋重**　蛋重是评价家禽产蛋性能的一项重要指标,同样的产蛋量,蛋重大小不同,总产蛋重不同。此外,蛋重还受营养水平和气温的影响,饲粮营养丰富时蛋重大，春季蛋重大、夏季较小、秋季又增加。

平均蛋重　育种场通常采用称测初产蛋重、300日龄蛋重和500日龄蛋重来衡量个体平均蛋重。方法是在上述时间连续称测三枚蛋，求其平均数作为该时期的蛋重，一般以300日龄蛋重为其代表蛋重；繁殖场和商品鸡场一般仅称测群体平均蛋重，其结果作为生产中的参考指标（如饲养水平、环境条件等是否符合要求的标准）。方法是每月按日产蛋量的5%连称3天，求其平均数，作为该群该月龄的平均蛋重，通常平均蛋重以g为单位。

4. 产蛋重　分日产蛋重和总产蛋重。

$$日产蛋重（g）＝蛋重\times产蛋率$$
$$总产蛋重（kg）＝（平均蛋重\times平均产蛋量）\div1000$$

提高生产效益的措施

1. 选择优质的蛋鸡品种　不同的蛋鸡品种生产性能不同，对疾病的抵抗力和对气候、饲料的要求也不同。购买的鸡苗要来源于正规的大型种鸡场，根据当地的实际情况选择抗病力强、饲料消耗适中的纯正蛋鸡品种，千万不要购买来路不明品种不纯的鸡苗。

2. 养好后备鸡群　要使产蛋高峰期长久持续、产蛋率居高不下，必须把蛋鸡的各项生理功能调整到最佳状态。在开产前有重点的调养那些体质较弱的鸡，把弱鸡变强，提高鸡群发育的整齐度，使鸡群总体的体成熟时间、性成熟时间、开产时间一致，才能够为蛋鸡生产潜力的充分发挥打下坚实的基础。

（1）提高后备鸡的整齐度　整齐度是培育后备鸡是否成功的重要指标。体形差异小，鸡群发育整齐，性成熟才能同期化，将来开产时间才能一致，产蛋高峰期也能维持较长时间。在日常管理中应从雏鸡阶段开始提高其整齐度，除在温度、湿度、饲料、密度、免疫等各个方面进行科学管理外，要注意随时将强弱雏鸡分开饲养，对弱雏加强营养。在育成鸡阶段，要按照鸡群中大多数鸡只的需要来管理，尽可能缩小鸡群内的个体差异。饲养密度要适中，避免因饲养密度过大而造成的饲养环境条件恶劣、鸡只的平均料位和水位不足等现象，影响育成鸡的整齐度。另外，要按照个体体重适时进行分群，一般可分为大、中、小三群，对体重超重的群体进行必要限食，对体重小的群体则进行合理补饲，以缩小全群体重差异，达到开产体重的整齐化。

（2）做好后备鸡体重控制　体重是衡量后备鸡生长发育的重要指标之一，骨骼的发育与将来母鸡的蛋重、蛋壳强度好坏也密切相关。因此在日常饲养管理中，使开产蛋鸡的平均体重和骨骼发育（一般用跖长作为衡量的标准）都能同时达标，是鸡群达到体成熟的重要标志。不同鸡种都有其标准体重。体重过大会导致其性机能减弱，如果体重达标而骨骼发育不达标，说明其体内脂肪过量，开产后将会直接影响其产蛋量和蛋壳质量。因此在育成过程中，需不定时抽测体重和跖长，并采取相应的饲养管理措施，力求使其体重和跖长在开产时能同时达标。调整体重应掌握的原则是：以标准体重和跖长为依据，如果体重达标而跖长不达标，则需在满足蛋白质供给的基础上，降低饲料中的能量含量；如果体重不达标而跖长达标，说明营养不足，需要提高饲料中的蛋白质和能量含量，及时促进增重。

（3）控制好性成熟日龄　性成熟的早晚与环境及遗传有关。合理的光照是控制性成熟的重要措施。一般蛋鸡12周龄后对光刺激敏感，能促进性成熟。在生产中应注意制订出科学合理的光照方案，特别是在蛋鸡开产前后利用光照控制性成熟的适时化，使鸡的性成熟达到同步一致，才能保证生产潜力的充分发挥。何时通过延长光照时间来促进性成熟，应根据18周龄或20周龄时抽测体重而定。如果体重达标，应自18周龄或20周龄每周延长1h，直至增加到15～17h每天时恒定不变。如果20周龄体重仍不达标，则将补充光照时间向后推迟一周，并在此阶段加强营养，促进体重达标。

3. 搞好产蛋期间的管理

（1）加强产蛋高峰前期和后期的饲养管理 产蛋高峰期间，应注重营养的补充特别是氨基酸、钙质和维生素的补充。强化日常饲养管理，在蛋鸡开产后，切忌为达到产蛋高峰期操之过急，随意提高饲料中的蛋白含量和钙质含量。急于达到产蛋高峰，往往会导致产蛋高峰期持续时间短、后期产蛋率大幅下降。产蛋高峰期后管理的关键环节是实行限制饲喂，防止母鸡过肥而影响产蛋性能的发挥，确保其中后期产蛋持续性良好。具体方法是在产蛋高峰期过后3～6周，产蛋率下降4%～6%时进行限饲，限饲过程中，结合产蛋曲线进行试探性减料，防止因减料造成产蛋率的过快下降。

（2）保障最适宜的温度范围 生产实践表明，13～23℃是鸡产蛋的最适宜温度范围，温度过高或过低，都会对鸡的产蛋率和蛋壳质量产生影响，因此要做好夏季的防暑降温和冬季的防寒保暖工作。

（3）保持舍内通风换气良好 通风换气可起到排污去浊，调节室内温度、湿度的作用。根据具体情况可进行自然通风和机械通风。

（4）制订合理的光照方案 光照能刺激鸡脑垂体分泌生殖激素，促进产蛋。产蛋期光照原则是：光照时间宜渐长不宜渐短，光照强度也不可减弱，从而使母鸡适时开产并达到产蛋高峰，充分发挥其产蛋潜力。根据具体情况进行人工光照或自然光照结合人工光照，整个产蛋期都应按照蛋鸡所需的光照时间严格执行。

（5）搞好综合卫生防疫措施 制订详细实际的免疫程序并严格执行，也可根据鸡群的实际情况进行适当调整，但不可心存侥幸而漏防、不防。日常管理中应注意保持舍内和环境的清洁卫生，防止外来飞鸟进入鸡舍导致疫病传播，经常洗刷水槽、料槽和其他饲养工具，并定期更换消毒药品对各种饲养工具和房屋等进行消毒，防止疫病的发生和蔓延。

（6）尽量减少应激因素 任何环境条件的突然变化都会使鸡群惊恐，引起应激反应，导致鸡食欲缺乏、产蛋量下降、产软壳蛋。减少应激因素，除采取针对性措施如减少突然噪声、消灭鼠害外，还应严格执行科学的鸡舍管理程序，包括光照、通风、供料、供水、饲粮更换等，尽可能保持蛋鸡生存环境的相对稳定。

4. 选择优质蛋鸡饲料 蛋鸡必须摄入足够的营养，在保证自身需求的前提下才能将剩余的营养转化成鸡蛋，所以饲料的选择尤为关键。在日常饲养管理中应注意以下几个方面的问题。

（1）按饲养标准喂给全价的配合料 目前，多数养殖户均使用专业饲料生产厂家生产的预混料、浓缩料和全价饲料。由于不同厂家的生产能力和生产工艺不同，所生产的饲料产品质量也不同，特别是由于原材料的添加和搅拌工序的影响，可能出现原料搅拌不均匀、微量添加剂分布不均、同批次产品成分差异较大的现象，饲喂后极有可能造成产蛋率的不稳定变化。建议在选用饲料时，尽可能选用生产能力高、企业规模大、产品质量稳定的品牌产品。

（2）禁用霉变饲料和劣质添加剂　霉变饲料中的黄曲霉产生的毒素容易导致蛋鸡中毒，影响产蛋量甚至导致蛋鸡死亡。因此，禁止使用霉变饲料。

（3）饲粮的调整和过渡要合理　生产中面对温度变化和阶段饲养等因素影响时，都需要适时调整饲粮营养成分，如冬夏季节温差大，为确保鸡得到足够营养，在炎热夏季应适当减少能量饲料，增加蛋白质和钙质含量；寒冷冬季则适量增加能量饲料，降低蛋白质含量。阶段饲养中雏鸡阶段到育成鸡阶段到产蛋期阶段的过渡，需不同营养成分的饲粮逐步过渡，所有饲粮成分的调整都必须逐步进行，切忌骤变。

5. 科学合理用药

产蛋期应加强饲养管理，防止疾病的产生，尽量不用药。一旦发病须谨慎用药，其中下列药物禁用：磺胺类、呋喃类、金霉素、丙酸睾丸素、复方炔诺酮、氨茶碱等。以上药物都不同程度的对鸡产蛋有抑制作用。在日常饲养过程中，可以适当地定期在饲料中添加一些具有抗菌、抗病毒作用的中草药，如大青叶、板蓝根等，既不影响产蛋，又能起到增强机体抵抗力、预防疾病的作用。在产蛋期使用药物一定要按照《兽药停药期规定》（中华人民共和国农业部公告　第278号）和《无公害食品 畜禽饲养兽药使用准则》（NY 5030—2006）的规定。只有严格执行才能生产出无公害的鸡蛋。

任务思考

1. 产蛋有哪些规律？
2. 如何进行调整饲养？
3. 阶段饲养法有何意义？
4. 如何提高蛋鸡的生产效益？
5. 从外貌上如何区分高产鸡与低产鸡、停产鸡？

任务七　蛋种鸡的饲养管理

任务描述

饲养种鸡的目的是尽可能多地获取受精率和孵化率高的合格种蛋，以便由每只母鸡提供更多的健康母雏。而种鸡所产母雏的多少、质量的优劣，取决于种鸡各阶段的饲养管理及鸡群净化程度。

任务分析

饲养种鸡和商品鸡的共同点是要实现产蛋期的稳产和高产，不同点是商品鸡是用最低的饲料报酬获取最大的产蛋量，而蛋种鸡是更多的高品质种鸡。所以，在生产中，除做好常规的饲养管理外，还要根据种鸡的营养需要，为不同阶段的种鸡提供合理、全面的营养，以保证种蛋的高孵化率和高健雏率。

任务实施

一、 育雏育成期种母鸡的饲养管理

蛋用种鸡与商品蛋鸡育雏、育成饲养方法大同小异。

1. 饲养方式与饲养密度

种鸡的饲养虽有地面平养、网上（或棚架）平养和笼养三种饲养方式，但为了便于鸡群疾病控制，有利于防疫，提高种雏质量和成活率，建议采用棚架平养和笼养。

种鸡的饲养密度比商品鸡小，不同品系的鸡种育雏育成期饲养密度各有指标要求（表 2-13）。合适的饲养密度，有利于雏鸡的正常发育，也有利于提高鸡群的成活率和均匀度。应随日龄的增加逐渐降低饲养密度。可在断喙、接种疫苗的同时，调整鸡群，并强弱分饲。

表 2-13　育雏、育成期不同饲养方式的饲养密度　　　　　　　　单位：只/m²

种鸡类型	周龄	全垫料地面散养	棚架（网上）平养	四层重叠式笼养
轻型鸡	0～2	13	17	74
	3～4	13	17	49
	5～7	13	17	36
	8～20	6.3	8.0	转入育成笼
中型鸡	0～2	11	13	59
	3～4	11	13	39
	5～7	11	13	29
	8～20	5.6	7.0	转入育成笼

2. 跖长指标

骨骼和体重的生长发育规律不同。体重是在整个育成期不断增长的，直到产蛋期 36 周龄时达到最高点。骨骼在最初的 10 周内迅速发育，到 20 周时全部骨骼发育完成，前期发育快，后期发育慢。因此，要求青年鸡在 12 周龄时完成骨架发育的 90%。如果营养或管理等配合不当，为了达到体重标准就必然会出现带有过量脂肪的小骨架鸡，即小肥鸡，将来的产蛋性能明显达不到应有的标准。所以在育雏期，跖长标准比体重标准更重要。在育雏期所追求的主要目标应该是跖长的达标。到 8 周龄时若跖长低于标准，可暂不换育成料，直到跖长达标后再换料（表 2-14）。

表 2-14　迪卡褐、海兰 W-36 父母代体重与跖长指标

周龄	体重/g		跖长/mm		周龄	体重/g		跖长/mm	
	迪卡褐	海兰 W-36	迪卡褐	海兰 W-36		迪卡褐	海兰 W-36	迪卡褐	海兰 W-36
1	70		30		11	870	850	91	91
2	110		40		12	960	950	95	93
3	160		46		13	1050	1030	99	95
4	220		52		14	1140	1100	101	94
5	310		58		15	1230	1160	102	97
6	400	390	65	62	16	1310	1210	103	98
7	500	470	71	69	17	1400	1250	104	98
8	600	550	78	76	18	1480	1280	105	98

续表

周龄	体重/g		跖长/mm		周龄	体重/g		跖长/mm	
	迪卡褐	海兰 W-36	迪卡褐	海兰 W-36		迪卡褐	海兰 W-36	迪卡褐	海兰 W-36
9	690	640	83	82	19	1560	1300	106	99
10	780	740	87	87	20	1650	1320	107	99

二、产蛋期种母鸡的饲养管理

1. 饲养方式和饲养密度

产蛋期的蛋种鸡饲养方式主要有地面散养、网上平养和笼养三种方式。目前我国种鸡以笼养为主,多采用二阶梯式笼养,这有利于人工授精技术操作。饲养密度与饲养方式密切相关(表 2-15)。

表 2-15　不同饲养方式蛋种鸡饲养密度

鸡种	网上平养		笼养	
	m²/只	只/m²	m²/只	只/m²
轻型蛋鸡	0.11	9.1	0.045	22
中型蛋鸡	0.14	7.1	0.045～0.05	20～22

2. 环境控制

基本上与商品鸡相同,但是为了使种鸡体形得到充分发育,获得较大的开产蛋重,提高种鸡的合格率,开产前夕,光照增加时可以比蛋鸡延迟 2～3 周。

3. 种蛋的收集与消毒

种蛋要求定时收集,每天至少集蛋 6 次。最好从每天鸡群产蛋 5% 时开始拣蛋,每 2h拣蛋一次。每栋鸡舍要将每次所拣种蛋及时熏蒸消毒后（每栋鸡舍一端应设有暂时贮蛋场所,并设小批量种蛋熏蒸消毒柜,以便将种蛋及时消毒处理）,再交往种蛋库。集蛋时要将脏蛋、特小蛋或特大蛋、畸形蛋、破蛋剔出,可减少日后再挑选的人工污染机会。

种蛋送入蛋库后应及时进行第二次消毒,以免增加污染机会。蛋壳上的细菌增殖的速度很快,蛋壳表面的细菌比较容易杀死,如果细菌进入蛋内部要杀死它们就困难了。进入蛋内部细菌会感染发育中的胚胎,从而使雏鸡发生某些疾病。还有一些细菌能使蛋的内容物发生化学变化,使蛋内的营养物质不易被胚胎利用。种蛋的消毒与贮存方法,参照孵化部分。

4. 检疫与净化鸡群

饲养种鸡是为了尽可能多地获取受精率和孵化率高的合格种蛋,以便由每只种母鸡提供更多的健壮初生雏鸡。为此,除了要求优良的品种、良好的饲养管理外,做好种鸡群疫病净化工作是关键。

(1) 严格淘汰病弱鸡,培育健康鸡群

① 初生雏的挑选　初生雏鸡进入育雏室之前要严格挑选,凡脐带愈合不良、白痢、脐炎、瘫鸡、毛色不纯正、体重过小者全部淘汰。

② 有效隔离　千万不能在鸡舍旁设置病鸡隔离室或隔离栏,只要有一些机械性损伤就需隔离治疗。

③ 严格淘汰　7 周龄育雏期结束,转入育成舍时,结合选种严格淘汰病、残鸡。

④ 育成鸡的挑选　18～20 周龄转入产蛋鸡舍时,进行最后一次彻底挑选,淘汰比例在2%～3%,尤其对消瘦、排黄白样、绿色粪便的个体要严格淘汰。

⑤ 观察鸡群 从育成舍转入产蛋鸡舍的头 2～3 周内，每天早晨坚持巡视鸡群，发现异常个体立即淘汰。

（2）采用监测技术淘汰不良个体 目前能够做的主要是净化白痢。应用全血玻板凝集反应方法来净化鸡群，在上笼前（120～140 日龄）对种鸡群进行检疫，在产蛋高峰后再检疫一次，将阳性及可疑反应鸡全部淘汰。

（3）药物预防是净化细菌性疾病的重要方式

① 用药程序完善 种鸡场应根据本场的用药历史、发病季节、日龄等方面制订较完善的药物治疗程序，把疾病消灭在萌芽阶段。种鸡场用药尽量与商品场分开，避免药物的重复使用，产生耐药性。同时，雏鸡及育成阶段尽量预防用药，实践证明，预防用药比药物治疗成本低，效果好。

② 正确选择药物 对发病鸡进行细菌分离、鉴定并进行药敏试验，在已知何种细菌感染及对何种药物敏感的前提下用药，这是最明智的一种用药方式，有条件的（无条件的尽量创造条件）一定要按这种方式用药。实在没有条件的可以选择氟哌酸、环丙沙星、蒽诺沙星、强力霉素、氯霉素、氨苄青霉素等广谱且易通过消化道吸收的药物。

③ 产蛋期谨慎用药 产蛋期用药必须谨慎，大多数药物都具有明显的毒副作用，使用不当会对生产性能和产品质量带来不良影响，尤其是产蛋期用药应慎之又慎，原则上不用药，仅个体发病采取淘汰病鸡制，万一因群体发病必须用药时，一定要选择既不影响产蛋率、受精率又能抑菌助消化的药物，如土霉素、强力霉素、腐殖酸钠、喹诺酮类等药物。

（4）制订合理的免疫计划，增强鸡群的特异性抵抗力

① 综合影响因素，制订免疫程序 每个种鸡场都应因地制宜根据当地疫情的流行情况，结合鸡群的健康状况、生产性能、母源抗体水平和疫苗种类、使用要求以及疫苗间的干扰作用等因素，制订出切实可行的适合于本场的免疫程序。在此基础上选择适宜的疫苗，并根据抗体监测结果及突发疾病对免疫计划进行必要的调整，提高免疫质量。

② 重视具体操作，确保免疫质量 技术人员或场长必须亲临接种现场，密切监督接种方法及接种剂量，严格按照各类疫苗使用说明进行规范化操作。个体接种必须保证一只鸡不漏掉，每只鸡都能接受足够的疫苗量，产生可靠的免疫力，宁肯浪费部分疫苗，也绝不能留"减免鸡"；注射针头最好一鸡一针头，坚决杜绝接种感染以免影响抗体效价生成。群体接种省时省力，但必须保证免疫质量，饮水免疫的关键是保证在短时间内让每只鸡都确实地饮到足够的疫苗；气雾免疫技术要求严格，关键是要求气雾粒子直径在规定的范围内（30～50μm），使鸡周围形成一个局部雾化区。

（5）重视饲料卫生，饲喂优质饲料 当前，大多数种鸡场的饲料配方都比较科学，但在饲料的选购、加工、贮存以及运输饲喂过程中往往发生霉变或被污染等问题，引起鸡群疾病，建议做好以下几点。

① 饲料贮存 饲料要贮藏在通风干燥的地方，勿使发霉变质。

② 营养平衡 种鸡饲料中应尽量少加或不加动物性原料，为保证氨基酸平衡，可适当添加单体氨基酸。

③ 原料检测 经常检查原料质量，坚决杜绝发霉变质的原料进入配料车间。

④ 料形理想 各种原料在加工前要进行病原微生物检验，饲料采用蒸汽短时间加热（80℃），然后制成颗粒料较为理想。

三、 种公鸡的饲养管理

从雏鸡开始，公母鸡实施分饲。平养与笼养均可，如有条件，饲养密度稀一些为好，以

锻炼公鸡的体质。在 17 周龄以前应严格按照各品系的鸡种要求进行饲养管理，如测量体重、度量跖长、调整均匀度等。光照方案可按照种母鸡的进行。到 17～18 周龄时转入单体笼内饲养（人工授精），光照也以每周增加 0.5h 的幅度递增，直到达 16h 为止。

后备种鸡营养水平是代谢能 11～12MJ/kg，育雏期粗蛋白质 18%～19%，钙 1.1%，有效磷 0.45%；育成期粗蛋白质 12%～14%，钙 1.0%，有效磷 0.45%。

人工授精的公鸡要断喙，以减少育雏、育成期的伤亡。平养自然交配的公鸡不可断喙，断趾是断掉内趾和后趾第一关节，并同时断趾，以免自然配种时抓伤母鸡。

四、人工授精

知识拓展

人工授精的优越性

种禽人工授精繁殖方法，在我国从 20 世纪 70 年代开始采用，目前已在全国各地被普遍地应用。人工授精技术的优越性是该项技术得以广泛推广应用的主要原因，具体表现如下。

1. 扩大公母禽配种比例　在自然交配时，公母鸡的比例为 1∶(10～15)，而人工授精公母鸡比例可达 1∶(30～50)。若采用精液稀释技术，这一比例还会提高。这样就可大幅度减少公禽的饲养量，节约饲料、栏舍，降低成本。

2. 为高效育种工作开辟广阔前景　人工授精可克服公母禽体重相差悬殊，以及不同品种间杂交造成的困难，从而提高受精率。如在生产骡鸭过程中，采用人工授精技术就可克服亲本体重悬殊引起的交配障碍等问题。

3. 充分利用优秀种源　对腿部损伤的优秀公禽，在自然交配无法进行时，人工授精仍可继续发挥该公禽的作用。

4. 便于净化和清洁卫生　人工授精要定期检查公禽体况，对造成疾病传播的公禽应及时淘汰。种蛋不与地面接触，对白痢杆菌、大肠杆菌的净化工作也便于开展。因此，避免了疾病传播和保持种蛋清洁，可提高孵化率及初生雏的质量。

5. 减少种禽死亡　公禽具有好斗性，在自然交配条件下，公禽常相互啄斗，打架，造成伤亡现象，出现不必要的损失，而采用人工授精技术使公禽间相互不接触，提高了成活率。

6. 为交换种源提供便利条件　目前，鸡的精液可保存 24h，与新鲜精液的受精效果基本相同。这样引种时可只采集精液，从而减少引种带病的麻烦，减少运输费。而冷冻保存的精液，则不受年龄、时间及地域的限制，使优秀公禽的利用率进一步提高。

7. 方法简单、便于推广　人工授精技术操作简单，不需要精密的仪器和复杂的设备。操作人员有一定的文化知识，经过 1～2 周培训和实践即可掌握。

1. 采精前准备

（1）公禽的训练　选择外貌优良、发育正常、冠髯鲜红发达的公鸡，以拇指和食指按摩刺激公鸡尾根部，有性反射的为佳。

在输精前一周将选择好的种公禽单独饲养，剪去泄殖腔周围的羽毛，以避免采精时污染精液。对初次采精的公鸡应每天按摩训练 2 次，经 3～5 天调教后，即能采集到精液。对一些经过多次训练，仍无射精或精液量少的种公禽应及早淘汰。

（2）器具准备　公鸡精液量少，黏稠度高，集精用具最好使用便于清洗和消毒的玻璃器皿。采精用具在每次使用前都应清洗、消毒、烘干备用。常用的采精器材有：实心小漏斗、刻度集精杯、小试管或小烧杯等。输精器材为带胶头的玻璃吸管、移液管等。

知识拓展

家禽的行为学特性——鸡的性行为

鸡的性行为包括求偶、爬跨、交配、射精4个环节，由于公鸡的阴茎已经退化，射出的精液没有冲力，交配过程只是退化的阴茎和母鸡阴道接触，精液流到母鸡阴道中，交配过程没有哺乳动物那样剧烈。

1. 性行为的表现　公鸡最典型的性行为表现是在母鸡中跑动为开始的，它在跑动中逐个检查母鸡以寻找能接受交配的个体。尾交可发生于一天中任何时间，但以午后傍晚之前最常发生。

幼龄雏鸡通常不表现性行为，早期性经验对性行为的发育有影响。此外性成熟和鸡的品种、营养情况以及光照都有密切关系。渐长的光照和丰富的营养可以提前鸡的性成熟，轻型鸡的性成熟早于大体型的鸡。

2. 性行为与优胜序列　性别之间也存在优胜序列关系，一般是公鸡优胜于母鸡。不同群体等级的公鸡对于不同等级地位的母鸡又各具有优胜地位。交配行为往往是较优胜的公鸡一方向处于从属地位的母鸡一方进行求情活动之后发生的，这种异性间的啄斗顺序有利于鸡群中同时进行性活动。如果公鸡竟敢向群体地位比本身高的母鸡求情，它将遭到排斥和拒绝。

3. 性行为与人工授精　从实际生产来看，人工授精可以提高生产效率，以比较小的投入获取较大的产出，这对当今整个社会资源匮乏的情况下，合理经济地予以充分利用是有重大的意义。

家禽人工授精不仅解决了公母体重差异悬殊造成的受精率低的问题，可以保证受精率自始至终的保持在高水平，而且由于饲养公禽数较少，种蛋合格率高，降低了生产成本。对于特殊的配套品种，人工授精可以解决自然交配不能解决的困难。

---

2. 采精技术

采精方法有多种，具体操作因场地设备而异。目前在生产中常用按摩采精法。现以笼养种鸡的采精输精为例简述其具体操作。

（1）保定　一人从种公鸡笼中用一只手抓住公鸡的双脚，另一只手轻压在公鸡的颈背部。

（2）固定采精杯　采精者用右手食指与中指夹住采精杯，采精杯口朝向手背。

（3）按摩　夹持好采精杯后，采精者用其左手拇指与其他四指自然分开，在公鸡背部两翅内侧向尾羽方向轻快抚摩，并往返多次，待公鸡引起性反射，立即翻转左手，并以左手掌将尾羽向背部拨使其向上翻，拇指和食指放在勃起的交配沟两侧，向交配沟挤压，与此同时，持采精杯的右手大拇指和其余四指分开从公鸡的腹部向肛门方向紧贴鸡体作同步按摩和按压，使公鸡的肛门更充分地向外翻出。

（4）采精　当公鸡的肛门明显外翻，并有射精动作和乳白色精液排出时，右手离开鸡体，将夹持的采精杯口朝上贴住向外翻的肛门，接收外流的精液，挤压应反复几次，直至无精液流出为止。

（5）采精频率 在采精时间上要相对固定，以给公鸡建立良好的条件反射，采精的次数因鸡龄不同而异，一般青年公鸡开始采精的第一月，可隔日采精一次，随鸡龄增大，也可一周内连续采精 5 天，休息 2 天，但应注意公鸡的营养状况和体重变化。每次采集精液量为 0.2~0.5mL，高的多达 1~2mL。

（6）采精时应注意的事项 采精时周围环境应安静，以防公鸡骚动不安，同时抓取公鸡时动作要轻快；按摩频度由慢到快，更好地刺激公鸡的性反射；采精按摩时，易出现排粪尿情况，因此，采精杯口不可正对泄殖腔，应放在泄殖腔的一侧或下方，当精液被粪尿污染严重时，应连同精液一起弃掉；采精人员要相对固定，因为每一个采精人员的手法轻重是不同的，引起性反射的程度也不一样，从而造成采精量差异较大，同时有的公鸡反应很敏感，稍一按摩就射精，人员不固定，对每只公鸡的情况不熟悉，容易使精液损失；公鸡排精时，左手一定要捏紧肛门两则，不得放松，否则精液排出不完全，影响采精量；公鸡使用频率应根据饲养管理条件、气候、配种任务等决定，切不可以死搬硬套，由于温度、酸碱度、氧化性等诸多因素对精液质量有影响。因而，采精要迅速准确。采精时间最好控制在 30min 左右为宜。

3. 输精技术

人工授精操作过程中，采到干净而不被污染的精液固然十分重要，但要获得高受精率，输精技术则是关键。

输精操作需两人配合，一人抓鸡翻肛，一人输精液。具体操作如下。

一人左手从笼中抓住母鸡双腿，拖至笼门口，右手拇指与其余手指分开呈八字紧贴母鸡肛门下方。用巧力压向腹部使肛门向外张开并用拇指挤压腹部，即可使泄殖腔翻出阴道口。这时输精人员将吸有精液的输精管迅速插入，随即用握着输精管手的拇指与食指轻压输精管上的胶塞，将精液压入即可。

（1）输精操作的技术要点 翻肛人员在向腹部方向施压时，一定要着力于腹部左侧，因输卵管开口在泄殖腔左侧上方，用力相反，可能会引起母鸡排粪造成污染；翻肛人员用力不能太大，以防止输卵管内的蛋被压破，从而引起输卵管炎和腹膜炎；在输精过程中，输精管必须对准输卵管口中央，垂直插入，不能将输精管斜插，否则，容易损伤输卵管，造成出血或炎症，而且也不能输进精液，影响受精率；翻肛人员与输精人员要密切配合，当输精人员将输精管插入输卵管时，翻肛人员应立即放松对腹部的压力，使精液能全部输入并利用输卵管的回缩力将精液引入输卵管深部；输精时注意不要将空气泡输入输卵管内，否则会使精液外溢，影响受精率；在生产中多只公鸡的精液混合后，要在半小时内使用，以提高种蛋的受精率。每输一只母鸡，输精管要用消毒药棉擦拭，以防交叉感染。

（2）输精时间 掌握好最佳的输精时间，是获得高受精率的必要条件。输精后精子以不同运动速度沿着输卵管向上活动，直到漏斗部与卵子相遇时才互相结合，产生受精现象。当蛋在子宫时输精，必然阻止精子向输卵管上部运动，漏斗部没有足够数量的精子，就会影响受精。因此，蛋未进入子宫前输精效果最好。从整个鸡群来讲，只有当全部母鸡产完蛋后 3h 输精，才有可能获得最好的受精率。因此，在生产中母鸡人工输精时间为下午 3~4 时；而鸭一般于清晨 0~4 时产蛋，人工授精在上午 6~10 时进行为最佳。

（3）输精量及输精间隔时间 家禽排卵是有一定规律的，一般认为是在蛋产出后 20min 左右才发生的。卵子受精时只有一个精子进入，而且精子在输卵管中会逐渐随时间推移而老化，从而失去受精能力。保持输卵管内有足够的精子数，并在漏斗部保证有健壮的精子能及时与卵子相遇，就显得十分重要。现已证明，获得高受精率所需要的最起码精子数为 4000 万～7000 万个。在生产中，一般要输入 8000 万～1 亿个精子，大约相当于 0.025mL 精液中的精子数量。如果采用 1∶1 的稀释精液输精，则每次输精量为 0.05mL。目前，我国大多数的生产场都采用新鲜采集不经稀释的精液输精。

从理论上讲，一次输精后母鸡能在 12～16 天内产受精蛋，但生产中为保证种蛋的高受精率，一般每间隔 5 天输精 1 次，肉鸡因其排卵间隔时间较蛋鸡长，和生殖器官周围组织脂肪较多而肥厚，输精的间隔时间应短一些，一般 3 天为周期。为平衡使用人力，一个鸡群常采用分期分批输精，即按一定的周期每天给一部分母鸡输精。

（4）输精部位与深度　有关输精液输入母鸡生殖道深度的问题，人们各抒己见。在生产中多采用母鸡阴道子宫部的浅部输精，翻开母鸡肛门看到阴道口与排粪口时为度，然后将输精管插入阴道口 1.5～2cm 就可输精了。

4. 精液品质评定

（1）精液的颜色　健康公鸡的精液为乳白色，质地如奶油状。如果颜色不一致，或混有血、粪、尿等，或呈透明，都是不正常的精液，不能用于输精。

（2）射精量　射精量的多少与鸡的品种、年龄、生理状况、光照、营养、运动季节以及饲养管理条件有关，同时也与公鸡的采精次数及采精技术有关。正常情况下鸡的射精量为 0.2～0.5mL。

（3）精液密度　单位容积中精子数量的多少即为精子密度。品质好的精液密度大，而品质差的精液密度小。一般在显微镜下用平板压片法进行密度检查，按其稠密程度划分为密、中、稀 3 级。浓稠的精液中精子数量很多，密密麻麻的几乎没有空间，精子运动互相阻碍；稀薄的精液中精子数量少，观察直线运动的精子很明显，精子与精子之间距离很大。公鸡一次射精的平均浓度为 30 亿/mL，变化范围为 5 亿～100 亿/mL。

（4）精子活力　是指在精液中直线运动的精子占全部精子的百分数。精子受精能力和精子的活力有密切的关系，因此活力检查必须在每次采精后、稀释后和输精后做 3 次检查。精子活力受温度的影响到很大，做活力检查时的温度应以 38～40℃为宜，精子活力评价一般用 10 分制，鸡正常情况下活力为 6～8 分。

（5）精液的 pH 值　正常的精液 pH 值通常为中性到弱碱性，pH 值为 6.2～7.4。精液 pH 值的变化影响精子的活力，从而也影响种蛋的受精率。采精过程中，有异物落入其中是精液 pH 值变化的主要原因。

5. 精液的稀释

精液在保存、运输和输精前进行稀释。经过稀释后的精液，可以增加精液的数量，扩大与配鸡数；可以补充精子代谢所需的营养物质；也可消除性腺分泌物的有害影响，缓冲精子的酸碱度、给离体精子创造适宜的环境，从而延长精子的存活时间。在实际生产中，鸡的精液稀释通常用灭菌的 0.9％生理盐水作为稀释液，稀释比例为 1∶1。

知识拓展

影响受精率的因素

1. 种公禽的精液品质不合格　精液中精子密度低，即使有足够的输精量，也不能保证有足够的精子数量；精子活力不高，死精和畸形精子多，这是影响受精率的主要因素。实践证明，有些公禽射精量虽少，但精子密度和精子活力很高，输精量略低，仍能取得很高的受精率；采精时精液被血、粪、尿污染，造成精子死亡，也是影响受精率的因素之一。因此，挑选精液品质好的公禽和在采精时保证采到清洁的精液对提高蛋的受精率十分重要。

2. 母禽不孕和生殖道有疾病　在进行家系选育时早已发现，鸡群中有些母鸡产蛋很好，但由于生理原因或疾病，不管怎样输精，蛋都不受精。因此，在育种过程中，对于这种母禽应及时淘汰。

3. 输精技术不过硬　在人工授精条件下，受精率不高，问题往往出现在输精技术上。包括保证有足够精子的适宜输精量、输精的最佳时间、适当的输精间隔时间、输精的深度、采到的精液输精时间长短、翻肛与输精技术的熟练程度和准确性等。只有综合解决上述问题，才有可能获得理想的输精效果。公禽的精液品质的好坏和输精技术的高低，蛋的受精率是其客观的检验标准。

4. 种禽的年龄大与产蛋强度低　任何种禽的繁殖力都和年龄有关。一般来讲，鸡在200～400日龄之间受精率较高，60周龄以后随年龄增加，公鸡精液品质变差，母鸡产蛋率降低，伴随着的是蛋受精率下降。母鸡产蛋率越高，受精率往往也越高。因此，随着年龄增长，输精量要适量增加，输精间隔要适当缩短，这样才能保持理想的受精率。

5. 气候对受精率的影响　在炎热的夏天，家禽的食欲不好，营养不足，造成公禽产生不良精子，密度下降，活力降低，导致受精率下降。

6. 其他　长途运输颠簸、卵黄膜破裂、卵黄上的系带断裂，都会人为地降低蛋的受精率，这种损失可达5%～10%，甚至更高。种蛋保存时间越长，蛋的受精率越低。在生产条件下，考虑到入孵蛋的数量，夏天种蛋保存时间以5～7天为宜，其他季节以7～10天为宜。经长途运输和保存期过长的种蛋，不仅受精率降低，而且孵化率也受影响。混合精液比单一公禽的精液受精率要高约5%。

提高种蛋合格率的措施

蛋种鸡蛋重在50～65g为宜，蛋重过大过小及各种畸形蛋均影响孵化率。因此，饲养种鸡不仅要考虑提高产蛋量，还要考虑提高种蛋合格率与受精率。

1. 全价日粮　在种鸡的饲料中除了满足能量和蛋白质的需要以外，更要注意影响蛋壳质量的维生素和矿物质元素的添加，尤其是钙、磷、锰、维生素D_3。通过提高营养水平，可以有效地降低破蛋率而使种蛋合格率提高，破蛋率应控制在2%以内。

2. 科学管理　除了常规管理以外，还要特别加强饲养员对种蛋收集和管理的责任心。应把破蛋率定为饲养人员工作质量的指标之一，收集的种蛋分别统计记录，以促进破蛋率的降低。如增加拣蛋次数，上午至少要拣蛋3次，下午也要拣蛋2次以上。

注意避免"惊群"和维持鸡群的健康，鸡群一旦发病，畸形蛋、软皮蛋比例增加。产蛋期间尽量减少预防免疫的次数，以降低软皮蛋的比例。双黄蛋多在产蛋初期出现，主要是初产母鸡生殖机能亢进所致，也与光照制度、初产体重、饲料营养、饲料喂量、环境因素、初产日龄有关。为了减少双黄蛋，要按照标准培育好青年鸡，使开产体重、日龄、体尺（跖长）达到标准。

3. 提高初产时种蛋合格率　延迟开产可通过育成期内限饲或结合采用适当的光

照来实现。初产蛋大是因为鸡日龄大（蛋的大小是随鸡的日龄增长而增加的）。所以无论母鸡在什么时间开产，当达到一定日龄时总是下一定大小的蛋。因而推迟性成熟就会使初产蛋较大，从而提高初产种蛋合格率，增加经济效益。

4. 选择设计合理蛋鸡笼　产蛋鸡笼底网的选择要注意如下几个问题：底网弹性要好；镀锌冷拔丝直径不超过 2.5mm；笼底蛋槽的坡度不大于 8°；每个单体笼装鸡不超过 3 只，每只鸡占笼底面积不小于 $400cm^2$，且各交叉处不能有焊接的痕迹。优质笼具的破蛋率很低，一般可控制在 2% 以内。有些价低质差的鸡笼破蛋率可超过 5%。所以良好的养鸡设备也是提高种蛋合格率的关键因素。

5. 提高种蛋受精率　提高种蛋受精率是提高合格种蛋利用率的有效措施，从而增加种蛋的合格率。提高种蛋受精率的措施主要有：选择具有繁殖力强的公鸡；公鸡的使用年限合理；适当的公母比例；推广应用人工授精技术。进行人工授精时，要掌握好正确的输精姿势、准确的输精部位和输精深度、适宜的输精间隔时间及一天中最佳的输精时间，一般可以使受精率达到 93% 以上，最高可达到 98%。此外，翻肛人员不要过度挤压蛋鸡的腹部，以防卵黄破裂进入腹腔内，引起卵黄性腹膜炎。尤其是初产母鸡，不能使用新手翻肛。

任务思考 👆

1. 如何测定踮长？有何实际意义？
2. 人工授精有哪些操作要点和注意事项？
3. 影响受精率的因素有哪些？
4. 如何提高种蛋合格率？

项目三　肉鸡生产

学习目标

▶▶ 知识目标

- 了解不同类型肉鸡的生产特点和营养需要特点
- 掌握肉仔鸡、肉用种鸡和优质肉鸡的饲养管理要点
- 掌握肉鸡非传染性疾病的病因和预防方法，提高商品合格率

▶▶ 技能目标

- 能够选择适宜的肉鸡品种进行饲养
- 针对肉鸡的不同阶段能科学有效地饲养管理

鸡肉中蛋白质含量高，氨基酸种类多，容易被人体吸收利用，有增强体力、强壮身体的作用。鸡肉还含有对人体生长发育有重要作用的磷脂类，是膳食结构中蛋白质、脂肪和磷脂的重要来源之一。概括来讲，鸡肉具有"三低一高"（即低能量、低脂肪、低胆固醇和高蛋白）的特点，从而成为人们餐桌不可或缺的食品之一。因此，肉鸡养殖成为人们肉类供应的重要来源。了解和掌握肉鸡的外貌特征以及国内外肉鸡品种的生产性能，生产安全、无公害的鸡肉，对于肉鸡生产具有重要的指导意义。

目前，肉鸡的养殖主要有两大方向，一个是快大型肉鸡，另一个是优质肉鸡。现代快大型白羽肉鸡生产首先在美国兴起，并在全世界发展和普及，已成为世界各地鸡肉生产的主要部分，也是我国鸡肉生产的主体。优质肉鸡在我国养鸡业中也占有很大的比重，在我国南方一些地区甚至居主导地位。本项目以实际生产环节为主线进行任务分解，将肉鸡的品种、肉鸡场的建筑设计、肉鸡的生产特点、肉鸡的营养、肉鸡环境控制和肉鸡生产过程相融合，进一步掌握现代肉鸡生产的有关知识和技术，提高肉仔鸡的生长速度和饲料转化率，生产优质、安全的肉鸡产品，满足人们的需要。

任务一　肉鸡品种的选择

任务描述

肉鸡品种主要包括肉鸡的标准品种、地方优质品种、现代商品肉鸡品种，每个品种都具备各自外貌特征、生产性能。该任务重点介绍了部分品种的外貌特征、生产性能、品种资源分布情况，为实际生产提供选择依据。

任务分析

要选择一个适合的肉鸡品种，首先应该能够识别肉鸡品种，掌握各品种的生产性能、营养需求、饲养环境等综合信息，再根据销售渠道、市场需求情况和人们的消费习惯等确定饲养的品种。并为后续肉鸡养殖场建设、饲养方式的合理选择提供必要的信息。

任务实施

一、 标准品种识别

肉鸡的标准品种是指 20 世纪 50 年代前，经过有计划、有组织的系统选育，并按照育种组织制定的标准，经过鉴定予以承认的品种；或列入《美国家禽志》和《不列颠畜禽品种志》的肉鸡品种。标准品种的生产性能较高，体型外貌一致，遗传稳定，并具有相当的数量。

1. 科尼什鸡

(1) 产地与分布　原产英国康瓦耳，是世界著名大型肉用品种，在现代肉鸡种中用作父系。

(2) 外貌特征　现有红色羽和白色羽两种，以白科尼什较著名。该品种为豆冠。喙、胫、皮肤为黄色，羽毛紧密。体质坚实，肩、胸很宽，胸、腿肌肉发达。胫、脚和腿粗壮（彩图 3-1）。

(3) 生产性能　成年公鸡体重 4.5～5.0kg，母鸡 3.5～4.0kg。开产在 8～9 月龄，年产蛋 100～120 枚，蛋重 54～57g，蛋壳为浅褐色。特点是生长速度快，8 周龄可达 1.75kg以上。

2. 白洛克鸡

(1) 产地与分布　原产美国，原为兼用型品种，是公认的现代白羽肉鸡的优秀母系。

(2) 外貌特征　该品种为单冠，冠、肉垂与耳叶均为红色，喙、胫和皮肤均为黄色，全身披白羽。见彩图 3-2。

(3) 生产性能　成年公鸡体重 4.0～4.5kg，母鸡体重 3.0～3.5kg。开产在 7～8 月龄，年产蛋 150～160 枚，蛋重 60g 左右，蛋壳褐色。肉料比 1:(2.0～2.5)，8～10 周龄体重达1.5～2.5kg。

二、 地方品种识别

肉鸡地方品种是指没有明确的育种目标，没有经过有计划的系统选育的品种。一般生产性能较低，体型外貌一致性较差，群体数量较小，但生命力强，耐粗饲。我国地方肉鸡的特点是肉质鲜美、皮脆骨细、鸡味香浓。

1. 北京油鸡

(1) 产地与分布　主产于北京市郊区。

(2) 外貌特征　有冠羽（凤头）和胫羽，少数有趾羽，有的有髯须，常称三羽（凤头、毛脚和胡须），常见鸡冠倒伏，呈"S"形（彩图 3-3）。体躯宽广，头高颈昂，体深背宽，羽毛蓬松，尾羽高翘。肉质细嫩，肉味鲜美。

(3) 生产性能　成年公鸡平均体重 1.5kg，母鸡 1.2kg。7 月龄开产，年平均产蛋 120 枚，平均蛋重 56g，蛋壳褐色。

2. 丝毛乌骨鸡

(1) 产地与分布　也称乌骨鸡、武山鸡、丝毛鸡，主要产区为江西泰和和福建泉州等地，分布遍及全国各地。

(2) 外貌特征　其遍体白毛如雪，反卷，呈丝状，体小。归纳其外貌特征，有"十全"之称，即红冠（红或紫色复冠）、缕头（毛冠）、绿耳、胡子、五爪、毛脚、丝毛、乌皮、乌骨和乌肉。眼、朦、趾、内脏及脂肪为乌黑色。见彩图 3-4。

(3) 生产性能　公鸡体重 1.00～1.25kg，母鸡 0.75kg。年产蛋量约 80 枚，蛋壳米褐色。既可食用，又可观赏，还可供药用，有美容、抗衰老等功效。

3. 清远麻鸡

(1) 产地与分布　主产于广东清远县。

(2) 外貌特征　体型特征可概括为"一楔"、"二细"、"三麻身"。"一楔"指母鸡体型像楔形，前躯紧凑，后躯圆大；"二细"指头细、脚细；"三麻身"指母鸡背羽面要有麻黄、麻棕、麻褐三种颜色。公鸡颈部长短适中，头颈、背部的羽金黄色，胸羽、腹羽、尾羽及主翼羽黑色，肩羽、蓑羽枣红色。母鸡颈长短适中，头部和颈前 1/3 的羽毛呈深黄色。胫趾短细，呈黄色（彩图 3-5）。

(3) 生产性能　成年公鸡平均体重 2.2kg，母鸡 1.8kg。5～7 月龄开产，年产蛋 70～80 枚，平均蛋重 47g，蛋壳浅褐色。

4. 寿光鸡

(1) 产地与分布　原产于山东寿光的稻田区慈家、伦家一带，也称慈伦鸡。

(2) 外貌特征　全身黑羽并有光泽，红色单冠，眼大灵活，虹彩呈黑色或褐色，喙为黑色，皮肤白色。体大脚高，骨骼粗壮，体长胸深，背宽而平，脚粗（彩图 3-6）。寿光鸡耐粗饲料，觅食能力强，富体脂。

(3) 生产性能　大型成年公鸡平均体重 3.6kg，母鸡 3.3kg。8～9 月龄初产，年产蛋 90～100 个，蛋重 65～75g；中型成年公鸡平均体重 2.9kg，母鸡 2.3kg，年产蛋 120～150 枚，蛋重 60～65g，蛋壳为红褐色。

5. 大骨鸡

(1) 产地与分布　肉蛋兼用型地方良种。原名庄河鸡，因体躯硕大、腿高粗壮、结实有力，故名大骨鸡。原产辽宁省庄河县，还分布于吉林、黑龙江、山东等省。

(2) 外貌特征　以体大、蛋大、肉味鲜美、营养丰富而著称于世。体型较大，胸深且广，背宽而长，腿高胫粗，墩实有力，肌肉丰满，偏重产肉，为国内大型鸡种之一。公鸡体躯高大、雄伟健壮，头颈、背腹部为火红色，尾羽、镰羽上翘，与地面成 45° 角，黑色并带有墨绿色光泽；母鸡多呈麻黄色，母鸡尾羽短，稍向上为黑色。头颈粗壮，眼大明亮，喙、胫、爪黄色，单冠。冠、肉髯、耳叶红色（彩图 3-7）。

(3) 生产性能　成年公鸡体重达 2.9kg，母鸡 2.3kg；母鸡平均开产日龄 213 天，平均年产蛋 160 枚，平均蛋重 63g，蛋壳深褐色。

知识拓展

中国肉鸡地方品种与产地分布情况

我国是世界上家禽驯化最早的国家之一。早在新石器时代就有驯化野禽的遗迹，云南省至今仍生存着家鸡的祖先——红原鸡。由于我国处于温带和亚热带地区，气候温和，地势、地形和生态环境复杂，加之长期封闭的自然经济，形成了许多家禽地方良种。截至2010年已通过国家畜禽遗传资源审（鉴）定的肉鸡地方品种有110个，品种名称与产地分布见表3-1。

表 3-1 肉鸡品种与产地分布

产地	品种名称
北京	北京油鸡
河北	坝上长尾鸡
辽宁	大骨鸡
上海	浦东鸡
江苏	鹿苑鸡、溧阳鸡、狼山鸡、京海黄鸡、太湖鸡、如皋黄鸡
浙江	灵昆鸡、萧山鸡、仙居鸡、江山乌骨鸡
安徽	淮北麻鸡、淮南三黄鸡、宣州鸡、黄山黑鸡、五华鸡
福建	河田鸡、漳州斗鸡、象洞鸡、金湖乌凤鸡、闽清毛脚鸡、德化黑鸡
江西	白耳黄鸡、崇仁麻鸡、东乡绿壳蛋鸡、康乐鸡、宁都三黄鸡、丝羽乌骨鸡、余干乌骨鸡、安义瓦灰鸡
山东	鲁西斗鸡、烟台穆糠鸡、琅琊鸡、汶上芦花鸡、济宁百日鸡、寿光鸡
河南	河南斗鸡、卢氏鸡、正阳三黄鸡、固始鸡、淅川乌骨鸡
内蒙古	边鸡
黑龙江	林甸鸡
湖北	双莲鸡、江汉鸡、洪山鸡、郧阳大鸡、郧阳白羽乌鸡、景阳鸡
湖南	黄郎鸡、桃源鸡、雪峰乌骨鸡、东安鸡
广东	怀乡鸡、惠阳胡须鸡、清远麻鸡、杏花鸡、阳山鸡、中山沙栏鸡
广西	广西三黄鸡、南丹瑶鸡、霞烟鸡、广西麻鸡、广西乌鸡、天峨六画山鸡、龙胜凤鸡
四川	峨嵋黑鸡、金阳丝毛鸡、旧院黑鸡、凉山崖鹰鸡、泸宁鸡、米易鸡、沐川乌骨黑鸡、彭县黄鸡等
贵州	乌蒙乌骨鸡、矮脚鸡、高脚鸡、黔东南小香鸡、威宁鸡、竹乡鸡
云南	茶花鸡、尼西鸡、腾冲雪鸡、武定鸡、西双版纳斗鸡、大围山微型鸡、瓢鸡、兰坪绒毛鸡、独龙鸡等
西藏	藏鸡
陕西	陕北鸡、大白鸡、略阳鸡
甘肃	静原鸡
青海	海东鸡
新疆	吐鲁番鸡、拜城油鸡和田黑鸡
海南	文昌鸡
重庆	大宁河鸡、城口山地鸡

注：引自周新民，蔡长霞《家禽生产》，中国农业出版社，2011年。

三、 现代商用品种识别

现代商用肉鸡是家禽育种公司根据市场需求，在原品种基础上，经过配合力测定而筛选出的最佳杂交组合。其杂交而生产出的商品鸡，生活力强，生产性能高且整齐，适于大规模集约化饲养。现代商用肉鸡强调群体的生产性能，不重视个体的外貌特征。

（1）爱拔益加肉鸡　爱拔益加肉鸡（Arbor Acres，AA）是美国安伟捷育种公司培育的四系配套白羽肉鸡品种，四系均为白洛克型，羽毛均为白色，单冠（彩图 3-8、彩图 3-9）。我国从 1980 年开始引进，目前已有十几个祖代和父母代种鸡场，是白羽肉鸡中饲养较多的品种。

AA 肉鸡具有生产性能稳定、增重快、胸肉产肉率高、成活率高、饲料报酬高、抗逆性强的优良特点。商品代公母混养 49 日龄体重 2.94kg，成活率 95.8%，料肉比 1.9 : 1。

（2）罗斯 308 肉鸡　罗斯 308 肉鸡（Ross 308）是美国安伟捷公司培育的肉鸡新品种，具有生长快、抗病能力强、饲料报酬高、产肉量高的特点（彩图 3-10、彩图 3-11）。商品代公母混养，42 天平均体重为 2.4kg，料肉比为 1.72 : 1，49 天平均体重为 3.05kg，料肉比为 1.85 : 1。

（3）科宝 500 肉鸡　科宝 500 肉鸡（Cobb500）是来自美国科宝育种公司的品种，具有饲料转化率高、生长速度快、出肉率高、耐粗饲等特点。35 日龄体重可达 2.1kg，42 天出栏体重超过 2.7kg。商品代公母混养，42 天平均体重为 2.7kg，料肉比为 1.68 : 1，49 天平均体重为 3.3kg，料肉比为 1.84 : 1。

（4）罗曼肉鸡　罗曼肉鸡（Roman）是德国罗曼公司培育的四系配套白羽肉鸡品种。商品代生产性能 7 周龄平均体重可达 2kg 左右，料肉比 2.05 : 1。

（5）宝星肉鸡　宝星肉鸡（Starbro）是加拿大雪佛公司育成的四系配套肉鸡。1978 年我国引入曾祖代种鸡译为星布罗，1985 年第二次引进曾祖代种鸡称为宝星肉鸡。宝星肉鸡商品代 8 周龄平均体重为 2.17kg，平均料肉比为 2.04 : 1。宝星肉鸡在我国适应性较强，在低营养水平及一般条件下饲养，生产性能较好。

（6）红布罗肉鸡　红布罗（Redbro）肉鸡又名红宝肉鸡，是加拿大雪佛公司培育的红羽型快大型肉鸡品种。一般商品代 50 日龄和 62 日龄体重分别为 1.73kg 和 2.34kg，料肉比分别为 1.94 : 1 和 2.25 : 1。外貌具有三黄特征，肉味比白羽型的鸡好，所以颇受我国南方消费者欢迎。

（7）狄高黄肉鸡　狄高黄肉鸡（Tegel）是澳大利亚狄高公司育成的二系配套杂交肉鸡，父本为黄羽，母本为浅褐色羽，其特点是仔鸡生长速度快，与地方鸡杂交效果好。一般商品代 42 日龄体重为 1.84～1.88kg，料肉比 1.87 : 1。

知识拓展

肉鸡体型特征

按经济用途，鸡可以分为蛋用型、肉用型、兼用型、观赏型和药用型。其中肉用型以产肉多、生长快、肉质好为主要特征，产蛋性能并不突出。肉用型鸡简称肉鸡，一般体型偏大，结构紧凑，肌肉丰满，肉质鲜嫩；体躯宽深，腿短跖粗，颈粗尾短，羽毛较为蓬松；性情温顺，行动迟缓，觅食力差。开产晚（25～26 周龄），年产蛋 130～160 个。

知识拓展

中国培育的商用肉鸡

1980 年以来，先后从国外引进了许多专门化品种或配套系，如爱拔益加、艾维茵、狄高等，推进了中国家禽业的发展。与此同时，国家拨出大量经费，用于黄羽肉鸡专门化品系的培育，截至 2010 年已通过国家畜禽遗传资源审（鉴）定的黄羽肉鸡配套系有 28 个。配套系名称与培育单位见表 3-2。

表 3-2 配套系名称与培育单位

名称	培育单位(排名第一或独立单位)
康达尔黄鸡 128	深圳康达尔有限公司家禽育种中心
江村黄鸡 JH-2 号	广州市江丰实业有限公司
江村黄鸡 JH-3 号	广州市江丰实业有限公司
新兴黄鸡Ⅱ号	广东温氏食品集团有限公司
新兴矮脚黄鸡	广东温氏食品集团有限公司
新兴竹丝鸡 3 号	广东温氏南方家禽育种有限公司
新兴麻鸡 4 号	广东温氏南方家禽育种有限公司
岭南黄鸡Ⅰ号	广东省农业科学院畜牧研究所
岭南黄鸡Ⅱ号	广东省农业科学院畜牧研究所
岭南黄鸡 3 号	广东智威农业科技股份有限公司
粤禽皇 2 号鸡	广东粤禽育种有限公司
粤禽皇 3 号鸡	广东粤禽育种有限公司
墟岗黄鸡 1 号	广东省鹤山市墟岗黄畜牧有限公司
金钱麻鸡 1 号	广东宏基种禽有限公司
京星黄鸡 110	中国农业科学院畜牧研究所
京星黄鸡 102	中国农业科学院畜牧研究所
邵伯鸡	江苏省家禽科学研究所
苏禽黄鸡 2 号	江苏省家禽科学研究所
雪山鸡	江苏省常州市立华畜禽有限公司
鲁禽 1 号麻鸡	山东省家禽科学研究所
鲁禽 3 号麻鸡	山东省家禽科学研究所
皖南黄鸡	安徽华大生态农业科技有限公司
皖南青脚鸡	安徽华大生态农业科技有限公司
皖江黄鸡	安徽华卫集团禽业有限公司
皖江麻鸡	安徽华卫集团禽业有限公司
良凤花鸡	广西南宁市良凤农牧有限责任公司
金陵麻鸡	广西金陵养殖有限公司
金陵黄鸡	广西金陵养殖有限公司

注：引自周新民，蔡长霞《家禽生产》，中国农业出版社，2011 年。

任务思考

1. 肉鸡的品种是如何分类的？有何特点？
2. 商用肉鸡品系分为几类？从料肉比、增重分析品种特点。
3. 调查当地主要饲养肉鸡品种的生产性能，并分析优缺点。

任务二 快大型肉鸡的饲养管理

任务描述

快大型肉鸡的饲养管理，主要是确定适宜饲养的肉鸡品种后，根据该品种的生理特点，选择适宜的饲养方式，通过控制饲养环境、饲养密度、做好卫生防疫等饲养管理措施，使养殖场获得良好的饲养成绩和经济效益。

任务分析

要取得快大型肉鸡的良好生产成绩，首先需要了解现代肉鸡的特点及其营养需求，掌握肉用仔鸡生产前准备工作，熟悉和使用育雏设备；其次饲养时，要供给合理的营养全面的日粮，并保证肉仔鸡的采食量；再通过科学、细致的管理，合理控制温度、湿度、通风、光照，达到更高的肉仔鸡商品合格率，了解肉鸡的屠宰与分割及肉鸡产肉性能分析，全面提高肉仔鸡出栏质量与等级，获得最佳经济效益。

任务实施

一、科学选用肉仔鸡的饲养方式

目前，在肉仔鸡饲养方式上较为常见的主要有平养（分为地面平养和网上平养）、笼养等。每一种饲养方式各有优缺点，饲养场可根据欲饲养的肉仔鸡品种、自然条件和场地实际等因素对饲养方式进行合理的选择，一个合理的饲养方式将会在一定程度上提高养殖收益。每一种饲养方式对饲养密度有不同要求。

1. 地面平养

地面平养是目前肉仔鸡生产中较为普遍采用的一种饲养方式，又分为更换垫料和不更换垫料（即厚垫料平养）两种，以后者居多。更换垫料平养，需要地面铺 3～5cm 厚垫料，要经常更换垫料，可根据垫料潮湿、污浊情况进行部分更换，并且可以重复使用。厚垫料平养是先在地面上铺 6cm 左右垫料，然后再根据饲养情况在原垫料上面铺就新垫料，直到厚度大约为 18cm 停止，垫料在鸡出栏后进行清理和无害化处理。要求垫料要松软、吸湿性好、干燥。生产中常用的有稻壳、玉米秸、稻草等。

地面平养其优点是设备投资少、简便易行、节省劳力、肉仔鸡残次品少。缺点是容易造成疾病感染与传播，需要对球虫病、呼吸道病严格控制，存在药品和垫料成本较大、单位建筑面积饲养量小等。

2. 网上平养

网上平养是根据肉仔鸡喜安静、不好动的特点设计而成的较常用的一种饲养方式，是在鸡舍内搭建一个离地面 60～70cm 的塑料网或铁丝网，进行网上平面饲养肉仔鸡的饲养方式。网孔一般为 2.5cm×2.5cm，在饲养前期选择网孔更小的、优质弹性好的网更佳。

网上平养的优点是大大减少了呼吸道病、球虫病、大肠杆菌病的发病概率，药品开支小，成活率高等；缺点是胸囊肿、腿部疾病发生率增加，在一定程度上影响商品合格率，设备一次性投资略高，单位建筑面积饲养量小。

3. 笼养

肉用仔鸡笼多为立体笼，多 3～4 层重叠。国内小型养殖场采用较少，现代化大型养殖场使用较多。

笼养的优点是饲养量大，饲料消耗少，有利于球虫病的预防，劳动效率高，房舍利用率高，便于管理。缺点是一次性投资大，胸、脚病发生率较高，对鸡舍环境条件要求高，对饲养管理技术要求高等。

近年来，国内外有的厂家实行平养和笼养方式混合进行，也收到了不错的效果。即肉仔鸡在2~3周内的实行笼养或网养，2~3周后再实行地面饲养。

二、 肉用仔鸡生产前的准备

肉仔鸡到场前，一定要做好所有准备工作，这是保证肉鸡生产取得好成绩的前提。

1. 肉鸡舍的准备

每批肉鸡出场后，都要严格地按照规定程序进行清洗和消毒，再饲养下一批肉仔鸡。肉仔鸡舍的准备工作主要程序参见表3-3。

表3-3　肉仔鸡舍准备程序

程序	程序名称	程序内容	方法及标准	备注
1	清扫	上批出栏后，对鸡粪、垫料、顶棚、设备进行清洗	无灰尘、粪便、垫料、饲料、羽毛，并将处理物进行无害化处理	为防止病原体扩散，应适当喷洒消毒药
2	水洗	鸡舍彻底清扫后，进行水洗	用高压水枪进行全面冲洗，硬毛刷子刷洗	若鸡舍排水不畅，可清扫时直接用消毒药消毒
3	干燥	在水洗后搁置1~2天	加强通风使其干燥	若水洗后马上喷洒消毒药，其浓度被水洗后的残留水稀释，达不到应有消毒效果
4	焚烧	用火焰喷射器对不怕高温的物品进行火焰消毒	残存的羽毛、皮屑、粪便	
5	消毒	对鸡舍内、及所有用具	熏蒸消毒法，每立方米用42mL甲醛、高锰酸钾21g	此法效果较好，也可用其他方法
6	空舍	消毒后，最好空舍2~3周，再接雏		
7	预热	所有准备工作全部就绪后，在确定接雏日期的前3天开始进行预热		

2. 饲料和药品准备

（1）饲料　根据快大型肉仔鸡营养需要和雏鸡日粮配方，准备各种饲料，并提前备好一周以上的饲料量。

（2）药品　要按照饲养情况有计划地进行必备药品的准备，尤其注意疫苗的准备。主要是准备一些常用的消毒药、疫苗、常用抗菌药等。

3. 设备及用具的准备

（1）饮水器　育雏可准备真空饮水器，每50~80只鸡一个，乳头式饮水器每10~15只鸡一个。

（2）饲喂器　开食期间使用的料桶、料盘或反光硬塑纸，要清洗消毒后放入鸡舍内一并进行熏蒸消毒后方可使用。每40只肉鸡可备10kg的料桶一个。

（3）取暖设备　根据鸡场实际准备好取暖设备，如保温伞、暖风炉、红外线灯等。实际生产中垫料平养中常用电热保温伞、红外线灯取暖，网上平养时常用暖风炉取暖。

（4）其他　根据生产需要准备护栏、手电、台秤、消毒用具等。

知识拓展

肉仔鸡的营养需要特点

肉仔鸡生长速度快，要求供给高能量高蛋白的饲料，日粮各种营养成分充足、齐全且比例平衡。由于肉仔鸡早期器官组织发育需要大量蛋白质，生长后期脂肪沉积能力增强。因此在日粮配合时，生长前期蛋白质水平高，能量稍低；后期蛋白质水平稍低，能量较高。

从我国当前的肉鸡生产性能和经济效益来看，仔鸡饲粮代谢能应不小于12.1~12.5MJ/kg，蛋白以前期不小于21%、后期不小于19%为宜。同时，要注意满足必需氨基酸的需要量，特别是赖氨酸、蛋氨酸以及各种维生素、矿物质的需要。

饲养时选择饲料，要符合有关标准规定，确保饲养效果。国家出台的一系列标准，主要有：2004年，我国农业部发布了《中华人民共和国农业行业标准之鸡饲养标准》（NY/T 33—2004），其中对肉用鸡营养需求做出了规定；还有《饲料卫生标准》（GB 13078—2001）、《无公害食品　畜禽饲料和饲料添加剂使用准则》（NY 5032—2006）、《绿色食品　畜禽和饲料添加剂使用准则》（NY/T 471—2010）（参考附录）。目前，市场上饲养的每个快大型肉仔鸡品种，都有本品种的营养需要。饲养户可据自己的实际条件，参照执行。近年来由于遗传上的进展肉鸡生长速度更快，同时出现脂肪蓄积过多问题，为避免这一缺欠，国外有些研究单位提出新的饲粮标准。可适当降低能量和蛋白水平，使肉鸡既保持一定的生长速度，又不致脂肪蓄积过多。见表3-4。

表3-4　肉仔鸡饲料能量及蛋白质水平

饲养类型	饲养期	代谢能/(MJ/kg)	CP/%	饲料形状
两段制	前	12.7	21	碎料
	后	12.9	18	颗粒料
三段制	前	12.7	21	碎料
	中	12.9	19	颗粒料
	后	12.9	18	

三、 肉仔鸡的饲养

接雏鸡后，应遵循"先饮水后开食"原则进行饲养。

1. 饮水

肉雏出壳后能否及时饮水、在饲养过程中能否供给新鲜清洁的饮水对肉鸡正常生长发育极为重要。

（1）尽快饮水　肉雏出壳后要在6~12h接到育雏室，稍事休息饮水。在长途运输时，时间可放宽些，并给鸡强迫饮水（两手各抓一只肉雏，固定雏鸡头部，插入盛水的浅水盘内2mm左右），或用滴管口腔内滴服。

（2）抗应激，增强抵抗力　在饮水中加5%~8%的红糖、白糖或葡萄糖，以补充能量；

或在饮水中加入一些其他营养口服液，以增强鸡体抗病力。

（3）供给新鲜、清洁而充足的饮水　饮水新鲜清洁，符合人的饮用标准；饮水器做到每天清洗和消毒一次，也可每周进行 2 次饮水消毒，以杀灭肠道内的致病微生物；雏鸡饮水量的大小与体重、环境温度有关。饮水量一般大约是采食量的 2 倍，但受气温影响大，温度越高，饮水量越大。雏鸡饮水量的突然升高或降低，要给予关注，这往往是发生疾病的前兆。肉仔鸡的饮水量见表 3-5。

表 3-5　肉仔鸡饮水量　　　　　　　　单位：L/（天·1000 只）

周龄	10℃	21℃	32℃
1	23	30	38
2	49	60	102
3	64	91	208
4	91	121	272
5	113	155	333
6	140	185	380
7	174	216	428
8	189	235	450

（4）饮水器调整　根据肉雏不同周龄，及时更换不同型号的饮水器；如育雏开始时用小型饮水器，4～5 日龄将其移至自动饮水器附近，7～10 日龄，待鸡习惯自动饮水器时，去掉小型饮水器。饮水器数量要足够，分布均匀（间距大约 2.5m），饮水器外沿距地面的高度随鸡龄增长不断调整，应保持与鸡背高度一致。

2. 开食

雏鸡的饲喂方法遵循"少喂勤添"的原则。

雏鸡饮水 2～3h 后，开始喂料，雏鸡的第一次喂料称为开食。开食料应用全价碎粒料，均匀撒在饲料浅盘或深色塑料布上让鸡自由采食。1～15 日龄喂 8 次/天，隔 3～4h 喂一次，最低不能少于 6 次；16～56 日龄喂 3～4 次/天。为防止鸡粪污染，饲料浅盘和塑料布应及时更换，冲洗干净晾干后再用。4～5 日龄逐渐换成料桶，一般每 30 只鸡一个，2 周龄前使用 3～4kg 的料桶，2 周龄后改用 7～10kg 的料桶。为刺激鸡的食欲，增加采食量，每天应加料 4 次，但每次加料不应超过料桶深度的 1/3，过多会被刨出造成浪费。每次喂料多少应据鸡龄大小不断调整，肉仔鸡各周龄的喂料量参见表 3-6。

为提高商品肉鸡的整齐度，料槽必须充足且分布均匀，保证鸡在 1.5m 内能吃到料、饮到水。随着雏鸡日龄增长，应及时抬高料槽高度，保持与鸡背同高。

表 3-6　肉仔鸡公母混养的喂料量与体重

周龄	体重/g	每周增重/g	料量累计/（g/周）	料量/g	料肉比
1	165	125	144	144	0.87：1
2	405	240	298	441	1.09：1
3	730	325	478	920	1.26：1
4	1130	400	685	1605	1.42：1
5	1585	455	900	2504	1.58：1
6	2075	490	1106	3611	1.74：1
7	2570	495	1298	4909	1.91：1
8	3055	485	1476	6385	2.09：1
9	3510	455	1618	8003	2.28：1
10	3945	435	1781	9784	2.48：1

3. 公母分群饲养

公母分群饲养主要措施如下。

（1）按公母分别调配适宜的日粮（肉仔鸡公母雏不同的营养需求见表3-7）。

（2）给公鸡提供优质松软的垫料。

（3）温度前期公鸡比母鸡高1～2℃，后期则低1～2℃，公雏舍内温度下降幅度大些，以促进羽毛生长。

（4）母鸡在7周龄后、公鸡在8周龄后生长速度下降，同期公鸡体重一般比母鸡高20%，应据市场情况，分别适时出场。

表3-7　肉仔鸡公母雏的营养需要

营养成分	育雏料 （0～21日龄）		中期料 （22～37日龄）		后期/宰前料 （38日龄～上市）	
	公	母	公	母	公	母
粗蛋白质/%	23.0	23.0	21.0	19.0	19.0	17.5
能/(MJ/kg)	13.0	13.0	13.4	13.4	13.4	13.4
钙/%	0.90～0.95	0.90～0.95	0.85～0.88	0.85～0.88	0.80～0.85	0.80～0.85
可利用磷/%	0.45～0.47	0.45～0.47	0.42～0.44	0.42～0.44	0.40～0.42	0.40～0.42
赖氨酸/%	1.25	1.25	1.10	0.95	1.00	0.90
含硫氨基酸/%	0.96	0.96	0.85	0.75	0.76	0.70

知识拓展

公母分群饲养的依据及优点

1. 公母分群饲养的科学依据　不同性别对生活环境、营养条件的要求和反应不同。主要表现如下。

（1）生长速度不同，4周龄时公鸡比母鸡体重大近13%，56日龄体重相差27%。

（2）羽毛生长速度不同，公鸡长羽慢，母鸡长羽快。

（3）沉积脂肪的能力不同，母鸡比公鸡易沉积脂肪，反映出对饲料要求不同。

（4）表现出胸囊肿的严重程度不同，公鸡比母鸡胸部疾病发生率高。

2. 公母分群饲养的优点

（1）体重均匀度高，便于屠宰场机械化操作。公母分群饲养后，同一群体间的个体差异变小，鸡群的均匀度大大提高，便于"全进全出"饲养制度的执行和屠宰场机械化操作。

（2）节省饲料，提高饲料利用率。实行公母分群饲养，可以分别配制饲料，避免母雏过量摄入营养而造成的浪费，可有效提高肉鸡的生产水平。

（3）便于适时出场，以迎合不同市场需求。

4. 提高均匀度的措施

均匀度是指体重进入平均体重±10％范围内的鸡数占抽样总数的比例。肉仔鸡的均匀度一般要求大于80％。

（1）均匀度的测定　抽样称重，一般抽样的鸡数占鸡群总数的5％，实际生产抽样时一般不少于100只。抽样时应该随机抽取，使拟测定的体重具有代表性。肉仔鸡实际生产过程中一般每2周测定一次均匀度，并据此改进管理措施。

（2）提高均匀度的措施　一是及时分群。在整个肉仔鸡饲养过程中，当均匀度低于80％时，要及时根据体重大小进行分群饲养。将体重小的鸡群通过增加饲料营养、饲喂次数等方法，使其体重较快增长，而体重较大的鸡群，可以进行限制饲养，从而达到提高鸡群的均匀度的目的。二是降低饲养密度。当饲养密度过大时，鸡的活动受到限制，导致采食和饮水不足，从而鸡群均匀度差。在条件允许的情况下，要适当降低饲养密度，抽调鸡群均匀度。三是料位、水位充足。为了保证肉仔鸡能够自由采食和饮水，在饲养过程中一定要提供足够的料槽和饮水位置，从而提高鸡群的均匀度。四是抓好疫病防治。如果出现疾病，肉仔鸡的增重就会受到明显影响，所以，要有严格的消毒、防疫措施，并认真执行。

四、肉仔鸡的管理

1. 环境条件管理

环境条件的优劣直接影响肉仔鸡的成活率和生长速度。肉仔鸡对环境条件的要求比蛋用雏鸡更为严格，影响更为明显，因此，应特别重视。

（1）温度　雏鸡出生后体温调节能力差，必须提供适宜的环境温度。温度低会降低鸡的抵抗力和食欲，引起腹泻和生长受阻。因此，保温是一切管理的基础，是肉仔鸡饲养成活率高低的关键，尤其在育雏第1周内。肉仔鸡1日龄时，舍内室温要求为27～29℃，育雏伞下温度为33～35℃。以后每周下降2～3℃直至18～20℃。

检查温度是否适宜主要通过测温和观察雏鸡表现。低温挤，靠近热源；高温喘，远离热源；鸡舒展开翅、腿分散地趴卧就是适温。

温度控制应保持平稳，并随雏鸡日龄增长适时降温，切忌忽高忽低。并要根据季节、气候、雏鸡状况灵活掌握。肉仔鸡适宜温度见表3-8。

表 3-8　肉仔鸡适宜的温度

周龄	育雏方式		
	保温伞育雏		直接育雏/℃
	保温伞温度/℃	雏舍温度/℃	
1～3 天	33～35	27～29	33～35
4～7 天	30～32	27	31～33
2 周	28～30	24	29～31
3 周	26～28	22	27～29
4 周	24～26	20	24～27
5 周以后	21～24	18	21～24

（2）湿度管理　湿度对雏鸡的健康和生长影响也较大，育雏第1周内相对湿度保持70％的稍高水平。因为此时雏鸡含水量大，舍内温度又高，湿度过低易造成雏鸡脱水，影响羽毛生长和卵黄吸收。以后要求保持在相对湿度50％～65％，以利于球虫病的预防。

育雏的头几天，由于室内温度较高，易造成室内湿度偏低，应注意室内水分的补充，可在火炉上放水壶烧开水，或地面喷水来增加湿度。10日龄后，由于雏鸡呼吸量和排粪量增大，应注意高湿的危害，管理中应避免饮水器漏水，勤换垫料，加强通风，使室内湿度控制在标准范围之内。

（3）光照管理　肉仔鸡的光照制度有两个特点：一是光照时间较长，目的是延长采食时间；二是光照强度小，弱光可降低鸡的兴奋性，使鸡保持安静的状态。肉仔鸡的光照方法主要有以下三种。

① 连续光照法　即在进雏后的头2天，每天光照24h，从第3天开始实行23h光照，夜晚停止照明1h，以防鸡群停电发生的应激。此法的优点是雏鸡采食时间长，增重快，但耗电多，鸡腹水症、猝死、腿病多。

② 短光照法　即第一周每天光照24～23h，第二周每天减少2h光照至16h，第三、第四周每天16h光照，从第五周第四天开始每天增加2h光照至周末达到23h光照，以后保持23h光照至出栏。此法可控制鸡的前中期增重，减少猝死、腹水和腿病的发病率，最后进行"补偿生长"，出栏体重不低却提高了成活率和饲料报酬。对于生长快，7日龄体重达175g的鸡可用此法。

③ 间歇光照法　在开放式鸡舍，白天采用自然光照，从第二周开始实行晚上间断照明，即喂料时开灯，喂完后关灯；在全密闭鸡舍，可实行1～2h照明，2～4h黑暗的光照制度。此法不仅节约电费，还可促进肉鸡采食。但采用间歇光照，鸡群必须具备足够的采食、饮水槽位，保证肉仔鸡有足够的采食和饮水时间。

光照强度的调整。在育雏初期，为便于雏鸡采食饮水和熟悉环境，光照强度应强一些，以后逐渐降低，以防止鸡过分活动或发生啄癖。育雏头两周每平方米地面2～3W，两周后0.75W即可。例如头两周每20m²地面安装1只40～60W的灯泡，以后换上15W灯泡。如鸡场有电阻器可调节光的照度，则0～3天用25lx，4～14天用10lx，15天以后5lx。开放式鸡舍要考虑遮光，避免阳光直射和照光过强。

（4）通风管理　肉仔鸡饲养密度大，生长速度快，代谢旺盛，因此加强舍内通风，保持舍内空气新鲜非常重要。通风的目的是排除舍内的氨气、硫化氢、二氧化碳等有害气体，空气中的尘埃和病原微生物，以及多余的水分和热量，导入新鲜空气。通风是鸡舍内环境的最重要的指标，良好的通风对于保持鸡体健康，生长速度是非常重要的。通风不良，空气污浊易发生呼吸道病和腹水症；地面湿臭易引起腹泻。肉仔鸡舍的氨气含量以不超过20×10^{-6}（以人感觉不到明显臭气）为宜。

通风方法有自然通风和机械通风。自然通风靠窗户空气对流换气，多在温暖季节进行；机械通风效率高，可正压送风也可负压排风，便于进行纵向通风。要正确处理好通风和保温的关系，在保温的前提下加大通风。实际生产中，1～2周龄以保温为主，3周龄注意通风，4周龄后加大通风。

2. 饲养密度调控

饲养密度对雏鸡的生长发育有着重大影响。密度过大，鸡的活动受到限制，空气污浊，湿度增加，导致鸡只生长缓慢，群体整齐度差，易感染疾病，死亡率升高。密度应根据禽舍的结构、通风条件、饲养方式及品种确定。密度可参考表3-9。生产中应注意密度大的危害，在鸡舍设备情况许时尽量降低饲养密度，这有利于采食饮水和肉鸡发育，提高体重的一致性。

表3-9　肉用仔鸡的饲养密度　　　　　　　　　　　　　　　　　　单位：只/m²

周龄	育雏室（平面）	育肥鸡舍（平面）	技术措施	立体笼饲密度
0～2	25～40		强弱分群	50～60
3～5	18～20		公母分群	34～42

续表

周龄	育雏室（平面）	育肥鸡舍（平面）	技术措施	立体笼饲密度
6～8	10～15	10～12	大小分群	24～30
出售前		体重 30kg/m²		

3. 限制饲养

肉仔鸡吃料多，增重快，鸡体代谢旺盛，需氧量大，在当前饲养管理及环境控制技术薄弱的条件下，易发生脂肪蓄积过多、腹水症等而降低商品合格率。因此，肉仔鸡有必要进行限制饲养，两种方法：一种是限量不限质法，饲养早期进行；另一种为限质不限量法，即适当降低能量和蛋白水平。

4. 卫生防疫

（1）鸡舍及舍内设备用具彻底消毒　如采用"全进全出"的饲养制度，重视对垫料的管理。

（2）重视舍内外环境的消毒　带鸡消毒可净化舍内的小环境，使舍内病原微生物降低到最低限，可每天一次，交叉选用广谱、高效、副作用小的消毒剂。每批肉鸡出场时，由于抓鸡、装鸡、运鸡都会给外场地留下大量的粪便、羽毛及皮屑，应及时打扫、清洗、消毒场地。并定期对舍外环境进行消毒，可选用廉价易得、效果好的消毒剂。

（3）预防球虫病　平养肉鸡最易患球虫病。一旦患病，会损害鸡肠道黏膜，妨碍营养吸收，采食量下降，严重影响鸡的生长和饲料效率。如遇阴雨天或粪便过稀，应立即投药预防（饮水或饲料投药）；若鸡群采食量下降、血便，立即投药治疗，对个别严重不能采食者可肌内注射青霉素，4000IU/只，2次/天，2～3天即可治愈。

用药时，要注意交叉用药，且在出场前应该按照《兽药停药期规定》（中华人民共和国农业部公告　第278号）规定的药物停用期标准进行严格控制，确保肉鸡生产达到无公害的标准。

预防球虫病还必须从管理上入手，严防垫料潮湿，发病期间每天清除垫料和粪便，以消除球虫卵囊发育的环境条件。

（4）免疫接种　肉鸡养殖场必须根据本场和周围环境的实际情况制定切实可行的免疫程序。有条件的养殖场对新城疫和传染性法氏囊炎应进行抗体监测，根据抗体监测水平，确定适宜的免疫时间。

免疫后最好进行血清检测，以保证免疫的确实效果。

5. 肉鸡出栏

肉仔鸡体重大骨质相对脆嫩，在转群和出场过程中，抓鸡装运非常容易发生腿脚和翅膀断裂损伤的情况，由此产生的经济损失是非常可惜的，据调查，肉鸡屠体等级下降有50%左右是由碰伤造成的，而80%的碰伤是发生在出场前后的。因此肉鸡出场时尽量减少碰伤，提高肉鸡的商品合格率。具体做法如下。

（1）停料　出场前4～6h使鸡吃光饲料，吊起或移出饲槽及一切用具，饮水器在抓鸡前撤除。

（2）减少应激　尽量在弱光下进行，如夜晚抓鸡；舍内安装蓝色或红色灯泡，减少骚动。

（3）抓鸡方法要得当　用围栏圈鸡捕捉，抓鸡、入笼、装车、卸车、放鸡应尽量轻放，防止甩扔动作，每笼不能装得过多，否则会造成不应该的伤亡。抓鸡最好抓双腿，最好能请专业人员协助。

（4）缩短候宰时间　尽可能缩短抓鸡、装运和在屠宰厂候宰的时间。肉鸡屠前停食8h，以排空肠道，防止粪便污染屠宰场。但停食时间越长，掉膘率越严重。据测，停食20h比停食8h掉膘率高3%～4%。处理得当掉膘率为1%～3%。

知识拓展

肉用仔鸡的特点

肉用仔鸡的生产性能主要有两个指标：一是体重，二是饲料效率。

1. 早期生长速度快、饲料利用率高　肉仔鸡出壳时的体重一般为40g左右，2周龄时可达350～390g，6周龄达2000g，8周龄可达3000～3300g以上，为初生重的80多倍。并且随着肉用仔鸡育种水平的提高，现代肉鸡继续表现出年遗传潜力的提高，即雄性肉仔鸡达到2500g体重的时间每年减少约1天。由于生长速度快，使得肉仔鸡的饲料利用率很高。在一般的饲养管理条件下，饲料转化率可达1.8∶1。目前，最先进的水平达到42日龄出栏，母鸡达2.35kg，公鸡达2.65kg，饲料转化率达1.6∶1。

2. 适于高密度大群饲养　由于现代肉鸡生活力强，性情安静，具有良好的群居性，适于高密度大群饲养。一般厚垫料平养，出栏时可达13只/m²（体重30kg/m²）。

3. 产品性能整齐一致　肉用仔鸡生产，不仅要求生长速度快、饲料利用率高、成活率高，而且要求出栏体重、体格大小一致，这样才具有较高的商品率，否则会降低商品等级，也给屠宰带来不便。一般要求出栏时80%以上的鸡在平均体重±10%以内。

4. 种鸡繁殖力强，总产肉量高　一只肉用种鸡繁殖的后代愈多，总的产肉量也愈高。繁殖率受产蛋数特别是合格的种蛋数、受精率和孵化率的影响。现代肉鸡一套种鸡一个饲养期至64～66周龄可繁殖140只肉仔雏。

5. 易发生营养代谢疾病　肉仔鸡由于早期肌肉生长速度快，而骨组织和心肺发育相对迟缓，因此易发生腿部疾病。

五、肉仔鸡的日常管理

1. 喂料

1～3天，每隔2h给料一次；4～21天，每隔3h给料一次；22天，每隔4h给料一次。要求：每次给料量控制准确，使肉鸡在规定的时间内刚好吃完，槽内脏物随时清理。

2. 喂水

每天洗涮饮水器两次，然后加满水。

要求：1～7天，用20℃左右的温开水；8天至出栏，用干净的井水或自来水；贮水缸、桶存水时间不超过三天。每三天清洗一次贮水缸，每次饮水投药后要及时清洗干净，再加清水。

3. 消毒与清理

每天上午7∶30更换脚踏消毒液。定期在下午4∶00清除网下鸡粪，尽量清理干净。

4. 观察鸡群

每天仔细观察鸡群，至少上下午各一次。每天及时做好工作记录。

知识拓展

总结肉仔鸡生产效益提高的综合措施

1. 选择生产性能高的品种　品种是影响肉用仔鸡快速生长的重要因素。现代肉用鸡种都是杂交种，具有显著的杂种优势。在早期生长速度、肉质、饲料利用率、屠宰率和发育整齐度等方面，是标准品种和地方良种所不及的。因此，为了提高养鸡经济效益，应选择早期生长速度快的肉用仔鸡饲养。同时，引进的鸡苗，必须是来源于健康无污染的种鸡群；生长整齐，雏鸡活泼、有精神、绒毛整洁、有光泽，腹部不宜过大，脐部闭合良好，无感染症状。

2. 供给肉仔鸡全价优质饲料　现代肉鸡生长快、饲料转化率高，必须在营养完善的全价配合饲料条件下，其生产性能才能得到充分发挥。采用全价配合饲料，也是实现养鸡机械化的前提，在节省饲料、设备和劳力等方面发挥作用。配合饲料不仅要求营养全面，而且适口性好，不霉变。

3. 加强饲养管理

（1）加强早期饲喂　肉仔鸡生长速度快，相对生长强度大，前期生长稍有受阻则以后很难补偿。据试验，1周龄体重每少1g，出栏体重少10～15g。因此一定要使出壳后的雏鸡早入舍、早饮水、早开食，一般要求在出壳后24h，饮水后2～3h，就应喂料。

即使给予较高营养水平的日粮，若鸡的采食量不够，肉仔鸡的增重效果照样也无法得到保证。所以，保证肉仔鸡的采食量是工作重点，具体操作方法为：提供足够的采食和饮水位置；饲养密度、温度要适宜；防止饲料霉变，提高饲料的适口性；采用颗粒料；在饲料中添加香味剂等以促进食欲；尤其是高温季节，应加强夜间饲喂，并采取综合性的防暑降温措施，如加强舍内通风、喷雾降温、提高日粮营养水平等。

（2）重视后期育肥　肉仔鸡生长后期脂肪的沉积能力增强，因此应提高饲料能量水平，最好在饲料中添加2％～5％的脂肪，在管理上保持安静的生活环境、较暗的光线条件，尽量限制鸡群活动，注意降低饲养密度，保持地面清洁干燥。

（3）添喂沙砾　鸡没有牙齿，肌胃中沙砾起着代替牙齿磨碎饲料的作用，同时还可能促进肌胃发育、增强肌胃运动力，提高饲料消化率，减少消化道疾病。据报道，长期不喂沙砾的鸡饲料利用率下降3％～10％。因此要适时饲喂沙砾。饲喂方法，1～14天，每100只鸡喂给100g细沙砾。以后每周100只鸡喂给400g粗沙砾，或在鸡舍内均匀放置几个沙砾盆，供鸡自由采用，沙砾要求干净、无污染。

（4）适时出栏　肉用仔鸡的特点是早期生长速度快、饲料利用率高，特别是6周龄前更为显著。因此要随时根据市场行情进行成本核算，在有利可盈的情况下，提倡提早出售，以免饲料消耗的成本超过了体重增加的回报。目前，我国饲养的肉仔鸡一般在7～8周龄，公母混养体重达2kg以上，即可出栏。

知识拓展

总结肉鸡商品合格率提高的技术措施

1. 减少弱小个体　肉仔鸡的整齐度是肉仔鸡管理中一项重要指标，提高出栏整齐度，可以提高经济效益。选雏与分群饲养是保证鸡群健康生长均匀的重要因素。第1次挑雏应在鸡雏到达育雏室进行。挑出弱雏、小雏，放在温度较高处，单独隔离饲喂，残雏应予以淘汰，以净化鸡群；第2次挑雏在雏鸡6～8天进行，也可在雏鸡首次免疫时进行，把个体小、长势差的雏鸡单独隔离饲养。雏鸡出壳后要早入舍、早饮水、早开食，对不会采食饮水的雏鸡要进行调教。温度要适宜，防止低温引起腹泻和生长阻滞长成矮小的僵鸡。饮水喂料器械要充足，饲养密度不宜过大，患病鸡要隔离饲养、治疗。饲养期间，对已失去饲养价值的病弱残雏要进行随时淘汰。

2. 防止外伤　肉鸡出场时应妥善处理，即便是生长良好的肉鸡，出场送宰后也未必都能加工成优等的屠体。应有计划地在出场前4～6h使鸡吃光饲料，吊起或移出饲槽和一切用具，饮水器在抓鸡前撤除。为减少鸡的骚动，最好在夜晚抓鸡，舍内安装蓝色或红色灯泡，使光照减至最小限度，然后用围栏圈鸡捕捉，抓鸡要抓鸡的胫部，不能抓翅膀。抓鸡、入笼、装车、卸车、放鸡的动作要轻巧敏捷，不可粗暴丢掷。

3. 控制胸囊肿　胸囊肿就是肉鸡胸部皮下发生的局部炎症，是肉仔鸡常见的疾病。它不传染也不影响生长，但影响屠体的商品价值和等级。应该针对产生原因采取有效措施。

（1）保持垫草松软　尽力使垫草干燥、松软，及时更换黏结、潮湿的垫草，保持垫草应有的厚度。

（2）减少卧地时间　减少肉仔鸡卧地的时间，肉仔鸡一天当中有68％～72％的时间处于卧伏状态，卧伏时体重的60％左右由胸部支撑，胸部受压时间长，压力大，胸部羽毛又长得晚，故易造成胸囊肿。应采取少喂多餐的办法，促使鸡站起来吃食活动。

（3）选择弹性材质　若采用铁网平养或笼养时，应加一层弹性塑料网。

4. 预防腿部疾病　随着肉仔鸡生产性能的提高，腿部疾病的严重程度也在增加。引起腿病的原因是各种各样的，归纳起来有以下几类：遗传性腿病，如胫骨软骨发育异常，脊椎滑脱症等；感染性腿病，如化脓性关节炎、鸡脑脊髓炎、病毒性腱鞘炎等；营养性腿病，如脱腱症、软骨症、维生素B_2缺乏症等；管理性腿病，如风湿性和外伤性腿病。预防肉仔鸡腿病，应采取以下措施。

（1）加强保健　完善防疫保健措施，杜绝感染性腿病。

（2）营养合理均衡　确保微量元素及维生素的合理供给，避免因缺乏钙、磷而引起的软脚病；缺乏锰、锌、胆碱、尼克酸、叶酸、生物素、维生素B_6等所引起的脱腱症；缺乏维生素B_2而引起的蜷趾病。

（3）创造适宜环境　加强管理，确保肉仔鸡合理的生活环境，避免因垫草湿度过大、脱温过早以及抓鸡不当而造成的脚病。

知识拓展

影响肉仔鸡生产的几种非传染性疾病

对肉仔鸡生产影响较大的非传染性疾病,除了胸囊肿、腿部疾病外,还有腹水症和猝死症。而这四种疾病都与饲养管理有着较大关系,如果饲养管理得当,会得到较好控制,提高成活率,增加经济效益。

1. 腹水症 是一种非传染性疾病,其发生与缺氧、缺硒及某些药物的长期使用有关。控制肉鸡腹水症发生的措施如下。

(1) 改善环境条件,特别是密度大的情况下,应充分注意鸡舍的通风换气。

(2) 适当降低前期料的蛋白质和能量水平。

(3) 防止饲料中缺硒和维生素 E。

(4) 饲料中呋喃唑酮药不能长期使用。

(5) 发现轻度腹水症时,应在饲料中补加维生素 C,用量是 0.05%。可采用在 8~18 日龄喂给正常饲料量的 80% 左右方法,防止腹水症的发生,且不影响肉仔鸡最终上市体重。

2. 猝死症 其症状是一些增重快、体大、外观正常健康的鸡突然狂叫,仰卧倒地死亡。剖检常发现肺肿、心脏扩大、胆囊缩小。导致猝死症的具体原因不详。一般建议在饲粮中适量添加多维;加强通风换气,防止密度过大;避免突然的应激。

任务思考

1. 现代肉鸡的生产有何特点?

2. 肉仔鸡光照管理有何特点?

3. 肉仔鸡公母分养有何优点?

4. 如何确保肉仔鸡的采食量?

5. 怎样提高商品肉鸡的合格率?

任务三 肉种鸡的饲养管理

任务描述

肉种鸡的饲养管理追求的目标就是高种蛋合格率和高受精率,因此,首先要选择适宜的饲养方式,并根据生产管理特点,有针对性地做好肉种鸡育雏期、育成期、预产期、产蛋期的重点技术环节,达到更高的种蛋合格率和高水平的孵化率,创造更大的经济效益。

任务分析

要出色完成肉种鸡的饲养,需要掌握好肉种鸡的营养特点、肉种鸡与蛋鸡饲养的不同、适宜的限制饲养技术来实现生长期的良好均匀度,并通过适宜的创造环境、科学合理的光照制度和饲喂技术等管理措施,使种鸡达到理想的产蛋高峰,取得更好的饲养成绩。

任务实施 ✦

一、 科学选择肉种鸡的饲养方式

目前，在肉种鸡饲养中较为常见的主要有漏缝地面平养（或称网上平养）、混合地面平养（或称"两高一低"）、笼养等方式（图3-12）。每一种饲养方式各有优缺点，饲养场可根据欲饲养的肉种鸡品种、自然条件和场地实际等因素对饲养方式进行合理的选择。肉种鸡生产性能的高低与饲养方式、管理水平有一定的关系。肉种鸡的饲养密度（表3-10）因不同的饲养方式、不同的生理阶段而不同。

1. 漏缝地面

漏缝地面也称网上平养。离地60cm左右，由竹木条、硬塑网、金属网铺成。以硬塑网最好，平整，易冲洗消毒，但成本高；金属网较差，地面难平整；竹木条造价低，专业户多用，条宽2.5～5.1cm。间隙2.5cm，板条走向与鸡舍长轴平行，应注意刨光表面及棱角［图3-12（c）］。

其优点是易于管理；缺点是成本较高、受精率较差、胸腿病较多、劳动强度较大。

2. 混合地面

肉种鸡配种期多用此种方式。漏缝地面与垫料地面以6∶4或2∶1为宜，布局通常采用中央铺垫料，两侧安竹木条，产蛋箱一端架在木条边缘，另一端吊在垫料地面上方，与鸡舍长舍垂直排列，既节约地面面积，又方便鸡只进出产蛋箱［图3-12（b）］。交配多在垫料上，采食、饮水、排粪多在漏缝地面上，鸡每天排粪大部分在采食时进行，使垫料少积粪和水。其受精率高于全漏缝地面。

其优点是多采用一段制饲养、节省转群等工作，受精率较网上平养高，劳动强度较小。缺点是饲养密度小等。

3. 笼养

近年来，肉种鸡各阶段专用笼具的研制，种鸡合理限饲，人工授精配套技术的普及等笼养配套技术的成熟，肉种鸡笼养仍占有一定市场份额［图3-12（a）］。

(a)　　　　　　　　　　(b)　　　　　　　　　　(c)

图3-12　肉种鸡的饲养方式

其优点是便于限饲、有利于提高种鸡均匀度、提高了饲养密度、可获得较高而稳定的人工授精率。生产实践证明，肉种鸡笼养与垫料地面平养时腿病和胸囊肿发生率不显著，且笼养的成活率和产蛋量等均不低于平养，饲料消耗有所下降，总的经济效益有所提高。缺点是笼具一次性设备投资要高些；对鸡笼质量要求高；商品代雏鸡较平养质量差。

表 3-10 肉种鸡笼养的饲养密度

项目	雏鸡	育成鸡	产蛋鸡	种公鸡
密度/(只/m²)	35.7	16.9	14.6	7.4

在生产应用中，可以将这三种方式结合使用，即在育雏期、育成期采用网上平养或立体笼育，而在产蛋期采用混合地面或笼养方式。

二、育雏期的饲养管理

1. 饲养密度的控制

由于肉种鸡与商品代肉鸡一样，都具有体重增长迅速的特点，所以，一定按照育雏期的饲养密度进行饲养管理，切忌密度过大，否则会造成雏鸡生产发育极其不均匀，影响后期管理及产蛋成绩。

开始育雏时最大饲养密度：电热育雏伞 400～600 只/个；

红外线燃气伞 750～1000 只/个；

正压热风炉 21 只/m²。

公母分饲时饲养密度：母鸡 10～12 只/m²；

公鸡 10 只/m²。

另外，若采用育雏—育成—产蛋一段制饲养法，要以产蛋期鸡数计算，一般垫料地面 4.5 只/m²，漏缝地面 5.2 只/m²。

2. 饲养管理

与常规饲养管理与蛋鸡大体相同，参照蛋鸡育雏期管理即可。

3. 肉种鸡的选择

在进入育成期前，要对祖代和父母代种鸡都要进行选择，通常分三次进行。

（1）第一次选择 在 1 日龄进行，将绝大部分母鸡雏留下，只淘汰过小、过瘦和畸形的。公鸡雏要选留活泼健壮的，数量为选留母鸡雏的 17％～20％。

（2）第二次选择 在 6～7 周龄进行，是选择的关键时期。此时种鸡体重与后代呈现高度正相关，以后相关性降低。因为，肉种鸡正是在这个时期出栏上市。选择的重点是公鸡。

此时的公、母鸡雏，外貌不合格者很明显，将那些交叉喙、鹦鹉喙、歪颈、弓背、瘸腿、瞎眼、体重过小的淘汰掉。

选公雏时，还要按体重大小排序，选外貌合格、胸部和腿部肌肉发育良好、腿脚粗壮结实、体重较大的公鸡。数量为选留母鸡的 12％～13％。其余转为肉种鸡进行饲养管理。

（3）第三次选择 在转入种鸡舍时进行，这次淘汰数很少，只淘汰那些明显不合格的，如发育差、畸形、断喙过多的鸡。公鸡按选留母鸡的 11％～12％留下。有些种鸡场在母鸡群开产后，对发育欠佳、近期无繁殖能力的公鸡也要予以淘汰。

4. 分群与调群

雏鸡进入育雏舍的第一天，要按体重大小、强弱、性别分笼或分群饲养。在育雏过程中调群工作要坚持进行，一旦发现某笼或某群雏鸡体重不均，要及时调整分群。调群工作一般每 1～2 周进行一次，生产中亦可由饲养人员随时进行小规模的调群工作，既省力又高效。

5. 光照管理

光照程序、体重和营养是控制肉种鸡性器官发育的重要因素。在育雏前 24～48h，应根据雏鸡行为和状况为其提供连续照明或 23h 照明。此后，光照时间和光照强度应加以控制。

育雏初期，舍内唯一且必要的光照来源应为每1000只雏鸡提供直径范围为4～5m的灯光照明。该灯光强度要明亮，至少达到30～40lx，甚至可以达到80～100lx。鸡舍其他区域的光线可以较暗或昏暗。鸡舍给予光照的范围应根据鸡群扩栏的面积而相应改变。

光照的强弱和时间的长短，直接影响到育成鸡性成熟的早晚。产蛋鸡对光照亦非常敏感，光照管理得好，能控制母鸡适时开产，延长产蛋高峰及其持续期，提高母鸡产蛋量与合格种蛋率。如果光照控制不好，母鸡开产日龄太早，蛋重小，长时间内蛋重不能达标，经济价值低。延迟开产会明显降低种蛋产量。

育成期光照原则是在整个育成期的任何阶段都不能延长光照时间。光照强度应为5～10lx。在开放式鸡舍饲养育成鸡，采用自然光照加人工补充光照。原则上，以一天内自然光照最长的时间为基础恒定光照时间，随着时间的变化自然光照时间就会缩短，不足的时间加人工补充光照。在自然光照时间较长的月份，掌握好控制原则是非常重要的。这一点对育成鸡的性成熟和以后的产蛋率有很大影响。开产前3～5周，应逐渐增加光照，直至产蛋高峰，保持16～17h/天的光照即可，决不能缩短光照。

（1）肉种鸡光照的控制

① 生长期使用较短的光照时数和较低的光照强度，以提高后期光照刺激的效果。

② 开产前，应提早一个月左右进行增光刺激。

③ 第一次增加光照时间的幅度宜大些，一般增幅1～3h比用15min或30min的阶梯式刺激更敏感、更有效。

④ 产蛋期光照强度不低于30lx，以提高光照的有效性。

肉种鸡对光照的反应较迟钝，产前光照时数和强度的突然增加，这种强刺激对绝大多数鸡只产生明显效果，开产非常整齐，高峰期产蛋率也很高，也便于把握何时投喂高峰料和高峰后减料。

（2）光照程序示例（仅供参考）　　见表3-11～表3-13。

表3-11　开放式鸡舍光照程序示例

生长期	光照时间	光照强度
1～2日龄	23h	30～40lx
3日龄～16（或18）周龄	顺季雏鸡（3～8月出生）按自然光照 逆季雏鸡，保持这期间最长日照时数，必要时人工光照	15lx
17～18周龄	保持光照时间不变	15lx
19周龄～产蛋	若19周龄时小于10h,则19、20周龄各增加1h,以后每周增加0.5h,产蛋高峰前达16h为止 若19周龄时10～12h,则19周龄增加1h,以后每周增加0.5h,高峰前达16h为止 若19周龄达12h以上,则21周龄时增加1h,以后每周增加0.5h到17h为止	40～50lx

表3-12　密闭式鸡舍光照程序示例

生长期	光照时间	光照强度
1～2日龄	23h	20lx
3～7日龄	16h	5～10lx
8日龄～18周龄	8h	5～10lx
19～20周龄	9h	5～10lx
21周龄	10h	10lx
22～23周龄	13h	20lx
以后	增加1h/周,到27周龄达16h	20lx

表 3-13　遮黑鸡舍光照程序示例

生长期	光照时间	光照强度
1～3 日龄	24h	20～30lx
4～7 日龄	22h,以后渐减	20～30lx
2～6 周龄	8h,维持到 19 周龄	10lx
20 周龄	14h,撤除遮光装置	30lx
25～26 周龄	16h	30～40lx

若性成熟提前，则减慢增加光时的速度；相反，则加快。

开放式鸡舍早晚各补光一部分，特别是炎热季节。冬季白天也应适当补光。

产蛋期的光照直接影响到产蛋性能，所以要求足够的光照时间；每天应给予 16～17h 的连续光照时间，光照强度密闭式鸡舍不低于 20lx，开放式鸡舍不少于 30lx，并且要求照度均匀。光照制度一经确定，要严格执行，不得轻易改动。有条件最好安装自控装置。

三、 育成期的饲养管理

肉种鸡的育成期重要工作是使种鸡群保持均匀地生长发育。育成后期（15～19 周龄）尽量减少种鸡性成熟中的差异。满足种母鸡各方面的生理需求，为性成熟做好准备。确保种公鸡生长发育达到理想的体况，保证整个产蛋期维持良好的繁殖性能。

父母代肉种鸡 15 周龄前生长和发育的速度很快，对种鸡体重增长有效地控制取决于饲料量的增加幅度。此阶段饲料摄取量的少许变化都会对种鸡体重产生巨大的影响。因此，监测体重非常重要。

为了达到体重标准，将育种公司所提供推荐的饲喂程序作为辅助参考。这些辅助材料只能作为所需料量的指导，实际料量的变化应根据所使用的饲料能量水平计算。料量的增加应以每周体重增加幅度为基础，进行适当的增长。饲养的种鸡应均匀地生长和达到一定的体况。

在平养条件下，育成前期（15 周龄前）种公鸡和种母鸡都应分栏饲养，在饲养管理中要切忌：预防均匀度出现问题比已出现问题再采取措施加以改正，更能体现其生产价值和经济实效性。分栏饲养就是按照体重将鸡群分成不同的群体，目的是能够给予不同的饲料量，来控制鸡群良好的体重均匀度。但在 10 周龄之后切勿再做任何分栏工作。在 5～6 周龄时，饲养管理人员应考虑在鸡舍内安装栖木或部分棚架，这将有助于种鸡逐渐习惯于跳上跳下，这对日后种母鸡使用产蛋箱及棚架起到良好的促进作用。

1. 体重与均匀度控制

体重与均匀度的控制（均匀度的控制见蛋鸡饲养管理部分）主要通过限制饲喂方式实现。从育雏期 3 周左右实行，最迟从育雏结束后开始，结束时间依据肉鸡品种、体型大小而定，有的在育成期末结束，有的贯穿整个育成、产蛋期。主要采取的措施有以下几个。

（1）饲养密度的调整　随着鸡只的不断增长，每只鸡占用的单位面积越来越大，将影响鸡的正常采食、休息和运动，对鸡的生长和发育都有影响。所以，随着鸡的长大，应适当调整饲养密度和分群，以保证育成鸡有适当的活动空间，增强鸡的体质。育成期适宜的饲养密度见表 3-14。

表3-14　每只种鸡所需地面面积　　　　　　　　　　单位：cm²

周龄	饲养方式		周龄	饲养方式	
	垫草地面	网上平养		垫草地面	网上平养
7	680~730	590~680	14	1160~1340	1160~1220
8	820~900	710~900	15	1200~1420	1240
9	910~940	830~940	16	1240~1500	1300
10	960~1010	950~960	17	1350~1580	1390
11	1020~1100	1020~1070	18	1540~1660	1540
12	1060~1200	1050~1200	19	1690~1740	1690
13	1080~1270	1080~1210	20	1860	1800

（2）及时淘汰　除在限制饲喂开始淘汰那些生长发育不良及不符合留种的个体外，在育成期还应经常观察鸡群，对病、残鸡应及时剔除。在开产前1~2周，再进行一次挑选淘汰，对发育不良、畸形、不符合品种特征、第二性征表现较差、早熟产蛋小的鸡只予以淘汰。

（3）增加采食位置　增加料槽数量或长度，防止抢食造成采食量不均匀，从而导致群体均匀度下降。

无论采用哪种饲养方式或限饲方案，要让所有的鸡只都能同时吃上料。育成鸡的采食位置见表3-15。

表3-15　育成鸡的采食位置

喂料设备	公母分饲		公母混饲
	母鸡	公鸡	
链式食槽/（cm/只）	15	20	15
圆形料桶/（只/个）	12	8~12	12
圆形料盘/（只/个）	15	12	12~15
笼养食槽/（cm/只）	12.5~15	15~20	12.5~15

根据不同的饲喂设备掌握饲喂要点。在采用链式食槽时，应在5~7min内将饲料分配到整个鸡舍；当采用料桶时，应在每个料桶内投放等量的饲料，并能同时吃上料；喂料设备的高度，应以料槽或料盘边沿为准调整到鸡背的高度，防止饲料浪费和垫料、粪块进入喂料器内。

（4）称重与调群　按时称重、调群，选用适宜的限制饲喂方式，提高采食的均衡性。

2. 限制饲喂

在育成期，为避免因采食过多，造成产蛋鸡体重过大或过肥，在此期间对日粮实行必要的数量限制，或在能量蛋白质质量上给予限制，这一饲喂技术称限制饲养。生产中简称为"限饲"。

（1）限制饲喂的方法　为了控制体重，首先必须进行称重以了解鸡群的体重状况。称重一般从3周龄开始，以后每1~2周称重1次。每次随机抽取全群总数的5%或每栋鸡舍抽取100~200只，小群抽取样本不少于50只，公母分别称重。称重后与标准体重进行对比，如果体重未达标，则应逐渐增加料量，延长采食时间，通过2~3周饲养或延长育雏料饲喂时间，直至体重达标为止。

如体重达标或超标，则应考虑进行限制饲喂，限制饲喂一般可分为数量限制、质量限制、时间限制等几种方法。数量限制，即饲料配方不变，减少饲喂料量，不限定采食时间，限制饲喂前依据鸡的自由采食量，根据超重程度，计算出喂料量，喂料量一般是自由采食量的90%；质量限制，即调整饲料配方，降低饲料营养成分含量，使饲料中一些重要营养指标低于正常水平；时间限制，即规定每天喂料时间，其余时间封闭或吊起料槽或料桶。此方法操作较难，若操作不当，群体均匀度较差。生产中，可根据实际需要选用，也可合并或交叉使用。生产中常见的限制饲喂措施是采取数量限制。目前常用的有以下几种。

① 每日限饲法 限制每天饲喂的饲料量，一天的饲料一次性投给，饲料量一般为自由采食的90％左右。对鸡应激程度小，但易造成鸡群整齐度差。

② 隔日限饲法 两天的饲料合在一天喂给，这种方法一次投料较多，弱小的鸡也能吃到应得的份额，有利于提高均匀度，整个鸡群发育较整齐。但一次投料较多，鸡群吃得过饱，容易导致消化不良，致使饲料利用率降低。一般5～16周龄使用，对鸡的应激程度大，在鸡群整齐度太差时使用较有利。

③ 2/1限饲法 可在6周龄后作为隔日限饲或5/2限饲的过渡，较隔日限饲的应激缓和些，一般不单独使用。

④ 5/2限饲法 主要于9～22周龄时采用，对鸡群的应激相对较小，但比每日限饲及6/1限饲法应激程度大。

⑤ 6/1限饲法 7～23周龄采用尤为有效，此法只比每日限饲的应激程度稍大，目前应用越来越多。

⑥ 综合限饲法 此法效果好，根据生长期的不同，采取不同的限饲方式。

限饲方案示例：1～2周龄自由采食；3～4周龄每日限饲；5～9周龄隔日限饲；10～17周龄5/2限饲；18～23周龄6/1限饲，24周龄以后每日限饲。

一般开产之前，使限饲程度随鸡龄提高而逐步放宽，以利正常开产。

至于限饲方式的采用，主要取决于鸡的实际体重与标准体重的差异。最常用的选择饲喂程序见表3-16。

表3-16 常用的选择饲喂程序

饲喂程序	饲喂日						
	周一	周二	周三	周四	周五	周六	周日
每日	√	√	√	√	√	√	√
6/1制	√	√	√	√	√	√	×
5/2制	√	√	√	×	√	√	×
4/3制	√	√	×	√	×	√	×
隔日	√	×	√	×	√	×	√

注：√表示饲喂日；×表示限饲日。

（2）限制饲养注意事项

① 限饲前整理鸡群 限饲前必须将体重过轻的鸡、病鸡和弱鸡移出或淘汰。

② 足够的采食位置 限饲开始，必须要有足够的食槽，使每一只鸡都有一槽位，使鸡吃料同步化，以防因采食不均而致使鸡群生长不匀。

③ 定期抽测体重 每周一次，随机抽取5％～10％，平养鸡群采用对角线取样法，用围网把一定数量的鸡围起来，逐只称重；笼养鸡一般应整笼称重。每日限饲时在下午称重，隔日饲喂时，在停料日称重。最好固定时间，称量准确。限饲过程中，每1～2周，在固定的时间对鸡群进行随机抽样称重，了解鸡群的体重增长情况，并以此来确定下周给料量。

④ 日粮营养均衡 限饲时日粮营养供给要平衡，各种营养物质要满足鸡只正常生长发育的需要，否则达不到应有的效果。

⑤ 注意鸡群的健康状态 限饲过程中，如鸡群发病或接种疫苗等出现其他较强应激状态时，应停止限饲，改为自由采食，个别病弱鸡挑出单独饲养。

（3）限饲鸡群的管理

① 限饲前要进行断喙　方法同蛋鸡；建议断喙在种鸡5～7日龄时进行，因为这个时间断喙可以做得更为精确。理想的断喙要一步到位。断喙对防止啄癖也很有帮助，因为限饲时鸡群饥饿感增加，会诱发啄癖的出现。

② 限饲前要进行调群　调群时，将鸡群分为大、中、小三类，针对不同类群采取不同的饲喂方式。

③ 体重的管理　所有肉用种鸡如超重，不可马上减料，应维持原有水平并保持不再增加料量，直到达到标准体重为止。体重不足时应增加料量，通常按1～2g/［天（日）·只］的饲料量增加，使鸡的体重在2～3周内达标。

④ 保证合理的密度和饮喂条件　在限饲时要调整到适当的密度，保证限饲的效果，布料快速均匀，或者在开灯之前布好料。

⑤ 应激状态下的管理　转群、免疫、发病、天气突变等应激因素来临前后，应适当增加5％～10％喂量。

⑥ 采用适宜的料形　限饲过程中，使用粒径较小的饲料，最好使用粉料，有利于延长采食时间，控制体重增长，防止啄癖发生。

⑦ 限水　为防垫料潮湿和消除球虫卵囊发育的环境，对限饲的鸡群也可适当限制饮水，但应谨慎从事。在喂料日可整天饮水，或在喂料日吃食前1h开始饮水直到吃完料后1～2h停水，以后每2～3h供水20～30min，限饲日上午8时饮水40～50min，以后每2～3h供水20～30min，4次即可。在高温炎热天气和鸡群处于应激情况下，不可限水。

知识拓展

限制饲养的目的和作用

1. 适时达到性成熟　通过限制饲喂，控制后备种鸡的生长速度，使同群内的种鸡的性成熟与体成熟基本一致，避免早产或晚产而影响种鸡的生产性能。

2. 控制生长发育速度　使种鸡体重符合品种标准要求，提高均匀度，防止母鸡脂肪沉积过多，并减少开产后小蛋数量。

3. 降低产蛋期死亡率　在限饲时，鸡无法得到充足的营养，得到限饲锻炼，在产蛋期间的死亡率则会降低。

4. 节省饲料　限制饲喂可节约饲料，降低生产成本，一般可节省7％～10％的饲料。

5. 保证正常的体脂肪蓄积　6周龄的雏鸡，大约含有4％的体脂肪，此后鸡的脂肪也不允许低于总体重的4％，这个含量大概对于保护组织和器官是必需的。白来航育成鸡的腹脂是在8～18周龄沉积的，此期间通过限饲的新母鸡能控制腹脂的适当厚度。约为自由采食新母鸡的一半，而且可使整个产蛋期始终保持这个水平，有利于维持产蛋持久性。

6. 育成健康结实、发育匀称的后备鸡　在跖长、体重双重指标监控下，随时调整限饲日粮的营养水平和饲喂量，使育成鸡生长发育朝着预期的方向发展。跖长只要符合规定标准，就说明骨骼发育正常，在匀称骨骼基础上，体重适宜，可以说明软组织生长的主要内容是肌肉和脏器，两个指标的结合在很大程度上保证了育成鸡健康结实、发育匀称。

3. 卫生防疫

优质肉种鸡的饲养，育雏是基础，育成是关键。种鸡育成期的主要任务是：控制鸡的生长发育，提高鸡群个体均匀度，调节性成熟时间和保证育成鸡的体质健康。

育成期种鸡生长发育速度快，食量增大，环境适应能力增强，抗病力提高，感染的疾病往往呈阴性表现，容易被忽视。但是阴性感染的疾病在种鸡开产后，由于产蛋任务繁重，抵抗力下降而表现出来，影响种蛋质量、日后孵化水平，乃至雏鸡质量。因此，该阶段尽管饲养看似容易，实际保健管理工作难度更大。

育成期种鸡非病毒性疾病主要以大肠杆菌病、禽霍乱、沙门杆菌、伤寒、副伤寒、盲肠肝炎和球虫病等为主，舍养条件还应注意预防霉形体引起的呼吸道疾病。在整个育成阶段要经常使用具有针对性的药物进行投药预防。值得注意的是在整个育成期内不可全期用药，否则，会导致育成鸡的抗病能力下降，病原微生物产生耐药性。因此，在该阶段投药预防时应注意：一是不可盲目用药，要根据疫病流行特点及流行季节，及时投药预防；二是注意观察鸡群，依据鸡群采食、饮水、呼吸、粪便等状况的变化，及时治疗性投药；三是注意应激的及时控制与投药。有条件的最好定期检测鸡群，及时投药治疗或预防；四是预防投药时，采取第一天使用治疗量，日后为预防量的投药方式。

同时，应高度重视防疫接种，防止病毒性传染病的发生。除新城疫、传染性支气管炎外，要注意预防接种鸡痘、传染性喉气管炎以及减蛋综合征等疾病的预防接种。

四、 产蛋期的饲养管理

一般在产蛋前 2～3 周转入蛋鸡舍，以利鸡群在开产前有足够的时间适应和熟悉新的环境。如开产后转群，一方面会引起输卵管内的鸡蛋破裂，形成腹膜炎，造成死亡或以后不再产蛋；另一方面转群应激会严重影响早期产蛋率的上升，母鸡因不熟悉产蛋箱而随地产蛋的现象增多，种蛋合格率下降。

1. 饲养环境的变化

19～25 周龄是种鸡群生长和发育的最关键的时期，而且要面临光照与饲料更换的应激。光照刺激在促进性成熟的同时会造成母鸡生理变化上应激；饲料从育成料转为预产料，再转为种鸡料，变更较快较频繁而产生一定应激。

这两方面要协调进行，即保证种鸡达到适宜体重时开产，因为光的刺激和营养的供给都必须有正常的体重作前提。如体重在建议范围内，母鸡从 19 周龄起开始增加光照时间和强度，以刺激生殖系统的发育，使鸡群大约在 24 周龄时开产；体重在建议范围内，给料量可以继续增加，从 20 周龄起，限饲的同时，将育成料换成预产料。在 23～24 周龄改为每日饲喂，但仍控制采食量；25 周龄左右即开产后改喂产蛋鸡料，并逐渐酌情增加喂料量。

与此相应地，20 周龄将育成鸡转入产蛋舍，并注意饲养密度的调整、产蛋箱的放置与料槽位置的确定。平养种鸡舍要放置产蛋箱，转群之前放入，让鸡群熟悉，每 4 只母鸡一个产蛋窝，并注意放置位置与垫料管理。开产前一周将产蛋箱门打开，但夜间关闭，并训练母鸡进箱产蛋，要耐心、细致。否则，破蛋、脏蛋、窝外蛋就会上升。

母鸡在 23～25 周龄间为临产阶段，常表现出高度神经质，极易惊群造成异常蛋增加，严重者产蛋率下降。因此尽量减少各种应激，一些必须进行的操作，如接种疫苗、抗体监测、选择淘汰、清点鸡数等应在此之前完成。

2. 种母鸡的饲养管理

（1）种母鸡的营养需要　产蛋期的营养需要特点是：氨基酸平衡，钙含量高，在产蛋前期蛋白质、能量、微量元素、多维素高于育成期。产蛋后期，氨基酸和磷等均低于产蛋前期，而钙含量高于产蛋前期，因为产蛋后期钙的利用率降低且蛋重大。其营养需求标准请参照行业标准《鸡饲养标准》NY/T33—2004。

（2）调整饲喂量　产蛋期的饲喂量，主要依据体况和产蛋率递增速度及产蛋量等情况来决定，鸡群体况好，产蛋上升期产蛋率上升快，产蛋量高，饲喂量多；反之，饲喂量就少。饲喂量掌握不好，会严重影响母鸡的生产性能。一般情况下，要参考该品种的标准饲喂量，同时考虑其他因素，给予最佳饲喂量。

① 产蛋率5%到高峰饲喂量　性成熟好的鸡群，从5%产蛋率到70%产蛋率期间，时间不超过4周，每只日产蛋率至少增加2.5%；从71%到80%这段时间是关键时期，每只日产蛋率必须增加1%以上；从81%直至最高峰，每只日产蛋率仍应上升0.25%以上。此阶段料量的增加多少是决定能否达到产蛋高峰的关键技术之一。下面介绍两种料量调整方法，以供参考。

一种方法是当25周龄产蛋率达5%时喂料量增加5g［摄入的能量为1.77MJ/（天·只）］，以后产蛋率每提高5%～8%，每只鸡每次增加3～5g料量，一般每周加料两次，当产蛋率达到35%～40%时，喂给最高料量，均匀度好的鸡群14天就可加到高峰料量，均匀度不佳的情况下大约需20天加到高峰料量，即每天每只鸡喂给160～170g。另外，22～35周龄，每周两次电解质多维素饮水有助于产蛋高峰到来。

另一种方法是美国AA公司技术专家提出的，分以下几种情况。

第一种，产蛋上升快的鸡群，日产蛋率增加3%以上，日粮高峰应在产蛋率35%时给予。若已知高峰料量为168g，开产时日粮为140g，则产蛋期要增加的日粮为28g，28÷（35−5）=0.93。即该鸡群日产蛋率每增加1%，每只鸡应增加日粮0.93g，到产蛋率达35%时的日粮正好168g。

第二种，日产蛋率增加2%～3%的鸡群，应在50%产蛋率时给予高峰料量。按上例：28÷（50−5）=0.62g，即产蛋率每增加1%，每只鸡应增加日粮0.62g。

第三种，日产蛋率增加在1%～2%之间时，则应在60%产蛋率时给予高峰料量。按：28÷（60−5）=0.51g，即产蛋率每增加1%，每只鸡应增加日粮0.51g。

第四种，日产蛋率增加在0.5%～1%或更少时，则应在70%产蛋率时给予高峰料量。按：28÷（70−5）=0.43g，即产蛋率每增加1%，每只鸡应增加日粮0.43g。

② 高峰后的喂料量　当产蛋率达到高峰后持续5天不再增加时，可刺激性地每天每只鸡增料2.5g，统计随后四天的平均产蛋率，若比加料前有所提高，则加料量正确；若比加料前降低，则把增加的料量撤下来。然后，从高峰产蛋率下降4%～5%时，每只鸡减料2～3g，以后每当产蛋率下降1%时，每只鸡减料1g。另外，还要考虑气温变化，若降温，要适当加料；要考虑体重增长的幅度，高峰后至40或43周龄每周增重15～25g的范围比较合适，产蛋期母鸡体重不可有下降的现象。一般，种母鸡64周龄时，体重应在3.54～3.85kg范围，超过这个范围，则说明减料不够；反之，则减料太多。因此，产蛋期还要经常称体重和蛋重，结合产蛋率及其他情况综合分析料量增减正确与否。

③ 掌握好鸡的采食速度　产蛋率5%时，鸡吃完料的时间较短，一般在1～2h；在产蛋高峰时，鸡吃完料的时间一般在2～5h。不同饲养方式采食速度也有差异，地面垫料或棚架饲养时，采食快，一般2～3h吃完料；笼养时，鸡的紧迫性差，一般4～5h吃完料。不同季节的采食速度受气温影响，冬天采食快，夏天采食慢。一般每天总的采食时间保持7～10h，才能保证足够的营养用于产蛋。

（3）饮水量　种鸡的饮水量取决于环境温度及采食量，当气温高时（32～38℃），鸡只的饮水量为21℃时的2～3倍。

产蛋期要适当限水，目的是防止垫料潮湿，防止脚病，控制肠道病和减少脏蛋。在常温下，上午喂料前 30min 到吃完料后 1～2h 供水，下午 3～4 时及 6～7 时各供水 30min；气温高于 27℃时，上午供水时间不变，下午 1 时、3 时、5 时、7 时各饮水 30min（即下午每隔 2h 供水 30min，共 4 次）；当天气极为炎热时，自由饮水。若应用乳头式饮水器时，炎热夏季不必限水。

饮水量的合适与否可以通过检查嗉囊的硬度确定，若嗉囊松软，为饮水合适；较硬，则饮水不足。

五、 种公鸡的饲养管理

1. 饲养管理要点

（1）重视种公鸡的发育　从出壳到 5 周龄采用自由采食，目的是使公鸡充分发育。在实际生产中，如果种公鸡的体重没有达到标准体重，可根据实际情况适当延长育雏料的饲喂时间。

（2）控制体重　6～13 周龄，使公鸡的生长速度减慢，使体重渐渐回复到标准范围或最多不超过标准 10％为宜。因此，此阶段要换为育成料，并改为隔日限饲，饲养密度 3.6 只/ m^2。当体重均匀度太差时，进行大、中、小分栏饲养。

（3）控制性成熟　14～20 周龄，满足公鸡生殖系统的充分发育，与母鸡性成熟同步，这对将来的受精率十分重要。改隔日限饲为 5/2 限饲；公鸡的光照制度必须和母鸡相同，当发现公鸡比母鸡性成熟迟时，就要加强公鸡的光照，使之与母鸡同时成熟后才混群。18 周龄时，淘汰性发育较迟、体质瘦小、无雄性特征的公鸡。

2. 种公鸡的饲养管理

（1）公鸡的饲料营养及饲喂量　为防止公鸡采食过多而导致过重和腿脚病的发生，影响配种，必须喂给较低的蛋白质饲料 12％～13％，代谢能 11.70MJ/kg，钙 0.85％～0.9％及有效磷 0.35％～0.37％，均低于种母鸡。有的推荐值要求公鸡多维素、微量元素用量为母鸡的 130％～150％。

公鸡的饲喂量特别重要，原则是保持公鸡良好的生产性能情况下尽量少喂，喂量以能维持最低体重标准为原则，但不允许有明显失重。以 AA 种公鸡为例，27 周龄后，公鸡每日喂料量为 130～150g 之间。喂料时，加料准确，各料桶加料相等。

（2）分槽饲喂　因为种公母鸡营养需要及饲喂量不同，为了防止公鸡超重而影响配种能力，混养的种公母鸡必须实行分槽饲喂，采用不同的饲料，不同的饲喂量。否则，公鸡在采食高峰产蛋料后很快超重，易发腿脚病，繁殖能力下降，常常在 45～50 周龄时不得不补充新公鸡，增加饲养成本及啄斗应激。

具体做法如下。

① 母鸡　用料槽（盘），加上金属条格，间距 4.1～4.5cm，目的是让母鸡能从容采食而公鸡头伸不进去。最初可能发育差的公鸡能暂时采食，到 28 周龄后，公鸡完全不能采食母鸡料了。饲养管理时要注意维修、调整料盘，以免因金属条格间距过大公鸡能采食，过小而擦伤母鸡头部两侧。

② 公鸡　用料桶，比母鸡提早 4～5 天转入产蛋舍（自然配种），以适应料桶和新鸡舍环境。料桶吊离地（网）41～46cm，随公鸡背高而调整，以不让母鸡够着，而公鸡立起脚能够采食为原则。要求有足够的料位，让每只公鸡都能同时采食，8～10 只/桶。喂料时间比母鸡晚 15～20min，有助于母鸡不抢食公鸡料。

（3）公鸡体重的控制　这是种公鸡各项饲养管理措施的中心任务。只有在适宜的体重下，种公鸡才能发挥最大的作用。饲养过程中应根据各品种的饲养指南认真做。

公鸡在 21～36 周龄期间，以 23～25 周龄增重最快，以后逐渐减慢；27 周龄时达体成熟；28～30 周龄睾丸充分发育成熟，受精率达到高峰。在此期间每周称重一次，千万不能让体重减轻，否则会影响受精率，但同时预防体重过大。36 周龄以后，仍要重视公鸡体重的控制，公鸡每 4 周增重 50～70g 为宜，一般父系比母系公鸡多给料 5～10g。若公鸡体重超出太多或极瘦弱、配种能力下降，要及时淘汰，换上 30 周龄左右的青年公鸡。

要注意使公鸡群的均匀度保持在 80％以上，饲养末期公鸡体重一般要比母鸡重 25％～30％。

3. 种蛋收集

多提供优质合格的种蛋是种鸡场生产的目的。为此，除了给种鸡提供全面的营养，提高公鸡精液质量与母鸡健康体质外，饲养管理的改善也会明显增加合格种蛋数量，尤其是平养方式下，合理的管理措施有利于减少污染蛋、破损蛋比例，提高种蛋合格率。

（1）种蛋的收集　根据季节不同，要求每日收集种蛋次数为 4～5 次，夏季收集种蛋数应适当增多。母鸡每天产蛋时间并非均匀分布，约 70％的鸡蛋集中在上午 9：00 至下午 3：00 这段时间内产出，这段时间收集蛋间隔时间应短，产蛋箱中存留的蛋越少，蛋的破损也就越少。种蛋收集后应在半小时内进行熏蒸消毒，然后在温度、湿度合理的环境下贮存。

（2）夜晚应关闭产蛋箱　晚上最后一次收集蛋时应将产蛋箱关闭，空出产蛋箱，不留种蛋在产蛋箱内过夜，也不能让鸡留在产蛋箱内过夜，以保持产蛋箱内的清洁、卫生。

（3）产蛋箱内垫料管理　应清洁、干燥、松软，并及时添加和更换。

（4）防止地面蛋　产蛋箱应于开产前两周放入舍内，让鸡逐渐熟悉并训练在产蛋箱内产蛋的习惯。产蛋箱数量应足，每 4 只母鸡应有一个产蛋箱。产蛋箱垂直放置于舍内，放置在光线较暗的位置。产蛋箱应遮光，箱内保持幽暗，使鸡能安静下来。

4. 卫生防疫

种鸡开产前一般已经进行了各种病毒性疾病的预防接种，产蛋后，为防止应激发生，导致产蛋量下降，原则上不再进行防疫接种。但是应做好以下方面工作。

（1）做好抗体监测　有条件的饲养场，转群前进行一次全面的抗体监测，对那些抗体水平较低的群体进行加强免疫或进行淘汰。

（2）定期防疫　为防止种鸡群抗体水平下降而发生某些病毒性疾病，应采用低毒疫苗通过饮水进行定期防疫。如可用新城疫Ⅳ或 Clone30 饮水预防鸡的新城疫。

（3）观察鸡群状态　密切关注鸡群采食、饮水、呼吸、粪便等状况的变化，及时诊断，群体防治。

（4）防止应激　控制并预防因管理、换料、疾病、防疫或自然等因素所引起的应激，适时添加抗应激药物。

（5）常规药物预防　合理选用药物，进行疾病药物预防，如磺胺类药物可使种鸡产软壳蛋和薄壳蛋；地克珠利、球痢灵、氯苯胍、可爱丹等，有抑制产蛋的作用，应禁止使用。而抱窝母鸡可用甲基睾丸素和丙酸睾酮等雄激素催醒，但醒抱后应立即停药，以防抑制排卵。

（6）合理供给营养　合理调配饲料，特别是维生素、氨基酸等的足量添加与平衡调制，以提高产蛋种鸡的抗病力水平；炎热季节，应提高饲料浓度，饲料或饮水中添加小苏打、维生素 C 等，不仅可以增加抗热应激能力，而且能减少软壳蛋、薄壳蛋比例。

5. 配种

鸡的配种一般有自然交配和人工授精两种方法。自然交配往往应用于鸡场规模较小或平养种鸡场，方法是：首先将种母鸡按一定数量分成若干小群，在每个种母鸡群内，按照适宜的公母比例［根据体型大小，公母比例一般为 1：（8～10）］，将选出的优秀公鸡与母鸡群饲养在一起，实现自然状况下的交配；采用人工授精时，公母鸡是分笼饲养的。人工授精时鸡的公母比例多为 1∶（20～30）。

知识拓展

提高肉种鸡受精率的措施

饲养肉种鸡的最终目的是获得数量多而优质的雏鸡，因此提高肉种鸡的受精率，就成为种鸡场所追求的重要生产指标。高水平的受精率应达到 92% 以上。对于笼养的鸡群，只要做好人工授精工作，应能获得较高的受精率。而平养的肉种鸡饲养管理过程中，要时刻监控受精率，如果出现问题，需要查找以下因素，并针对性加以解决，方可获得较高的受精率。

1. 控制体重　在肉种鸡的饲养管理中，从育雏期开始就要重视体重的增长，通过限饲、调整饲养等有效措施，保证体重在正常标准范围内。

2. 适当运动　适当的使鸡运动，会增强公母鸡的体质，有利于受精。

3. 断趾　如果不断趾或断趾不当，在自然交配时，公鸡会将母鸡的翅背部抓伤，致使母鸡不接受交配，造成受精率低。

4. 适当性比　对于平养的肉种鸡群，公母比例一般不低于 1∶8，如果公鸡比例高，会造成相互争斗，反而致使受精率低。

5. 及时更换种公鸡　在饲养管理过程中，时刻观察公鸡状态，采取逐步更换的方法进行调整，保证较高的受精率。

6. 适当增加营养　要取得较高的受精率，可在饲养时适当增加维生素含量，特别是种公鸡对维生素的需求较高，尤其是维生素 A。

7. 控制腿病　腿病将导致自然交配将出现困难，注意观察并及时淘汰。

任务思考

1. 肉种鸡光照管理有何特点？
2. 肉种鸡公母分养有何优点？
3. 肉种鸡限制饲养的意义和方法是什么？
4. 肉种鸡光照管理为何很重要？与蛋种鸡有何区别？
5. 如何监测肉种鸡育雏、育成、产蛋期的生长发育？
6. 肉种鸡高峰期给料有何特点？与蛋鸡有何区别？

任务四　优质肉鸡的饲养管理

任务描述

黄羽肉鸡在中国养鸡业中占有较大的比重，在中国南方一些地区甚至居于主导地位。优质肉鸡的饲养管理主要从其生产特点、饲养方式上选择适宜当地人们喜爱的品种，通过控制饲养环境、饲养密度、做好卫生防疫等饲养管理措施，使养殖场获得良好的饲养成绩和经济效益。

任务分析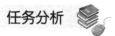

优质肉鸡的饲养管理应从每种不同的饲养方式所要求的不同管理方式入手，做到适时公母分群饲养，以达到更好的肉鸡商品合格率，需要掌控好优质肉鸡和肉种鸡的饲养管理技术要点，以取得更好的饲养效果。

任务实施

一、选择优质肉鸡品种

1. 优质肉鸡的标准

目前，从鸡的血统、外貌、肉品质、屠宰日龄、上市体重、社会消费习惯和市场反馈等方面进行了大量的研究，并阐述了优质肉鸡的标准，普遍认为优质肉鸡就是具备生长较慢、性成熟较早、具有有色羽（如三黄鸡、麻鸡、黑鸡和乌骨鸡等）；宽胸、矮脚、骨骼相对较小而载肉量相对较多；皮薄而脆，肉嫩而实，骨细，脂肪分布均匀，鸡味浓郁，鲜美可口，营养丰富等特点的鸡种。

我国地域辽阔，各地对优质肉鸡的标准要求不一，比如我国港、澳、粤的活鸡市场上，认为优质肉鸡应达到以下标准。

（1）饲养时间 临开产前的小母鸡饲养期在 120 天以上的本地鸡，饲养期达到 90～100 天以上的仿土鸡。

（2）外貌 具有"三黄"外貌。也就是羽毛为黄麻羽或麻羽，胫为青色或黑色。

（3）体型 体型团圆、羽毛油光发亮、冠脸红润、胫骨小。

（4）肉质 鲜美、细嫩、鸡味浓郁，皮薄、紧凑、光滑、呈黄色，皮下脂肪黄嫩，胸腹部脂肪沉积适中。

2. 优质肉鸡的分类

一般按照生长速度和羽毛颜色进行分类。

（1）按生产速度 行业标准《黄羽肉鸡饲养管理技术规程》（NY/T 1871—2010）中规定，按照黄羽肉鸡的生长速度可将黄羽肉鸡分为快速、中速、慢速三种。

① 快速型 一般饲养 42～63 天以内出栏，体重可达 1.25～1.5kg，出栏时饲料转化率为（1.8～2.6）∶1。主要分布在沪、江、浙一带。主要品种有快大青脚麻鸡、快大三黄鸡等。

② 中速型 一般饲养 64～91 天以内，体重可达 1.25～1.5kg，出栏时饲料转化率为（2.6～3.2）∶1。目前大规模饲养的优质肉鸡大多为这种类型。主要品种有新浦东鸡、石歧杂鸡和矮脚黄羽肉鸡等。

③ 慢速型 也称为优质型，以地方良种为主，一般饲养 92 天以上出栏，体重 1.5kg 以上。出栏时饲料转化率为 3.2∶1。主要品种有南方的清远麻鸡、惠阳鸡、霞烟鸡等，北方的北京油鸡、固始鸡等。

（2）按羽色

① 三黄鸡类 即黄羽、黄皮、黄脚特征明显。

② 麻鸡类 主要是黄脚麻鸡、青脚麻鸡。羽毛颜色全麻。

③ 乌鸡类 皮肤、胫、冠、肌肉、骨头等均为青黑色，羽色可以是白、黑或麻黄色。

④ 土鸡类 主要注重肉质及特有的地方性状，羽色复杂。

二、 科学选择优质肉鸡的饲养方式

优质肉鸡的饲养方式通常有地面平养、网上平养、笼养和放牧饲养 4 种方式。

1. 舍内地面平养

舍内地面平养对鸡舍的基础设备的要求较低，在舍内地面上铺 5～10cm 厚的垫料，定期打扫更换即可；或在 5cm 垫料的基础上，通过不断增加垫料解决垫料污染问题，一个饲养周期彻底更换一次垫料的厚垫料饲养方法。地面平养的优点是设备简单，成本低，胸囊肿及腿病发病率低。缺点是需要大量垫料，密度较小，房舍利用率偏低。

2. 网上平养

网上平养设备是在鸡舍内饲养区以木料或钢材做成离地面 40～60cm 的支架，上面排以木或竹制棚条，间距 8～12cm，其上再铺一层弹性塑料网。这种饲养方式，鸡粪落入网下地面，减少了消化道病二次感染，尤其对球虫病的控制有显著效果。弹性塑料网上平养，胸囊肿的发生率可明显减少。网上平养的缺点是设备成本较高。

3. 笼养

由于优质肉鸡生产速度相对较慢，体重较小，所以基本不会出现胸囊肿，因此，笼养优质肉鸡近年来广泛地得到应用。鸡笼的规格很多，大体可分为重叠式和阶梯式两种。有些养鸡户采用自制鸡笼。笼养与平养相比，单位面积饲养量可增加 1 倍左右，可有效地提高鸡舍利用率；限制了鸡在笼内活动空间，采食量及争食现象减少，发育整齐，增重良好，育雏、育成率高，可提高饲料效率 5%～10%，降低总成本 3%～7%；鸡体与粪便不接触，可有效地控制白痢和球虫病发生；不需要垫料，减少了垫料开支，降低了舍内粉尘浓度；转群和出栏时，抓鸡方便，鸡舍易于清扫。但笼养方式的缺点是一次性投资较大。

4. 放牧饲养

育雏脱温后，4～6 周龄的肉鸡在自然环境条件适宜时可采用放牧饲养。即让鸡群在自然环境中活动、觅食、人工补饲，夜间鸡群回鸡舍栖息的饲养方式。该方式一般是将鸡舍建在远离村庄的山丘、果园、林地等设置围栏进行放牧，鸡群能够自由活动、觅食，得到阳光照射和沙浴等，可采食虫草和沙砾、泥土中的微量元素等，有利于优质肉鸡的生长发育，鸡群活泼健康，肉质特别好，外观紧凑，羽毛光亮，也不易发生啄癖。

三、 优质肉鸡的饲养管理

1. 饲养阶段的划分

根据优质肉鸡的生长发育规律及饲养管理特点，大致可划分"两段制"和"三段制"饲养。两段制为前期（0～4 周龄）和后期（4 周龄以后）；三段制分为前期（0～4 周龄）、中期（5～10 周）和后期（10 周至出栏）。而供温时间的长短应视气候及环境条件而定。

由于优质肉鸡的种质差异很大，各阶段需要提供不同的营养水平，以保证优质肉鸡的生产需求。一般前期可以饲喂能量较低、蛋白质含量较高的饲料，后期为了增加肌肉脂肪的沉积，同时提高饲料蛋白质的利用率，就降低日粮蛋白质含量，适当提高能量水平。

2. 育雏期的饲养管理

（1）适时饮水和开食 雏鸡尽早开食和饮水，而且做到料、水不断，自由采食。

（2）光照 光照时间的长短及光照强度对优质肉鸡的生长发育和性成熟有很大影响，优质肉鸡的光照制度与肉用仔鸡有所不同，肉用仔鸡光照是为了延长采食时间、促进生长，而优质肉鸡光照还具有使其上市时冠大面红、性成熟提前的作用。光照太强影响休息和睡眠，并会引发啄羽、啄肛等恶癖；光线过弱不仅不利于饮水和采食，也不能促进其性成熟。合理的光照制度有助于提高优质肉鸡的生产性能。由于各地不同品种的光照制度不尽相同，需根据品种特点和养殖经验制订合理的光照程序。

（3）温度　育雏温度不宜过高，太高会影响优质肉鸡的生长，降低鸡的抵抗力，因此要控制好育雏温度，适时脱温。一般采用 1 日龄舍温 33～34℃，每天下降 0.3～0.5℃，随鸡龄的增加而逐步调低至自然温度，同时应随时观察鸡的睡眠状态，及时调整。特别注意要解决好冬春季节保温与通风的矛盾，防止因通风不畅诱发腹水症及呼吸道疾病。

（4）湿度　湿度对鸡的健康和生长影响也较大，湿度大易引发球虫病，太低雏鸡体内水分随呼吸而大量散发，影响雏鸡卵黄的吸收。一般以舍内相对湿度 55%～65% 为好。10 日龄之前为 60%～65%，10 日龄之后为 55%～60%。室内保持空气新鲜，无刺鼻、熏眼的感觉。

（5）通风　保持舍内空气新鲜和适当流通，是养好优质肉鸡的重要条件之一，所以通风要良好，防止因通风不畅诱发肉鸡腹水症等疾病。另外，要特别注意贼风对仔鸡的危害。

（6）密度　密度对鸡的生长发育有着重大影响，密度过大，鸡的活动受到限制，鸡只生长缓慢，群体整齐度差，易感染疾病以及发生啄肛、啄羽等恶癖。密度过小，则浪费空间，养殖成本增加。平养育雏期 30～40 只/m²，舍内饲养生长期 12～16 只/m²。

（7）断喙　对于生长速度慢、饲养周期较长的肉鸡，容易发生啄羽、啄胚等恶癖，需要进行断喙处理。断喙技术同蛋鸡部分。

（8）加强免疫接种　某些优质肉鸡品种饲养周期与肉用仔鸡相比较长，除进行必要的肉鸡防疫外，应增加免疫内容，如马立克、鸡痘等；其他免疫内容应根据发病特点给以考虑。此外，还要搞好隔离、卫生消毒工作。根据本地区疾病流行的特点，采取适的方法进行有效的免疫监测，做好疫病防治工作。

3. 生长期饲养管理

（1）公母分群饲养　优质肉鸡的公鸡生长较快，体型偏大，争食能力强，而且好斗，对蛋白质、赖氨酸利用率高，饲养报酬高；母鸡则相反。因此通过公母分群饲养而采取不同的饲养管理措施，有利于提高增重、饲养效益及整齐度，从而实现较好的经济效益。

（2）营养水平调整　在日粮中要供给高蛋白质饲料，以提高成活率和促进早期生长。为适应其生长周期长的特点，从中期开始要降低日粮的蛋白质含量，供给沙粒，提高饲料的消化率。生长后期，提高日粮能量水平，最好添加少量脂肪，对改善肉质、增加鸡体肥度及羽毛光泽有显著作用。

（3）密度管理　生长期饲养密度一般 30 只/m²，进入生长期后应调整为 10～15 只/m²。食槽或料桶数量要配足，并升高饲槽高度，以防止鸡只挑食而把饲料扒到槽外，造成浪费。同时保证充足、洁净的饮水。

（4）保持稳定的生活环境　由于优质肉鸡的适应性比快大型肉鸡强一些，所以鸡舍结构可以比较简单，但在日常管理中要注意天气变化对鸡群的影响，使环境相对稳定，减少高温和寒冷季节造成的不良影响。

（5）加强卫生防疫　鸡舍要经常清扫，定期消毒，保持清洁卫生，并做好疫苗的预防接种工作。饲料中添加抗菌、促生长类保健添加剂，以预防传染性疾病的发生。根据优质肉鸡饲养周期的长短和地区发病特点确定防疫程序。

（6）阉鸡　优质肉鸡具有土鸡性成熟较早的特点。性成熟时，公鸡会因追逐母鸡而争斗，采食量下降，影响公鸡的肥度和肉质。可以通过公鸡去势，以达到改善品质、有利育肥的目的。不同品种类型的鸡性成熟期不同，去势时期也不同。一般认为肉鸡体重在 1kg 时进行阉割较为合适。阉割的日龄大小往往会影响阉鸡的成活率和手术难易程度。如过迟、过大去势，鸡的出血量增加，甚至导致死亡；如过早、过小去势，由于睾丸还小，难以操作。此外，还应选择天气晴朗、气温适中的时节进行阉割，否则，阉鸡伤口容易感染，抵抗力下降，发病率和死亡率增大。

4. 育肥期饲养管理

育肥期的饲养目的在于促进鸡体内脂肪的沉积，增加肉鸡的肥度，改善肉质和羽毛的光泽度，并做到适时上市。在饲养管理上应注意下列事项。

（1）提高日粮能量浓度 随着优质肉鸡日龄的增加，体内增长的主要组织和生长期阶段有很大差别，由长骨骼、内脏、羽毛到长肉和沉积脂肪。肉鸡沉积适度的脂肪可改善鸡的肉质，提高商品屠体外观的美感，是上市出口所要求的。因此，此期在饲料配合上，一般应提高日粮的代谢能，相对降低蛋白质含量。肉鸡育肥期的能量水平般要求达到 12.55MJ/kg，粗蛋白质在 15％左右便可。为了达到这个水平，往往需添加动物性脂肪，如猪油、牛油等，添加量一般占饲料的 5％～10％。添加脂肪还可以增加三黄肉鸡羽毛的光泽度。

（2）生态放养注意事项

① 场地选择 优质肉鸡放养场地选择在地势高燥、水源充足、排水方便、环境幽静、阳光充足的草地、河谷、林地、果园、滩涂等地方。并且经环保监测符合无公害要求，同时要求场地相对封闭、易于隔离。

② 放养鸡舍的建造 放养鸡舍主要是提供鸡休息、避风之用，可以相对简单。放养鸡舍建在离育雏舍较近、地势相对平坦、坐北朝南、避风向阳、水源充足和牧草丰富的地方。建舍材料可就地取材，如毛竹、木条、塑料布、遮阳网等。面积根据散养数量而定，夏天不超过 10 只/m²，冬天不超过 15 只/m²。

③ 围栏的修建 为了防止鸡外逃或野兽入侵，放养场地必须装有围网或围栏设施。可以选择尼龙网、塑料网或钢丝网作围网，也可以用竹竿、树干作围栏。要求放养场地采取轮牧方式，以利于草地休养生息。

④ 补饲 放养 1 周后，早、晚各补饲 1 次全价饲料；第 2 周开始每晚补饲 1 次。生长速度快的优质肉鸡 5 周龄后可逐步补饲谷物玉米等杂粮。

⑤ 场地卫生及消毒 舍内用具及物品经常清洗、保持干净。舍内鸡粪每月至少清理 2次，并用 10％～20％的生石灰水消毒。同一块场地放养 2～3 年后要更换另一块场地，让放养地自然净化 2 年以上，待全面消毒后再养鸡。

（3）催肥上市 在上市前 20 天，要加强饲喂，重点加喂黄色玉米等能量饲料，进行适度催肥，提高上市鸡品质。

知识拓展

优质肉鸡与快大型肉鸡异同点

优质肉鸡与快大型肉鸡比较，生产特点如下。

1. 生长速度 优质肉鸡的生长速度相对缓慢，介于蛋鸡品种和快大型肉鸡品种之间，有快速型、中速型及慢速型之分。如快速型优质肉鸡 6 周龄平均上市体重可达1.3～1.5kg，而慢速型优质肉鸡 90～120 天上市体重仅有 1.1～1.5kg；而快大型肉鸡生长速度快，6 周龄上市体重可达 2.5kg 以上，整个生长期不过 8 周，而且仍有缩短的趋势。

2. 营养需求　黄羽肉鸡对饲料的营养要求水平较低。在粗蛋白质19％、能量在11.50MJ/kg的营养水平下，即能正常生长；而快大型肉鸡对营养及生活环境有着较高的要求，一旦条件没有达到，其优良的生产性能很难得到实现。

3. 脂肪沉积能力　优质肉与白羽肉鸡都有在生长后期对脂肪的利用能力强的特点，消费者要求优质肉鸡的肉质具有适度的脂肪含量，故生长后期应采用含脂肪的高能量饲料进行育肥。这一点是相同的。

4. 羽毛生长　羽毛生长与体重增加相互影响，一般情况，黄羽肉鸡至出栏时，羽毛几经脱换，特别是饲养期较长、出栏较晚的优质肉鸡，羽毛显得特别丰满；而快大型肉鸡只脱换绒毛。

5. 性成熟　优质肉鸡的性成熟早，如我国南方某些地方品种鸡在30天时已出现啼鸣，母鸡在100天就会开始产蛋；其他育成的优质肉鸡品种公鸡在50～70天时冠髯已经红润，出现啼鸣现象；而快大型肉鸡性成熟较晚。

6. 饲养方式　优质肉鸡以舍内加运动场、放牧饲养方式居多；而快大型肉鸡以地面平养、网上平养方式居多。

7. 饲养周期　优质肉鸡饲养周期在90～120天；快大型肉鸡多在6～8周。

5. 提高商品合格率的管理措施

养鸡场生产出良好品质的优质肉鸡后，若将其品质一直保持到消费者手中，需要在抓鸡、运输、加工过程中对胸部囊肿、挫伤、骨折、软腿等方面进行控制。

四、优质肉种鸡的饲养管理

目前，我国各育种公司的优质肉种鸡由于引进了有隐性白品系的血液，其父母代肉种鸡的生产性能较高。虽然各公司种鸡的生产性能存有差异，但饲养管理要点基本相同。优质鸡父母代种鸡的饲养管理，可分为三阶段进行，即育雏期的管理、育成期的管理和产蛋期的管理。另外种公鸡的饲养管理也需特别注意。

1. 育雏期的饲养管理

(1) 育雏期的管理目标　雏鸡的抗病力差、消化能力弱、对外界环境敏感、适应性差，在管理上要求精心细致。育雏期的管理目标：一是要保证高的育雏成活率，6周龄成活率要达到95％以上；二是要保证鸡雏的正常生长发育，6周龄体重必须达到600g；三是要保证较高的均匀度，各周龄的均匀度应达到75％以上。

(2) 育雏期的管理

① 育雏方式　育雏期可选择平养，也可进行笼养，只要管理得当，均可获得良好的生产成绩。在平养时，建议采用网上（栅上）平养，这对保证鸡群健康、提高成活率有利。

② 鸡雏质量及初生雏的处理　鸡雏除了要求体重适中、均匀度好、外观和精神状态良好外，还要求不携带白痢、大肠杆菌等病原体，不发生脐炎，具有高而均匀的母源抗体。雏鸡出壳24h内注射马立克苗；进行人工雌雄鉴别，鉴别率要求达95％以上；父系公鸡断趾，以区别父系公鸡与母本漏检公鸡，因为漏检公鸡体型较大，很容易被误留为种鸡。鸡雏质量直接影响以后的性能表现，需要特别注意。

③ 育雏温度　温度是育雏的首要条件，必须严格而正确地掌握。第一周育雏温度为32～35℃，以后每周降低2～3℃，至6周龄时达18～20℃。

④ 饲养密度　饲养密度是指每平方米饲养面积容纳的鸡数。高密度饲养，有百害而无一利。饲养密度与鸡群的生长发育、鸡舍环境、均匀度、鸡群健康密切相关。但是，饲养密度也不是一成不变的，它应随着鸡舍条件，特别是通风条件、饲养季节而有所变化。适宜的饲养密度见表 3-17。

表 3-17　优质肉种鸡育雏育成期不同饲养方式下的饲养密度

周龄	地面平养/(只/m²)	网上平养/(只/m²)	立体笼养/(只/m²)
1～6	10	12	220
7～12	6	7	380
13～20	5	6	400

注：引自杨宁.家禽生产学.中国农业出版社，2002。

其他未提及的管理措施和条件请参考白羽肉种鸡部分。

（3）育雏期的饲养　育雏期自由采食，以促进其体况的充分发育，务必达到各周龄推荐的标准体重。

2. 育成期的饲养管理

黄鸡配套父母代种鸡，从第七周开始进入到育成阶段，育成期管理与育雏期有很强的连贯性。这段时期饲养管理的好坏，决定了鸡在性成熟后的体质、产蛋性能和种用价值。在育成期，鸡对外界环境有较强的适应能力，消化能力、抗病力也有所增强，在正常的饲养管理条件下，鸡较少死亡。种鸡在育成期需进行限制饲养。

（1）限制饲养

① 限饲开始时间　优质肉种鸡与白羽肉种鸡相比，生长速度相对较慢，母鸡限饲应在 7 周龄开始进行，此前自由采食。

② 选择与淘汰　在育雏结束时，结合转群，将少数毛色发麻、发白、发黑，胫发白等外观不符合要求的个体淘汰。将生长发育不良、体重过小和体格较弱的鸡移出或淘汰，因为这些鸡经不起强烈的限饲，即使存活下来，也是不合格的种母鸡，产蛋少，浪费饲料。

（2）断喙　限饲时鸡群易发生恶癖，特别是开放式鸡舍，应在限饲前进行断喙。断喙除了防止啄肛、啄羽外，还能防止饲料浪费。试验表明，正确断喙的鸡，能减少 5%～10% 的饲料浪费。断喙要求在 6～10 日龄进行。因为断喙是一个巨大的应激，影响生长发育，而早期断喙，操作方便，应激较小，鸡群可以有一个补偿生长时期。

（3）体重和均匀度的控制　体重称量和给料量的确定方法与白羽肉鸡相同。父母代种鸡各周龄的均匀度应在 75% 以上，越高越好。

3. 产蛋期的饲养管理

优质肉鸡父母代种鸡产蛋期管理的主要任务是为种鸡繁殖提供一个舒适稳定的环境，保证其营养需要，充分发挥其遗传潜力，生产出尽可能多的合格种蛋。

（1）产蛋期的饲养管理要点

① 产蛋期的饲养方式　优质父母代肉种鸡产蛋期可以平养或笼养。只要管理得当，均能获得较好的生产成绩。平养可以采用地面平养、两高一低的板条和垫料混养及板条（木或竹制）网养。其中以板条床面网养最为普遍，其与定期清粪相结合，能有效地改善鸡舍的环境条件，提高种鸡的健康水平。平养时的饲养密度为 4～5 只/m²，视环境条件而定。优质父母代种鸡笼养也能获得好的生产性能，且管理方便，因而得到普遍的应用，建议有条件的鸡场采用笼养。

② 光照管理　光照是影响肉种鸡性器官发育的重要因素之一。照明时间和光的强度处

理合适，可使种鸡适时开产，产蛋数增加，反之则可能使鸡提前或延迟产蛋。提前开产的鸡群，产蛋小，产蛋高峰低，波动大，受精率低，且易发生脱肛。延迟开产的鸡群，产蛋高峰也低，产蛋少，受精率差，每只鸡生产的雏鸡少。

优质肉种鸡19周龄及产蛋期的光照，依18周末的自然光照时间可参考如下步骤进行。

第一步，如19周时自然光照少于10h，则在19和20周龄时每周各增加1h，而后每周增加半小时，达16h为止，保持下来。

第二步，如19周龄时自然光照在10～12h，于19周龄增加1h，而后每周增加半小时，直到达16h为止，而后保持下来。

第三步，如19周龄时自然光照达12h或12h以上时，则于21周龄时增加半小时，而后每周增加半小时，直到17h为止，以后保持下来。

如果种鸡性成熟比预期的时间提前，即应减缓增加光照的时间，如种鸡体重已达标准而性成熟迟缓则加快增加光照时间。补光时间宜安排在早晚。如冬季天阴舍暗，日间也要适当补光，以保证光的质量和强度。产蛋期光的照度要求地面达 $2.7W/m^2$。

③产蛋期的环境控制　种鸡舍环境控制的基本要求是温度适宜、地面干燥、空气新鲜。鸡舍的适宜温度是13～23℃，夏季最好控制在30℃以下，冬季保持在10℃以上。

（2）母鸡产蛋期给料技术　第一，从20～22周龄开始限饲的同时，将生长料转换为产蛋料或产蛋前期料（含钙量2%，其他营养成分与产蛋料完全相同）。

第二，在开产后的第3～4周（27～28周龄），喂料量应达到最高。

第三，产蛋高峰（30～31周龄）后的4～5周内，喂料量不要减少，因为虽然产蛋数减少，但蛋重仍在增加，故鸡对能量的实际需要量仍然保持与高峰期的需要量相仿。

第四，当鸡群产蛋率下降到70%时，应开始逐渐减少饲料量，以防母鸡超重。建议每次减少量每百只不超过500g，以后产蛋率每减少4%～5%，就减一次喂料量。

第五，每次减料的同时，必须观察鸡群的反应，任何产蛋率的异常下降，都需恢复到原来的给料量。

4. 优质肉种公鸡的管理要点

（1）淘汰误鉴公鸡　目前各育种公司提供的雏鸡一般用翻肛法鉴别雌雄，正常情况下有5%左右的鉴别误差。因此，应将误鉴父本的母鸡和母本的公鸡淘汰。特别是母本中的误鉴公鸡，其体型较大，且含有隐性白羽基因，与母鸡交配后在商品代产生白羽个体。父本公雏出雏后，应在孵化厂进行断趾，将未断趾的公鸡和断趾的母鸡全部淘汰。

（2）公母分开饲养　在育雏育成期，公雏鸡体型相对较小，如公母混养，不利于公鸡的生长发育，以致性腺发育延迟，而且不利于公母鸡各自限饲方案的实施。

（3）严格选种　目前各黄鸡育种公司育种品系的选育程度并不高，个体间还存有较大的差异。因此，在配种前应严格地对公鸡个体进行选择，选择健康、发育良好、体重达标、冠大而鲜红、体形为矩形、三黄特征明显的公鸡留种，并对入选公鸡的精液品质进行检查，选择精液量大、密度高、活力强、畸形率低的个体留种。

（4）公鸡留种比例　建议平养鸡舍每100只母鸡在育雏期、育成期和产蛋期配套的公鸡数分别为20只、16只、12～14只。笼养鸡舍，人工授精，每100只母鸡在育雏期、育成期和产蛋期配套的公鸡分别为14只、12只、8～10只。

（5）在配种期应采用公母分饲技术　保证公鸡适当的体况和配种能力。分开饲养的公鸡应喂公鸡标准饲料，尽量避免使用产蛋鸡料。

另外，优质种公鸡的体型虽然较小，但也需要限饲，其限制饲养管理要点与种母鸡相同。

知识拓展

优质肉鸡及其发展趋势

随着生活水平的不断提高，人们对鸡肉品质也有了更高的要求。人们对皮薄而脆、肉嫩而实、脂肪分布均匀、鸡味鲜美可口、营养丰富的鸡肉更感兴趣。而具备这些特点的肉鸡，我们通常称之为优质肉鸡。

优质肉鸡是由一些地方优良品种经过多年的纯化选育，生产性能特别是种鸡的产蛋性能有较大提高，生长速度也有所提高，体质、外形、毛色趋于一致的群体。优质肉鸡在数量上以黄羽肉鸡居多，因此一般习惯用黄羽肉鸡称呼较多。优质肉鸡与一般肉鸡对比，主要差别体现在优良的肉品质、鲜嫩的鸡肉口感和独特的外貌特征。这些鸡种保留了原有地方优良品种的肉质风味，深受国内外消费者喜爱。

依据我国有丰富的地方品种和一些国外品种，培育了一批改良品种和配套品系，优质肉鸡生产向全国展开。从我国南方向中部和北方推进。优质肉鸡在我国养鸡业中占有较大的比重，目前，南方市场较北方市场多，在南方一些地区甚至居主导地位。北方较少，主要集中在北京、河南、山西等省市，而且有南方向北方不断推移的发展趋势。

任务思考

1. 优质肉鸡与快大型肉鸡生产有何异同点？
2. 优质肉鸡是如何分类的？

项目四　水禽生产

学习目标

知识目标

- 了解鸭、鹅等水禽的生活习性和生理特点
- 熟悉水禽养殖场的建筑与规划，合理选择水禽的品种
- 掌握蛋鸭和蛋用型种鸭的生产技术、商品肉鸭和肉用型种鸭的生产技术
- 掌握商品肉鹅和种鹅的生产技术

技能目标

- 能够选择适宜的水禽品种进行饲养
- 能够按照操作规程和技术要点进行鸭、鹅各阶段饲养管理

　　水禽生产包括鸭生产和鹅生产，是现代家禽生产的重要组成部分。本项目在让学生了解鸭、鹅等水禽的生活习性和生理特点的基础上，对水禽养殖场的建筑与规划进行合理设计，掌握水禽品种的合理选择、蛋鸭和蛋用型种鸭的生产技术、商品肉鸭和肉用型种鸭的生产技术、商品肉鹅和种鹅的生产技术，能从事现代水禽业生产。

任务一　水禽场的建设与规划

任务描述

　　水禽养殖场建设与规划，事关水禽养殖的生物安全体系建设，是水禽生产正常进行的前提和保证。主要包括水禽场的选址、建筑的合理布局、水禽场禽舍设计及禽场绿化美化。

任务分析

　　水禽场的建筑与设计规划包括：从水禽场水源保障、地形地势要求、周围环境良好、交通运输方便等方面选好场址，对养殖场功能区进行合理分区与布局，设计符合水禽生产特点和要求的水禽舍，并搞好水禽舍内部的环境控制，从而为水禽生产提供良好的硬件保证。

任务实施

一、水禽场的选址与规划

1. 水禽场选址

水禽场选址除要考虑养殖场的性质、自然条件和社会条件等因素之外，还要符合所在地土地利用总体规划要求，要位于法律法规明确规定的禁建区、禁养区以外，严禁建在城市饮用水源、食品厂上游。

（1）水源充足，水质良好　水禽日常活动与水有密切联系，洗浴、交配、管理都离不开水。在水禽舍设计上要考虑设置水上运动场以供水禽洗浴、交配，水上运动场是完整禽舍的重要组成部分，所以，选择场址时，水源充足是首要条件，即使是干旱的季节，也不能断水。通常将鸭舍、鹅舍建在河湖之滨，水面尽量宽阔，水活浪小，水深为1～2m。如果是河流交通要道，不应选主航道，以免骚扰过多，引起鸭、鹅应激。大型水禽场，为了保证水源和水质，最好场内另建深井以供场内用水。

（2）地势高燥，排水良好　水禽场的地势要稍高一些，地势要略向水面倾斜，最好有5°～10°的坡度，以利排水。土质以砂质壤土最适合，雨后易干燥，不宜选在黏性太大的重黏土上建造鸭场，否则容易造成雨后泥泞积水。尤其不能在排水不良的低洼地建场，否则每年雨季到来时，鸭舍被水淹没，造成不可估量的损失。

（3）周围环境无污染　鸭场周围3km内无大型工厂、矿厂，2km以内无屠宰场、肉品加工厂或其他畜牧场等污染源。鸭场距离干线公路、学校、医院、乡镇居民区等设施至少1km以上，距离村庄500m以上。鸭场周围有围墙或防疫沟，并建立绿化隔离带（行业标准NY/T5038—2006中规定的标准）。鸭场所使用的水必须洁净，每100mL水中的大肠杆菌数不得超过5000个。而且水禽场尽可能在远离工厂和城镇的上游建场，空气质量符合《畜禽场环境标准》（NY/T388）要求。

（4）交通方便　水禽场的产品、饲料以及各种物资都需要及时转运。建场时要选在交通方便的地方，最好有公路、水路或铁路连接，以降低运输费用。但与车站、码头或交通要道（公路或铁路）的近旁建场保持足够的距离，以免噪声、灰尘或交通废气造成对水禽场的污染。水禽场周围环境安静，保证水禽正常的生产性能。

此外，还要考虑一些特殊情况，如沿海地区要考虑台风的影响，经常遭受台风袭击的地方不宜建场；电源不稳定或尚未通电的地方不宜建场，必要时种鸭场还要自备发电机组。鸭场的排污、粪便废物的处理，也要通盘考虑，防止对周围环境造成污染。

2. 水禽场规划

（1）水禽场分区规划　应根据水禽场生产功能分区规划，通常分为生活管理区、生产区、兽医卫生管理区，各区之间要建立最佳的生产联系和卫生防疫条件。规划时应根据地势和主导风向合理分区，生活管理区安排在上风向和地势较高处，其次是生产区，兽医卫生管理区位于下风向和地势最低处。各功能区内的建筑物也应根据地势、地形、风向等合理布局，各建筑物间留足采光、通风、消防、卫生防疫间距。场内运送饲料等的清洁道与运送粪尿等的排污道应分设。

（2）水禽舍朝向　水禽舍朝向最好是朝南，根据具体情况可南偏东或南偏西不超过10°，以获得良好的通风条件和避免夏季阳光直射。水禽舍位置要放在水面的北侧，把水禽陆上运动场和水上运动场设置在水禽舍的南面，使水禽舍大门正对水面向南开放。这种朝向的水禽舍，冬季采光面积大、吸热保温好；夏季不受太阳直射、通风良好，有利于水禽的产蛋和生长发育。

（3）水禽场的卫生设施　水禽场要有明确的场界，其周围应建较高的实体围墙或坚固的防疫沟，以防场外人员及动物进入场区。消毒是水禽场保证鸭、鹅健康和生产正常进行必不可少的卫生措施，水禽场生产区门口应设置紫外线消毒室、脚踏消毒池和车辆消毒池，人员进入生产区必须更衣、换鞋、消毒。场内污物处理及排水设施齐全且性能良好。运动场场地平整坚固、清洁干燥，并有防止夏天烈日曝晒的遮阴棚。种禽场还应设置一定面积的水上运动场或水浴池，并经常换水，保持水质清洁。

（4）水禽场废弃物的处理和利用　水禽场的主要废弃物是禽粪和污水，禽粪可经过高温堆肥等无害化处理后肥田，也可以经必要的消毒后喂鱼；污水可经过物理方法、化学方法或生物方法等手段处理后直接排放或循环使用。

二、水禽场建筑设计与设备配置

1. 水禽场建筑设计

水禽舍分临时性简易水禽舍和长期性固定水禽舍两大类。小型水禽场采用简易水禽舍，大中型水禽场多采用固定水禽舍，生产者可根据自己的条件和当地的资源情况进行选择。完整的平养水禽舍，通常由水禽舍、陆上运动场、水围（水上运动场）三个部分组成。

（1）水禽舍　水禽舍最基本的要求是遮阳防晒、阻风挡雨、防寒保温和防止兽害。以商品蛋鸭为例，商品蛋鸭舍每间的深度8～10m，宽度7～8m，近似于方形，便于鸭群在舍内作转圈活动。不能把鸭舍分隔成狭窄的长方形，否则鸭子进舍转圈时，极容易踩踏致伤。通常养1000～2000只规模的小型鸭场，都是建2～4间（每间养500只左右）。然后再建设仓库、饲料室和管理人员宿舍等设施。

舍内建筑面积估算：根据水禽的品种、日龄及各地气候不同，对水禽舍面积的要求也不一样。在建造水禽舍计算建筑面积时，要留有余地，适当放宽计划；但在使用水禽舍时，要周密计划，充分利用建筑面积，提高鸭舍的利用率。

使用水禽舍的原则：单位面积内，冬季可提高饲养密度，适当多养些，夏季要少养些；大面积的鸭舍饲养密度适当大些，小面积的鸭舍饲养密度适当小些；运动场大的鸭舍饲养密度可以大一些，运动场小的鸭舍饲养密度应当小一些。

（2）陆上运动场　陆上运动场一端紧连水禽舍，一端直通水面，可为水禽提供采食、梳理羽毛和休息的场所，其面积应超过水禽舍1倍以上。陆上运动场接近水面处略向水面倾斜，以利排水。陆上运动场地面以水泥地、砖铺设地面或夯实的泥地为宜。地面必须平整，保持干燥清洁，不允许坑坑洼洼，以免蓄积污水。陆上运动场连接水面之处，做成一个略微倾斜的小坡，此处是鸭鹅入水和上岸必经之地，使用率极高，易受到水浪的冲击而坍塌凹陷，要求平整坚固，必须用砖、石砌好，并且深入水中（最好在水位最低的枯水期内修建坡面），以方便鸭鹅入水和上岸。

陆上运动场可种植落叶的乔木或落叶的果树（如葡萄等），并用水泥砌成1m高的围栏，以免鸭子入内啄伤幼树的枝叶，同时防止浓度很高的鸭粪肥水渗入树的根部致使树木死亡。陆上运动场上植树，既美化环境又可以在盛夏季节遮阳降温，使鸭舍和运动场的小环境温度下降3～5℃，有利于夏季防暑。

（3）水上运动场　水上运动场又称水围，是水禽洗澡、嬉耍、交配的场所。水围面积不少于陆上运动场，考虑到枯水季节水面要缩小，在条件许可时尽量把水围扩大些，有利于水禽运动。

　　在水禽舍、陆上运动场、水围这三部分的连接处，均需用围栏围成一体，使每一单间都自成一个独立体系，以防水禽互相走乱混杂。围栏在陆地上的高度为 60～80cm，水上围栏的上沿高度应超过最高水位 50cm，下沿最好深入水面 50cm 以下（图 4-1）。

　　水禽场建筑设计的其他要求可参考鸡场建筑设计有关要求。

2. 水禽场常用设备配置

（1）水禽舍环境控制设备

① 通风设备　通常为风机等，主要用于将舍内污浊的空气排出、将舍外清新的空气送入舍内或用于舍内空气流动。水禽舍的通风按舍内空气的流动方向一般分为横向通风、纵向通风两种。其中纵向通风效果好，风机全部安装在禽舍一端的山墙或山墙附近的两侧墙壁上，进风口在另一侧山墙或靠山墙的两侧墙壁上，

图 4-1　水禽舍建筑设计

禽舍其他部位无门窗或门窗关闭，空气沿禽舍的纵轴方向流动，进气口风速一般要求夏季 2.5～5m/s，冬季 1.5m/s（图 4-2）。

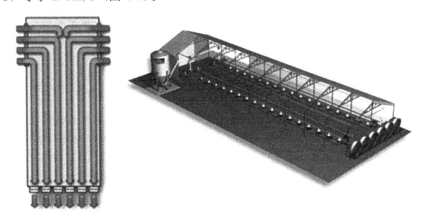

图 4-2　禽舍纵向通风示意图

② 降温系统　降温系统主要用于夏季高温季节降低禽舍内温度，主要降温设备有湿帘降温系统、喷雾降温系统等。

　　湿帘降温系统主要由湿帘与风机配套构成。湿帘通常有普通型介质、加强型介质两种。普通型介质由波纹状的纤维纸黏结而成，具有耐腐蚀、强度高、使用寿命长等特点。加强型介质是通过特殊的工艺在普通型介质的表面加上黑色硬质涂层，使介质便于刷洗消毒，遮光、抗鼠、使用寿命更长。湿帘降温系统是利用热交换的原理，给空气加湿和降温。通过供水系统将水送到湿帘顶部，从而将湿帘表面湿润，当空气通过潮湿的湿帘时，水与空气充分接触，使空气的温度降低，达到降温的目的，降温效果显著。夏季可降温 5～8℃，且气温越高，降温幅度越大，特别适合于规模化养殖生产。

　　喷雾降温系统由连接在管道上的各种型号的雾化喷头、压力泵组成，是一套非常高效的蒸发系统。它通过高压喷头将细小的雾滴喷入舍内，随着湿度的增加，热能转化为蒸发能，数分钟内温度即降至所需值。由于所喷水分都被舍内空气吸收，地面始终保持干燥。这种系统可同时用于消毒，有夏季降温、喷雾除尘、连续加湿、环境消毒、清新空气等特点。

③ 光照控制设备　光照程序控制器采用微电脑芯片设计，具有自动测光控制功能，能自动启闭禽舍照明灯，实现精确控制舍内光照时间的目的。

④ 清洗、消毒设备　清洗设备主要是高压冲洗机械，带有雾化喷头的可兼作消毒设备用。消毒设备有人工手动的背负式喷雾器和机械动力式喷雾器两种。

（2）水禽舍其他设备　包括育雏设备、喂料与饮水设备、笼具网架设备、孵化设备、集蛋设备等，这些设备与蛋鸡、肉鸡的相关设备相似，在此不再赘述。

任务思考

1. 水禽养殖场选址有哪些方面的要求？
2. 怎样合理进行水禽场的建筑设计？

任务二　鸭的饲养管理

任务描述

鸭的饲养管理，主要是能够选择适宜的蛋鸭品种，并做好蛋鸭育雏期、育成期、产蛋期的饲养管理和疾病预防，保障生产；而肉鸭生产分为快大型肉鸭、放牧肉鸭、填鸭和骡鸭等几种生产性质，养殖者可根据生产方向进行选择，并以科学合理的饲养管理为根本保证，达到高效生产的目的。

任务分析

通过了解各品种的生理及生产特点，做出正确的品种选择，并针对鸭的生理特点，选择适宜的饲养方式，通过配制合理日粮、提供良好的饲养环境、做好卫生防疫等饲养管理措施，获得良好的饲养成绩和经济效益。

任务实施

一、选择鸭的品种

1. 蛋鸭品种识别

（1）绍兴鸭　绍兴鸭又称绍兴麻鸭、浙江麻鸭，因原产地位于浙江绍兴、萧山、诸暨等县而得名，是我国优良的高产蛋鸭品种。

绍兴鸭体躯狭长，母鸭以麻雀羽为基色，分两种类型：带圈白翼梢，颈中部有白羽圈。公鸭羽色深褐，头、颈墨绿色，主翼羽白色，喙黄色，胫、蹼橘红色（彩图4-3）。初生重36～40g，成年体重公鸭为1301～1422g，成年公鸭半净膛为82.5%；母鸭为1255～1271g，成年母鸭全净膛为74.0%。140～150日龄群体产蛋率可达50%，年产蛋250枚，经选育后年产蛋平均近300枚，平均蛋重为68g，蛋壳白色、青色。公母配种比例1：（20～30），种蛋受精率为90%左右。

（2）金定鸭　金定鸭属麻鸭的一种，又名华南鸭，主产于福建省龙海市紫泥镇金定村而得名，属我国优良蛋鸭品种。金定鸭体格强健，走动敏捷，觅食力强，具有产蛋多、蛋大、蛋壳青色、觅食力强、饲料转化率高和耐热抗寒等特点，适宜海滩放牧和在河流、池塘、稻田及平原放牧，也可舍内饲养。见彩图4-4。

金定鸭羽毛紧密叠实，富有光泽。母鸭身体窄长，结构紧凑，脚蹼橙红色，羽毛似麻雀羽色；公鸭头大颈粗，身体略呈长方形，头、颈上部羽毛为深孔雀绿色，具金属光泽，酷似野生绿头鸭，但无明显白颈环。该鸭前期长势较后期稍快。据测定，空嗉雏鸭平均初生重47g，30 日龄增重 12 倍，60 日龄增重 22 倍，90 日龄增重 31 倍，达 1464g，全期平均日增重 15.6g。母鸭开产日龄易受环境因素影响，晚的在 120 日龄，早的在 88 日龄，体重 1620g 时开产。金定鸭蛋期长，换羽期间及冬季均可不休产，一般是边换羽，边产蛋，年平均产蛋 260～300 枚，蛋重 72.20g，蛋形为椭圆形，蛋壳青色。

（3）连城白鸭 连城白鸭主产于福建省连城县，是我国优良的地方鸭种，具有独特的"白羽、乌嘴、黑脚"的外貌特征。连城白鸭生产性能、遗传性能稳定，是我国稀有的种质资源。见彩图 4-5。

连城白鸭初生重为 40～44g，成年公鸭体重 1440g，成年母鸭体重 1320g。连城白鸭第一产蛋年产蛋量为 220～230 个，第二产蛋年为 250～280 个，第三产蛋年为 230 个左右。平均蛋重为 68g，蛋壳颜色以白色居多，少数青色。公母配种比例 1：（20～25），种蛋受精率为 90%以上。连城白鸭的羽色和外貌特征独特，是一个适应山区丘陵放牧饲养的小型蛋用鸭种。

（4）咔叽-康贝尔鸭 咔叽-康尔鸭由英国育成。体型中等，体躯深长而结实，头部清秀，喙中等长，眼大而明亮，颈略细长，背宽广，胸部饱满，腹部发育良好而不下垂，两翼紧贴体躯。咔叽-康贝尔鸭的羽毛，公鸭的头、颈、尾和翼肩都呈青铜色，有光泽，其余羽毛深褐色，喙绿蓝色，胫和蹼深橘红色（彩图 4-6）。母鸭的羽毛褐色，有深浅之别，头和颈部色较深，翼黄褐色，喙绿色或浅黑色，胫和蹼深褐色。咔叽-康贝尔鸭公鸭体重为 2.3～2.5kg，母鸭体重为 2.0～2.3kg。母鸭年产蛋量约 260 个以上，蛋壳白色，蛋重约 70g。

2. 肉鸭品种识别

（1）北京鸭 北京鸭是世界著名的肉用鸭品种，具有体型大、生长发育快、肥育性能好、肉味鲜美以及适应性强等特点，现在几乎遍布全世界。北京鸭性情温顺，喜合群，适宜于集约饲养。目前，许多大型肉鸭都具有北京鸭的遗传基因，北京鸭对世界肉鸭育种贡献很大。见彩图 4-7。

北京鸭性成熟早，150～180 日龄开产。自开产日起算，365 天产蛋量为 150～200 枚，无就巢性。雏鸭 50 日龄可达 1.75～2kg，填肥饲养条件下 56 日龄可达 2.5～2.75kg，65 日龄可达 3～3.25kg。

（2）樱桃谷鸭 樱桃谷鸭是英国樱桃谷农场以北京鸭和埃里斯伯里鸭为亲本杂交选育而成的配套系鸭种，我国先后从该场引进 L2、SM 配套系种鸭。樱桃谷鸭的外形与北京鸭大致相同，体躯稍宽一些（彩图 4-8）。樱桃谷 SM 商品代肉鸭 49 日龄活重 3.3kg，全净膛屠宰率 72.55%，料肉比 2.6：1。

（3）天府肉鸭 天府肉鸭由四川农业大学和四川省畜科所用樱桃谷鸭的父母代和商品代育成，其体型、外貌与樱桃谷鸭基本相似（彩图 4-9）。天府肉鸭生产性能优良，早期生长发育快，商品肉鸭 42 日龄体重可达 2924g，49 日龄可达 3299g，料肉比 3：1。天府肉鸭出肉率高，胸腿肌率 22%，天府肉鸭与四川麻鸭鸭杂交效果明显。

（4）狄高鸭 狄高鸭是澳大利亚狄高家禽育种公司用北京鸭和北京鸭与爱期勃雷鸭的杂交母鸭杂交而育成的，外形与北京鸭相似（彩图 4-10）。每只父母代母鸭年提供商品代鸭苗 160 只左右，商品代肉鸭 49 日龄活重 3kg，全净膛屠宰率（连头脚）为 79.7%，料肉比（2.9～3）：1。

知识拓展

鸭的种源现状

1. 我国优良地方鸭种种源现状

（1）种源分布　我国养鸭业具有悠久的历史，家鸭是仅次于鸡的第二大养殖禽种，鸭品种资源丰富，有12个鸭品种列入《中国家禽品种志》。人们在长期的生产实践中培育出许多生产性能优良的地方良种，如北京鸭、绍兴鸭、金定鸭、高邮鸭、建昌鸭、连城白鸭等。我国鸭品种原产地及饲养地区基本分布在大兴安岭、太行山、河南和湖北西部、贵州西部一线以东的低海拔地区，以及安宁河流域及四川以东的大部分地区和云南东部地区。但分布最集中的是在长江、珠江流域及沿海地区，这些地区土地肥沃、气候温和、农业发达、有广阔的饲料来源，全国鸭品种的68％分布在该地区。

（2）育种水平　肉鸭育种方向主要在北京鸭选育、大型肉鸭配套系、番鸭、白羽半番鸭等方面进行了一系列的研究取得一定进展，不少生产性能已达到世界先进水平。近年来，蛋鸭育种方向主要是高产蛋鸭新品系的选育，其中以青壳Ⅱ号为杰出代表。在绍兴鸭青壳系和缙云麻鸭青壳系的基础上，运用经典育种技术和现代育种技术选育出新青壳蛋鸭配套系。绍兴鸭是我国主要的蛋鸭地方良种，我国饲养的蛋鸭中60％左右是绍兴鸭及其配套系，是我国蛋鸭的当家品种。此外，在蛋肉兼用型鸭种方面，建昌鸭、巢湖鸭、高邮鸭是具有地方特色的优质品种。

（3）存在的主要问题　地方鸭品种资源保护力度不足，地方鸭保种场规模小，缺乏系统的选育，使得地方鸭品种混杂、退化；优良品种特性面临灭绝的危机，纯种地方鸭数量锐减，遗传特性下降；地方鸭抗病性等优良基因未得到开发利用，使得选育出的品系抗病力差；地方鸭商业育种滞后，产业化水平低，与市场脱节。

2014年2月《国家级畜禽遗传资源保护名录》（农业部第2061号公告）将北京鸭、攸县麻鸭、连城白鸭、建昌鸭、金定鸭、绍兴鸭、莆田黑鸭、高邮鸭、缙云麻鸭、吉安红毛鸭共10个鸭品种列入国家级品种保护资源。

（4）地方鸭种选育的措施　建立地方鸭保种场，加大对原种地方鸭的保护力度，建立保种场，进行提纯复壮，扩大优良的地方鸭基础种群；突出地方鸭地域优势，加强地方鸭品种的开发与利用，在区域形成产业化发展，提高养殖的专业化水平，突出各地方鸭的地域优势；筛选地方鸭优质基因，并在品种改良中加以应用。开发研究新品系，以新性状导入已经存在的品系，建立高产蛋系、抗热应激品系、低脂瘦肉系、高饲料效率品系和抗病品系等，为品系间的杂交生产，提供专一性强的杂交亲本品系；采用高新技术提高研究手段和水平，提高地方鸭种选育效率。

2. 大型肉鸭种源现状　目前在中国大型肉鸭种源生产上，主要是以大型白羽肉鸭为代表的肉鸭品种。除中国北京鸭、天府肉鸭外，主要有英国的樱桃谷肉鸭、法国的奥白星肉鸭、澳大利亚的狄高鸭等。

二、 蛋鸭的饲养管理

1. 蛋鸭养殖前的准备

（1）蛋鸭品种 从事蛋鸭生产前要选好蛋用鸭品种，目前蛋鸭生产中选用的品种主要有金定鸭、绍兴鸭、咔叽-康贝尔鸭等。

（2）雏鸭选择 购买鸭苗要求雏鸭体质健康、健壮，脐部收缩良好，无伤残，外貌特征符合品种要求。作为商品蛋鸭生产的养殖场，雏鸭出壳后及时进行公母性别鉴别，淘汰公鸭。

（3）蛋鸭的饲料 蛋鸭具有高产、稳产的特点，不同阶段对饲料要求较高，特别要注意粗蛋白质、矿物质、维生素和能量等的供给。蛋鸭的营养需要见表4-1。

表 4-1 蛋鸭的营养需要

营养成分	0～2周龄	3～8周龄	9～18周龄	产蛋期
代谢能/(MJ/kg)	11.506	11.506	11.297	11.088
粗蛋白质/%	20	18	15	18
可利用赖氨酸/%	1.1	0.85	0.7	1.0
精氨酸/%	1.20	1.00	0.70	0.80
蛋氨酸/%	0.4	0.30	0.25	0.33
蛋氨酸＋胱氨酸/%	0.7	0.6	0.50	0.65
赖氨酸/%	1.20	0.90	0.65	0.90
钙/%	0.9	0.8	0.8	2.5～3.5
磷/%	0.50	0.45	0.45	0.5
钠/%	0.15	0.15	0.15	0.15
维生素 A/(IU/kg)	6000	4000	4000	8000
维生素 D_3/(IU/kg)	600	600	500	800
维生素 E/(mg/kg)	20	20	20	20
维生素 B_1/(mg/kg)	4	4	4	2
维生素 B_2/(mg/kg)	5	5	5	8
烟酸/(mg/kg)	60	60	60	60
维生素 B_6/(mg/kg)	6.6	6	6	9
维生素 K/(mg/kg)	2	2	2	2
生物素/(mg/kg)	0.1	0.1	0.1	0.2
叶酸/(mg/kg)	1.0	1.0	1.0	1.5
泛酸/(mg/kg)	15	15	15	15
氯化胆碱[①]/(mg/kg)	1800	1800	1100	1100
锰/(mg/kg)	100	100	100	100
锌/(mg/kg)	60	60	60	80
铁/(mg/kg)	80	80	80	80
铜/(mg/kg)	6	6	6	6
碘/(mg/kg)	0.5	0.5	0.5	0.5
硒/(mg/kg)	0.1	0.1	0.1	0.1

① 拌料时不能将胆碱加入维生素和矿物质添加剂中，而应单独加入。

（4）蛋鸭环境控制 产蛋鸭最适宜的环境温度是 13～20℃，该温度范围内，产蛋鸭产蛋率、饲料的利用率最高。光照可促进鸭生殖器官的发育，控制光照使蛋鸭适时开产，提高产蛋率。产蛋期的光照强度以 10～15lx 为宜，光照时间保持在 16～17h/天。

商品蛋鸭圈养需要在地势干燥、靠近水源的地方修建鸭舍，采光和通风良好，鸭舍朝向以朝南或东南方向为宜。饲养密度以舍内面积 5～6 只/m² 计算。

(5) 蛋鸭疾病预防　蛋鸭生产周期长，养殖技术要求相对较高。鸭场要建立完善的消毒和防疫措施，严格实行鸭场卫生管理与传染病预防，减少疾病发生。免疫程序可参考项目五禽场的生物安全部分。

2. 雏鸭的饲养管理

(1) 雏鸭育雏前的准备　育雏是蛋鸭生产中一项烦琐而细致的工作，是决定养鸭成败的关键。因此，育雏前要做好充分准备。

第一步：育雏舍检修，准备好供温、采食、饮水等育雏的用具；育雏用具与育雏舍要进行彻底的清洗消毒（可按每立方米空间用 14g 高锰酸钾和 28mL 福尔马林溶液熏蒸）。

第二步：准备足够的饲料、药品与饮水，地面饲养要准备足够数量的干燥清洁的垫草，如木屑、切短的稻草等。

第三步：进雏鸭前调试好供温设备，做好加热试温工作。一般提前 1 天将育雏舍的温度升高到 30℃ 左右；育雏舍相对湿度 60% 左右。

(2) 育雏方式　根据养殖条件和育雏规模，可采取地面育雏、网上育雏和笼养育雏。

① 地面平养育雏　育雏舍的地面上铺上 5～10cm 厚的松软垫料，将雏鸭直接饲养在垫料上，采用地下（或地上）加温管道、煤炉、保姆伞或红外线灯泡等加热方式提高育雏舍内的温度。该法简单易行，投资少，但房舍的利用率低，且雏鸭直接与粪便接触，易感染疾病。

② 网上平养育雏　育雏舍内离地面 30～80cm 高处设置金属网、塑料网或竹木栅条，将雏鸭饲养在网上，粪便由网眼或栅条的缝隙落到地面上。这种方式雏鸭不与地面接触，感染疾病机会少，房舍的利用率比地面饲养高，提高了劳动生产率，节省了大量垫料，但一次性投资较大。

③ 立体笼养育雏　雏鸭饲养在 3～5 层笼内，鸭笼由镀锌或涂塑铁丝制成，网底可铺塑料垫网。这种育雏方式比平面育雏更能有效地利用房舍和热量，既有网上育雏的优点，还可以提高劳动生产率，缺点是投资较大。

目前生产商品肉鸭多采用网上育雏或笼养育雏，肉用种鸭一般采用地面育雏或网上育雏。

(3) "开水" 和 "开食"　刚孵出的雏鸭第一次饮水称 "开水"，第一次喂食称 "开食"。雏鸭饲养要采取 "早饮水、早开食，先饮水、后开食" 的方法。

① 开水　雏鸭出壳后原则上应在 12～24h 内 "开水"。传统做法是雏鸭出壳毛干后，即分装在竹篓里，而后将慢慢将篓浸入水中，以浸没鸭爪为宜，让鸭在浅水（水温约 15℃）中站 5～10min，雏鸭受水刺激，将会活跃起来，边饮水边活动，这样可促进新陈代谢和胎粪的排出。现代规模养殖场给雏鸭 "开水" 多采用饮水器，为了减少运输造成的应激，可在饮水中加入少量的电解多维、维生素 C，喂给抗生素等以防止肠道疾病。第一次饮水应分栏进行，并对没有初饮的雏鸭进行调教，并做到饮水器内不断水，放置饮水器时应不远离热源和鸭群。

② 开食　常在开水后进行，适宜时间是在出壳后 24h 左右。投料次数要适宜，要注意少喂多餐，育雏 1～2 周，6 次/天，其中一次在晚上进行。为保证采食均匀，应保证每只鸭有足够的垫水位和料位。水槽和料槽应保持一定高度。传统开食是用焖熟的大米饭或碎米饭，或用蒸熟的小米、碎玉米、碎小麦粒，将其撒在竹席上让雏鸭自由采食，4 天后改为煮烂的小麦饲喂，一般第 1 天喂六成饱，以后逐渐增加喂量，以防采食过多造成消化不良，到第 3～4 天增加喂量。随着日龄增长减少饲喂次数，逐渐增加喂量。而目前集约化饲养和专业养鸭场几乎全部采用破碎或小颗粒的全价颗粒料进行饲喂，效果良好。

（4）育雏环境条件

① 适宜的温度 育雏期特别是出壳后1周内要提供较高的环境温度，这是育雏能否成功的关键。供温方式可参见雏鸡培育。第一周保温伞下温度34～35℃，伞周围区域30～32℃，以后随日龄增大逐渐降温，待第三周结束时伞下的温度可降至与室温一致而逐渐脱温。

育雏舍温度监测时，可根据雏鸭活动和分布范围判断温度是否恰当。温度适宜时，雏鸭饮水、采食活动正常，不聚堆，行动灵活，反应敏捷，休息时分布均匀，生长快；温度偏低时，雏鸭趋向热源，相互挤压打堆，易发生呼吸道病和造成窒息死伤，生长速度也会受到影响；温度偏高时，雏鸭远离热源，张口呼吸，饮水增加，食欲降低。

② 适宜的湿度 雏鸭出雏后，通过运输或直接转入干燥的育雏室内，雏鸭体内的水分将会大量丧失，失水严重将会影响卵黄物质的吸收，影响健康和生长。因此，育雏初期育雏舍内需保持较高的相对湿度，一般以相对湿度60%～70%为宜。随着雏鸭日龄的增加，体重增大，雏鸭呼吸量加大，排泄量增大，此时应尽量降低育雏舍的相对湿度，以50%～55%为宜。

③ 良好通风换气 雏鸭新陈代谢旺盛，需要不断吸入新鲜的氧气，排出大量的二氧化碳和水汽，同时地面育雏的鸭粪和垫料等分解后会产生大量氨气和硫化氢等有害气体。因此，要保证雏鸭正常健康生长，应加强育雏舍的通风换气工作，确保空气新鲜。

④ 合理的饲养密度 饲养密度应根据育雏季节、雏鸭日龄和环境条件等灵活掌握。密度过大，鸭群拥挤，采食、饮水不均，影响生长发育，鸭群的整齐度差，也易造成疾病的传播，死淘率增高；密度过小，房舍利用不经济。雏鸭适宜的饲养密度参见表4-2。

表4-2 雏鸭的饲养密度 单位：只/m²

周龄	地面垫料平养	网上平养
1	20～30	30～50
2	10～15	15～25
3	7～10	10～15

⑤ 合理的光照 刚出壳的雏鸭宜采用较强的连续光照，以便使其尽快熟悉环境，迅速学会饮水和采食。0～4周龄雏鸭连续光照的时间为23h/天，提供1h黑暗，使鸭群适应黑暗的环境，以免停电时引起惊群。光照强度大于10lx，如用日常灯光，则应有5W/m²的照度。

知识拓展

雏鸭的生理特点

雏鸭指0～4周龄的小鸭。其生理特点如下。

1. 体温节能力差 刚出壳的雏鸭绒毛短，体温调节的能力差，需要人工保温。

2. 消化机能未健全 雏鸭的消化机能不健全，对饲料消化能力差，饲养雏鸭时要喂给容易消化的饲料。

3. 生长速度快 饲养雏鸭一定要供给营养丰富而全面的饲料。

4. 抵抗力差 雏鸭娇嫩，对外界环境的各种病原抵抗力差，易感染疾病，育雏时要特别重视防疫卫生工作。

3. 育成鸭饲养管理

（1）育成鸭的饲养方式选择 根据养殖条件可采取以下三种饲养方式。

① 放牧饲养　该法较适合养殖户的小规模蛋鸭养殖。放牧饲养可以节约量饲料，降低育成鸭培育成本，同时可增强鸭的体质。放牧饲养要注意以下几点：出牧逆流而上，收牧顺流而下；防暑防毒，夏季要注意防暑，早出牧晚归牧，中午让鸭在树阴下休息，在放牧时，要防止药害的发生；傍晚收牧后根据鸭的放牧程度适当补料，并在运动场活动到深夜，待凉爽后驱鸭入舍；冬季放牧注意防寒，鸭群要晚放牧早收牧，鸭舍要温暖干燥，勤换垫草。

② 半舍饲圈养　该法鸭群饲养在鸭舍、陆上运动场和水上运动场，不外出放牧。采食、饮水可设在舍内，也可设在舍外，一般不设饮水系统。这种饲养方式可与养鱼的鱼塘结合一起，形成一个良性的"鸭-鱼"结合的生态循环。

③ 全舍饲圈养　全舍饲圈养即育成鸭的整个饲养过程全部在鸭舍内进行。一般鸭舍内可采用厚垫料饲养、网状地面饲养和栅状地面饲养，舍内一般需设置较为完备的饮水和排水系统。这种饲养方式的优点是可以较好地控制饲养环境，多用于蛋鸭育成期的大规模集约化养殖。

（2）育成鸭饲养

① 饲养密度　圈养鸭的饲养密度随鸭龄、季节和气温的不同而变化，一般可按以下标准掌握：4～10周龄，每平方米10～15只；10～20周龄，每平方米8～10只。冬季气温较低时，饲养密度可稍高；夏季气温较高时，饲养密度可稍低。

② 分群　育成期鸭群的大小根据养殖方式和养殖条件而定。一般放牧鸭每群以500～1000只为宜，而舍饲鸭可分成小栏饲养，每个小栏200～300只。同时，分群时要尽可能做到同群鸭日龄相近、大小一致、品种一样、性别相同。

③ 控制光照　育成鸭的光照时间宜短不宜长，一般8周龄起，光照8～10h/天为宜，光照强度为5lx，其他时间应保持通宵弱光照明，一般以30m²的鸭舍点1盏15W灯泡为宜。

④ 限制饲喂　限制饲喂主要用于圈养和半圈养鸭群，而放牧鸭群由于运动量大，一般不需限饲。限制饲喂一般从8周龄开始，到16～18周龄结束。限喂前应称重，此后每两周抽样称重1次，以将体重控制在相应品种要求的范围内为宜，体重超重或过轻均会影响鸭群产蛋量。

⑤ 良好运动　圈养和半圈养鸭群应适当增加运动量，一般每天可定时驱赶鸭只在舍内做转圈运动，每次5～10kg，每天活动2～4次。

知识拓展

育成鸭生理特点

育成鸭指5周龄至开产前的中鸭，又称青年鸭，是育雏期结束至产蛋的一个过渡阶段。

1. 育成鸭生长发育迅速　育成鸭活动能力强，食欲旺盛，食性很广，体重增长快，需要给予较丰富的营养物质。以绍兴鸭为例，绍兴鸭28日龄以后体重的绝对增长快速增加，42～44日龄达到最高峰，56日龄起逐渐降低，然后趋于平稳增长，至16周龄的体重已接近成年体重。

2. 羽毛生长迅速　如绍兴鸭育雏期结束时，雏鸭身上还掩盖着绒毛，棕红色麻雀羽毛才将要长出，而到42～44日龄时胸腹部羽毛已长齐，平整光滑，48～52日龄青年鸭已达"三面光"，52～56日龄已长出主翼羽，81～91日龄蛋鸭腹部已换好第二次新羽毛，102日龄蛋鸭全身羽毛已长齐。

3. 性器官发育快　育成鸭到10周龄后，在第二次换羽期间，卵巢上的卵泡也在快速长大，到 12 周龄后，性器官的发育尤其迅速。为了保证育成鸭的骨骼和肌肉的充分生长，必须严格控制育成鸭的性成熟，防止过早产蛋，对提高今后的产蛋性能十分必要。

4. 适应性强　育成鸭随着日龄的增长，体温调节能力增强，对外界气温变化的适应能力也随之加强。同时，由于羽毛的着生，御寒能力也逐步加强。因此，育成鸭可以在常温下饲养，饲养设备也较简单，甚至可以露天饲养。

在育成期，充分利用育成鸭的特点，进行科学的饲养管理，加强锻炼，提高生活力，使生长发育整齐，开产期一致，为产蛋期的高产稳产打下良好基础。

4. 商品蛋鸭产蛋期饲养管理

正常饲养管理条件下，商品蛋鸭 150 日龄群体产蛋率可达 50%，200 日龄时达 90% 以上，产蛋高峰期可持续到 450 日龄左右，以后逐渐下降。根据商品蛋鸭生长发育和产蛋规律，将产蛋期分为四个阶段：产蛋初期（150~200 日龄）、产蛋前期（201~300 日龄）、产蛋中期（301~400 日龄）、产蛋后期（401~500 日龄）。

（1）产蛋初期与产蛋前期饲养管理　蛋鸭 150 日龄开产后，产蛋量逐渐增加直至达到产蛋高峰。因此，蛋鸭日粮中的营养水平特别是粗蛋白质水平要随着产蛋率的提高而逐渐增加，促使鸭群尽快达到产蛋高峰期。当鸭群达到产蛋高峰期后，饲料种类和营养水平要尽量保持稳定，促使产蛋高峰期尽可能长久。采取自由采食方式进行饲喂，每只蛋鸭每天喂料约 150g。每天喂料 4 次，通常白天喂料 3 次，晚上再喂料 1 次。

做好产蛋初期与产蛋前期光照管理。蛋鸭开产后，逐渐增加光照时间，达到产蛋高峰时，使其光照时间达到 15~16h/天，以后保持光照时间的恒定。

在产蛋前期，还要注意抽测蛋鸭体重，若蛋鸭体重在标准体重的 ±5% 以内，表明饲养管理正常；若蛋鸭体重超过或低于标准体重 5% 以上，则要查明原因，调整蛋鸭喂料量和日粮营养水平。

（2）产蛋中期饲养管理　该期蛋鸭已达产蛋高峰期，并持续高强度产蛋，因此对蛋鸭的体况消耗很大，是蛋鸭饲养的关键时期，应对蛋鸭进行精心管理，尽可能延长高峰期产蛋时间。此期蛋鸭日粮中营养水平应在前期基础上适当提高，粗蛋白质水平保持在 20% 左右，并注意钙量和多种维生素的添加。由于日粮中钙量过高会降低饲料适口性，影响蛋鸭采食量，可在日粮中添加 1%~2% 的贝壳粒，也可单独喂给。

此期光照时间保持在 16~17h/天，并注意观察蛋鸭精神状况是否良好、蛋壳质量有无明显变化、产蛋时间是否集中、洗浴后羽毛是否沾湿等，如果发现异常及时采取措施解决。

（3）产蛋后期饲养管理　蛋鸭经过连续的高强度产蛋后，体况消耗很大，产蛋率将有所下降。产蛋后期饲养管理重点是根据鸭群的体重和产蛋率的变化调整日粮的营养水平和喂料量，尽量减缓产蛋率下降幅度，使该期产蛋率保持在 75%~80%。如果发现蛋鸭体重增加较大，应适当降低日粮能量水平，或适量降低采食量；如果发现蛋鸭体重降低而产蛋量有所下降时，应适当提高日粮中蛋白质水平，或适量增加喂料量。该期还应加强蛋鸭选择，及时淘汰低产蛋鸭。

（4）其他管理要求　产蛋期蛋鸭富于神经质，受惊后鸭群容易发生拥挤、飞扑等，导致产蛋量的减少或软壳蛋的增加。管理中切忌使鸭群受到惊吓和干扰。

5. 蛋用种鸭产蛋期饲养管理

蛋用型种鸭饲养管理的要求是：在保证种鸭产蛋数量的前提下，提高种蛋受精率。

（1）根据种鸭产蛋率调整日粮营养水平　种鸭产蛋初期日粮蛋白质水平控制在15%～16%即可满足产蛋鸭的营养需要，最高不超过17%；产蛋高峰期日粮粗蛋白质水平增加到19%～20%，如果日粮中必需氨基酸比较平衡，蛋白质水平控制在17%～18%也能保持较高的产蛋水平。

（2）种鸭配种

① 种公鸭选择　种公鸭要求生长发育良好、体格健壮结实，性器官发育正常，精液品质优良。留种公鸭必须在育雏期、育成期和性成熟初期进行三次严格选择。育成期公鸭和母鸭分群饲养，并在母鸭开产前2～3周按照适宜公母比例放入母鸭群中，让彼此相互熟悉，以提高配种质量。

② 种鸭配种公母比例　适宜的配种公母比例可提高种蛋受精率。自然交配时种鸭配种公母比例为：轻型品种1∶（10～20），中型品种1∶（8～12）。

③ 公母鸭混群后的观察　种鸭公母混群后注意观察种鸭配种情况。一天中种鸭交配高峰期发生在清晨和傍晚，已开产的放牧种鸭或圈饲种鸭在每天的早晚要让鸭群在有水环境中进行嬉水、配种，这样可提高种蛋的受精率。

（3）放牧种鸭日常管理　开产前1个月，放牧种鸭收牧后应逐渐增加补饲喂料量，使母鸭能饱嗉过夜，可较快进入产蛋高峰期。

种鸭放牧时不要急赶，不能走陡坡陡坎，以防母鸭受伤。产蛋期种鸭开产前形成的放牧、采食、休息等生活规律要保持相对稳定，不能随意变动。放牧种鸭因农作原因不能下田放牧，可采用圈养方式饲养，但应加强补饲，防止鸭群产蛋量的大幅度下降。

（4）种蛋收集　初产母鸭的产蛋时间多集中在清晨1～6时，随着产蛋日龄的延长，产蛋时间有所推迟，产蛋后期的母鸭多在上午10时前完成产蛋。

种蛋的收集应根据不同的饲养方式而采取相应的措施。种鸭放牧饲养，可在产完蛋后才赶出去放牧，以便及时收集种蛋，减少种蛋污染和破损。种鸭舍饲饲养，可在舍内设置产蛋箱，注意保持舍内垫料的干燥，特别是产蛋箱内的垫草应保持干燥、松软；刚开产的母鸭可通过人为训练让其在产蛋箱内产蛋。

知识拓展

鸭的生活习性与饲养管理

鸭的生活习性与其野生祖先和驯化过程中的生态环境密切相关，在家鸭饲养管理过程中应充分利用鸭的生活习性，进行科学合理的饲养。

1. 喜水性　鸭是水禽，喜欢在水中寻食、嬉戏和求偶交配。因此，宽阔的水域、良好的水源是养鸭的重要环境条件之一。鸭有水中交配的习性，特别是在早晨和傍晚，水中交配次数占60%以上。鸭喜欢清洁，羽毛总是油亮干净，经常用喙从尾脂腺处沾取脂油梳理羽毛，保持羽毛的防水和清洁。鸭舍设计需设置一些人工小水池，对种鸭特别重要。

2. 合群性 鸭的祖先天性喜群居和成群飞行。这种本性在驯化家养之后仍未改变，鸭至今仍表现出很强的合群性。经过训练的鸭在放牧条件下可以成群远行数里而不紊乱。放牧中呼之即来，挥之即去。鸭群个体间不喜殴斗。这种合群性使鸭适于大群放牧饲养和圈养，管理也比较容易。

3. 耐寒性 鸭全身覆盖羽毛，起着隔热保温作用，成年鸭的羽毛比鸡的羽毛更紧密贴身，且鸭的绒羽浓密，保温性能更好，较鸡具有更强的抗寒能力。鸭的皮下脂肪比鸡厚，耐寒性好。在 0℃ 左右冬季低温下，仍能在水中活动，在 10℃ 左右的气温条件下，即可保持较高的产蛋率。相对而言，鸭耐热性相对较差。

4. 杂食性 鸭食性比鸡更广，更耐粗饲。鸭对饲料要求不高，各种粗饲料、精饲料、青绿饲料都可作为鸭的饲料。据四川农业大学分析，稻田放牧鸭采食的植物性食物近 20 种，动物性食物近 40 种。中小型鸭可充分利用这一特点进行放牧。

5. 生活规律性强 鸭具有良好的条件反射能力，生活节奏极有规律性，每天的放牧、觅食、戏水、休息、交配和产蛋均有较强的固定时间，且群体的生活节奏一旦形成则不易改变。因此，鸭的饲养管理日程应保持相对稳定，不能随便变动。

6. 夜间产蛋性 鸡是白天产蛋，而母鸭是夜间产蛋，这一特性为种鸭的白天放牧提供了方便。鸭产蛋一般集中在凌晨，若多数产蛋窝被占用，有些鸭宁可推迟产蛋时间，这样就影响了鸭的正常产蛋。因此，鸭舍内产蛋窝要充足，垫草要勤换。

三、肉用仔鸭的育肥

肉用雏鸭、肉鸭育成期、肉种鸭产蛋期的饲养管理可参考蛋鸭的饲养管理相关内容。

肉用仔鸭的育肥根据选用的品种、饲养方式的不同可分为快大型肉用仔鸭舍饲育肥和肉用仔鸭放牧育肥等。

1. 快大型肉用仔鸭舍饲育肥

快大型肉用仔鸭是指配套系生产的杂交商品代肉鸭，采用集约化方式饲养，批量生产，是现代优质肉鸭生产的主要方式。

（1）快大型肉用仔鸭的常用品种 快大型肉用仔鸭生产中采用的品种主要有樱桃谷肉鸭、天府肉鸭、澳白星 63 肉鸭、北京鸭等。这些品种均属于大型白羽肉鸭，具有体大、生长快等特点。

（2）快大型商品肉鸭的日粮配制与日粮配方 快大型商品肉鸭体重增长特别迅速，饲养上要根据肉鸭不同生长阶段对营养的要求，配制营养全价而平衡的日粮。快大型商品肉鸭的营养需要见表 4-3。

表 4-3 快大型肉用仔鸭的营养需要

营养成分	0～3 周龄	4 周龄至屠宰
代谢能/（MJ/kg）	12.35	12.35
粗蛋白质/%	21～22	16.5～17.5
钙/%	0.8～1.0	0.7～0.9
有效磷/%	0.4～0.6	0.4～0.6
食盐/%	0.35	0.35
赖氨酸/%	1.10	0.83

营养成分	0～3周龄	4周龄至屠宰
蛋氨酸/%	0.40	0.30
蛋氨酸＋胱氨酸/%	0.70	0.53
色氨酸/%	0.24	0.18
精氨酸/%	0.21	0.91
苏氨酸/%	0.70	0.53
亮氨酸/%	1.40	1.05
异亮氨酸/%	0.70	0.53

注：微量元素、维生素另加。

快大型商品肉鸭的饲粮参考配方见表4-4。

表 4-4　快大型商品肉鸭的饲粮参考配方

饲粮成分/%	饲粮配方					
	1		2		3	
	0～3周龄	4周龄～上市	0～3周龄	4周龄～上市	0～3周龄	4周龄～上市
玉米	54.0	57.7	51	56.7	59.0	63.0
麦麸	15.0	23.2	20.2	28.2	5.7	14.2
豆饼	12.0	4.0	8.4	—	24.0	15.5
鱼粉	13.0	—	—	—	10.0	5.0
菜籽饼	5.0	3.0	5.0	3.0	—	—
蚕蛹	—	10.0	8.3	3.0	—	—
骨粉	0.7	1.8	1.8	1.8	0.5	—
肉粉	—	—	5.0	7.0	—	—
贝壳粉	—	—	—	—	0.5	1.0
磷酸氢钙	—	—	—	—	—	1.0
食盐	0.3	0.3	0.3	0.3	0.3	0.3
合计	100	100	100	100	100	100

注：微量元素、维生素添加剂按照产品使用说明书另加。

（3）0～3周龄阶段快大型商品肉鸭的饲养管理　快大型商品肉鸭的饲养分为0～3周龄、4周龄～出栏两个阶段进行。其中0～3周龄为育雏期，4周龄～出栏为育肥期。0～3周龄阶段肉鸭的饲养管理要点如下。

① 育雏期雏鸭的生理特点　出壳到3周龄为快大型肉鸭的育雏期，该期雏鸭相对生长很快，需要充足的营养需要满足生长发育，但雏鸭刚出壳，对外界的适应能力较差，体温调节机能不完善，消化器官容积小，采食量少，消化能力差。应人为地创造良好的育雏条件特别是温度条件，让雏鸭尽快适应外界环境，提高育雏成活率。

② 进雏前的准备　参考本节"蛋鸭的饲养管理"中"雏鸭的饲养管理"相关内容。

③ 做好雏鸭的精细饲养　尽早饮水与开食。快大型肉用仔鸭早期生长特别迅速，应尽早饮水开食。一般采用直径为2～3mm的颗粒料开食，第1天可把饲料撒在塑料布上，以便雏鸭学会吃食，做到随吃随撒，第2天后就可改用料盘或料槽喂料。雏鸭进入育雏舍后，就应供给充足的饮水，头3天可在饮水中加入复合维生素（1g/kg），并且饮水器（槽）可离雏鸭近些，便于雏鸭的饮水，随着雏鸭日龄的增加，饮水器应聘远离雏鸭。

雏鸭饲料。有粉料和颗粒料两种形式。粉料饲喂前先用水拌湿，可促进雏鸭采食，但粉料饲喂浪费较大，每次投料不宜太多。有条件的地方应使用颗粒料。颗粒料效果比较好，可减少浪费。实践证明，饲喂颗粒料可促进雏鸭生长，提高饲料转化率。

雏鸭自由采食。在食槽或料盘内应保持昼夜均有饲料，做到少喂勤添，雏鸭出壳后1～2周，6次/天，其中一次在晚上进行。随吃随给，保证饲槽内常有料，余料又不过多。

充分饮水。雏鸭一周龄以后可用水槽供给饮水，每100只雏鸭需要1m长的水槽。水槽每天清洗一次，3～5天消毒一次。

垫料管理。鸭饮水时喜呷水擦洗羽毛，易弄湿垫料。因此，要准备充足垫料，随时撒上新垫料，保持舍内温暖干燥。

④ 育雏期雏鸭的管理　温度管理。快大型肉用雏鸭的育雏温度见表4-5。

表4-5　快大型肉用雏鸭的育雏温度

日龄	育雏温度/℃	日龄	育雏温度/℃
1～3	28～31	11～15	19～22
4～6	25～28	16～20	17～19
7～10	22～25	21后	< 17

湿度控制。舍内相对湿度第一周保持在60%为宜，这样有利于雏鸭卵黄的吸收，随后随着雏鸭日龄增大，其排泄物增多，应适当降低相对湿度。

通气换气。育雏室内氨气的浓度一般允许 $10×10^{-6}$，不超过 $20×10^{-6}$。当饲养管理人员进入育雏室感觉臭味大、有明显刺眼的感觉，表明氨气浓度超过允许范围，应及时通风换气。

光照控制。通常育雏1～3天每天采用24h光照，也可采取每天23h光照1h黑暗的光照控制方法，使雏鸭尽早熟悉环境、尽快饮水和开食。

饲养密度。1～3周龄快大型肉用雏鸭的饲养密度见表4-6。

表4-6　1～3周龄快大型肉用雏鸭的饲养密度　　　　　　　单位：只/m²

周龄	地面垫料饲养	网上平养	立体笼养
1	20～30	30～50	50～65
2	10～15	15～25	30～40
3	7～10	10～15	20～25

（4）4周龄～出栏阶段快大型商品肉鸭的饲养管理　4周龄～出栏阶段属于快大型商品肉鸭的育肥期，饲养上要增大肉鸭采食量，提高增重速度。同时由于鸭的采食量增多，饲料中粗蛋白质含量可适当降低，从而达到良好的增重效果。

① 饲料和饲养方式过渡　首先是饲料的过渡。3周龄后，应将育雏期饲料更换为育肥期饲料，饲料更换应逐渐过渡，以3～5天过渡期为宜，每天饲料从育雏期饲料过渡为育肥期饲料改变不超过20%～30%，防止饲料的突然改变对肉鸭造成应激。

其次饲养方式的过渡。由于快大型商品肉鸭的体重较大，因此4～8周龄肉鸭的饲养方式多采取地面平养或网上平养。育雏期采取地面平养或网上平养的肉鸭可不转群，能避免转群给肉鸭带来的应激，但育雏期结束后可不再人工供温，应将保温设备撤去，并做好脱温工作。对于育雏期采用笼养育雏的肉鸭，应转为地面平养，并在转群前1周，将平养鸭舍和用具做好清洁卫生和消毒工作。

降低饲养密度。随着体重增大，应适当降低饲养密度。快大型肉用鸭4周龄～出栏的饲养密度见表4-7。

表 4-7　快大型肉用鸭 4 周龄～出栏阶段的饲养密度　　　　　单位：只/m²

周龄	地面平养	网上平养
4	5～10	10～15
5～6	5～8	8～12
7～8	4～7	7～10

② 喂料及饮水　此阶段全天 24h 保持喂料与饮水，并经常保持饲料和饮水的清洁卫生。由于肉鸭在该期采食量增大，应注意添加饲料，每天可采取白天投料 3 次、晚上在投料 1 次的喂料方式，喂料量一般采取自由采食。应随时保持有清洁的饮水，特别是在夏季，白天气温较高，采食量减少，应加强早晚的管理，此时天气凉爽，鸭子采食的积极性很高，不能断水。

③ 垫料与光照管理　垫料管理。由于采食量增多，其排泄物也增多，应加强舍内和运动场的清洁卫生管理，每日定期打扫，及时清除粪便，保持舍内干燥，防止垫料潮湿。

光照管理。该期采取全天光照的方式进行饲喂，白天可利用自然光照，晚上通宵照明。但光照强度不要过强，光照强度可控制为 5～10lx。

④ 防止啄羽　如果鸭群饲养密度过大，通风换气差，地面垫料潮湿，光照强度过大，日粮中营养不平衡，特别是含硫氨基酸缺乏，容易引起肉鸭相互啄羽，因此在饲养上要注意采取综合措施防止啄羽的发生。

⑤ 上市日龄与上市体重　肉鸭一旦达到上市体重应尽快出售。商品肉鸭一般 6 周龄活重可达到 2.5kg 以上，7 周龄可达 3kg 以上，肉鸭饲料转化率以 6 周龄最高，因此，42～45 日龄为肉鸭理想的上市日龄。如果用于分割肉生产，则以 8 周龄上市最为理想。

知识拓展

快大型肉用仔鸭的生产特点

快大型肉用仔鸭是指配套系生产的杂交商品代肉鸭，采用集约化方式饲养，批量生产，是现代优质肉鸭生产的主要方式。快大型肉用仔鸭的生产特点主要有以下几个。

1. 生长速度快，饲料转化率高　在舍饲条件下，快大型商品肉鸭 7～8 周龄体重可达 3.0～3.8kg，为其孵化出壳重的 50 倍以上；上市体重一般在 3kg 或 3kg 以上，其生长速度和饲料转化率远远高于麻鸭类型品种或其杂交鸭。

2. 产肉率高，肉质好　通过选育后的快大型商品肉鸭，其上市体重大，胸腿肌特别发达。据测定 7 周龄上市的肉鸭体重在 3kg 以上，胸腿肌重可达 600g 以上，占全净膛重的 25.4%。具有肉质好的特点，其肌肉纤维间脂肪多、肉质细嫩，是优质肉品。

3. 生产周期短　快大型商品肉鸭从出壳到上市全程饲养期 6～8 周，因此具有生产周期短、资金周转快的特点。此外，快大型商品肉鸭生长整齐，可采用全舍饲饲养，打破了稻田放牧生产肉用仔鸭生产的季节性，可全年以"全进全出制"的饲养方式进行批量生产。

2. 肉用仔鸭放牧育肥

肉用仔鸭放牧育肥是中国传统的肉鸭养殖方式，这种养殖方式实行鱼鸭结合、稻鸭结合，是典型的生态农业项目，在中国南方广大地区仍普遍采用。

（1）放牧肉鸭品种的选择与饲养方式　品种选择。传统稻田放牧养鸭采用的品种主要是中国地方麻鸭品种，如四川麻鸭、建昌鸭等；现在放牧肉用仔鸭的生产主要采用现代快速生长型肉鸭品种（如樱桃谷肉鸭、天府肉鸭、澳白星63肉鸭、北京鸭等）与中国地方麻鸭品种进行杂交，其生产的杂交肉鸭进行放牧饲养。

放牧肉用仔鸭的饲养方式可采用全放牧饲养、半牧半舍饲饲养等方式。全放牧饲养是中国的一种传统的养鸭方式，主要以水稻田为依托，采取农牧结合的稻田放牧养鸭技术。半牧半舍饲饲养是在传统放牧养殖的基础上进行的改进，肉鸭白天进行放牧饲养，自由采食野生饲料，人工进行适当补饲；晚上回到圈舍过夜，有固定的圈舍供鸭避风、挡雨、避寒、休息。

（2）幼雏鸭阶段的饲养管理

① 幼雏鸭的育雏方式　幼雏鸭的育雏方式可分为舍饲育雏和野营自温育雏两种方式。舍饲育雏可参见前面"0～3周龄阶段快大型商品肉鸭的饲养管理"。我国南方水稻产区麻鸭为群牧饲养，采用野营自温育雏。育雏期一般为20天左右，每群雏鸭数多达1000～2000只，少则300～500只。

② 幼雏鸭的饲料与饲喂方式　幼雏鸭的饲料。过去常用半生熟的米饭（或煮熟的碎玉米），现在提倡使用雏鸭颗粒饲料饲喂。喂料时将饲料均匀撒在饲场的晒席上。育雏期第一周喂料5～6次，第二周4～5次，第三周3～4次，喂料时间最好安排在放牧之前。每日放牧后，视雏鸭采食情况，适当补饲，让雏鸭吃饱过夜。

饲喂方式。育雏期采用人工补饲为主、放牧为辅的饲养方式，放牧的次数应根据当日的天气而定，炎热天气一般早晨和下午4时左右才出牧。

③ 做好放牧前的准备　群鸭育雏依季节不同，养至15～20日龄，即由人工育雏转入全日放牧的育成阶段。放牧前为使雏鸭适应采食谷粒，需要采取饥饿强制方法即只给水不给料，让雏鸭饥饿6～8h，迫使雏鸭采食谷粒，然后转入放牧饲养。

（3）肉用仔鸭生长肥育期的放牧管理

① 放牧时间　育雏结束后，鸭只已有较强的放牧觅食能力，南方水稻产区主要利用秋收后稻田中遗谷为饲料。鸭苗放养的时间要与当地水稻的收割期紧密结合，以育雏期结束正好水稻开始收割的安排最为理想。

② 放牧路线　放牧路线的选择是否恰当，直接影响放牧饲养的成本。选择放牧路线的要点是根据当年一定区域内水稻栽播时间的早迟，先放早收割的稻田，逐步放牧前进。按照选定的放牧路线预计到达某一城镇时，该鸭群正好达到上市，以便及时出售。

③ 放牧节奏　鸭群在放牧过程中的每一天均有其生活规律，在春末秋初每一天要出现3～4次采食高潮，同时也出现3～4次休息和戏水过程。在秋后至初春气温低，日照时间较短，一般出现早、中、晚三次采食高潮。要根据鸭群这一生活规律，把天然饲料丰富的放牧地留作采食高潮时进行放牧，这样充分利用野生的饲料资源，又有利于鸭子的消化吸收，容易上膘。

④ 放牧群的控制　鸭子具有较强的合群性，从育雏开始到放牧训练，建立起听从放牧人员口令和放牧竿指挥的条件反射，可以把数千只鸭控制得井井有条，不致糟蹋庄稼和践踏作物。放牧鸭群要注意疫苗的预防接种，还应注意农药中毒。

⑤ 放牧肉鸭的出栏　放牧肉鸭达到适宜的商品体重应及时上市屠宰。

四、番鸭的饲养管理

番鸭又称"瘤头鸭"、"麝香鸭",是著名的肉用型鸭。家鸭(如北京鸭、麻鸭等)起源于河鸭属,瘤头鸭起源于栖鸭属,故家鸭和瘤头鸭是同科不同属、种的两种鸭类。中国饲养的番鸭,经长期饲养已驯化成为适应中国南方生活环境的良种肉用鸭。番鸭虽有一定的飞翔能力,但性情温顺,行动笨重,不喜在水中长时间游泳,适于陆地舍饲,在东南沿海如福建、广东、广西、浙江、江西和中国台湾等地均大量繁殖饲养。

公番鸭与母家鸭之间的杂交属于不同属之间的远缘杂交,所生的第一代无繁殖力,但在生产性能方面具有较大的杂交优势,称"半番鸭"或"骡鸭"。这种杂交鸭体格健壮,放牧觅食能力强,耐粗放饲养,具有增重快,皮下脂肪和腹脂少,瘦肉率高。

近年来,半番鸭的生产在国内外发展都很快。半番鸭的生产技术要点如下。

(1) 杂交方式 杂交组合分正交(公番鸭×母家鸭)和反交(公家鸭×母番鸭)两种。经生产实践证明以正交效果好,这是由于用家鸭作母本,产蛋多,繁殖率高,雏鸭成本低,杂交鸭公母生长速度差异不大,12周龄平均体重可达3.5~4kg。如用番鸭作母本,产蛋少,雏鸭成本高,杂交鸭公母体重差异大,12周龄时,杂交公鸭可达3.5~4kg,母鸭只有2kg,因此,在半番鸭的生产中,反交方式不宜采用。

杂交母本最好选用北京鸭、天府肉鸭、樱桃谷肉鸭等大型肉配套系的母本品系,这样繁殖率高,生产的骡鸭体形大,生长快。

(2) 配种方式 半番鸭的配种方式分为自然交配和人工授精。采用自然交配时,每个配种群体可按25~30只母鸭,放6~8只公鸭,公母配种比1:4左右进行组群。公番鸭应在育成期(20周龄前)放入母鸭群中,提前互相熟识,先适应一个阶段,性成熟后才能互相交配。增加公鸭只数,缩小公母配比和提前放入公鸭,是提高受精率的重要方法。

要进行规模化的半番鸭生产,最好采用人工授精技术。番鸭人工授精技术是骡鸭生产成功与否的关键。采精前要对公鸭进行选择,人工采精的种公鸭必须是易与人接近的个体。过度神经质的公鸭往往无法采精,这类个体应于培育过程中予以淘汰。种公鸭实施单独培育,与母番鸭分开饲养。公番鸭适宜采精时间27~47周龄,最适采精时期为30~45周龄。低于27周龄或超过47周龄采精,则精液质量低劣。

(3) 番鸭的饲养方法 番鸭与家鸭的生活习性及其种质特性虽有相当的区别,但骡鸭的饲养方法与一般肉鸭相似,具体饲养方法可参见前面相关内容。

任务思考 🖱

1. 怎样根据养殖目的合理选择鸭的品种?
2. 怎样理解蛋用型雏鸭的育雏方式及其特点?
3. 蛋用型育成鸭有何生理特点?
4. 蛋鸭产蛋期怎样划分?不同阶段的管理重点是什么?
5. 快大型肉鸭的生产有何特点?

任务三　鹅的饲养管理

任务描述

根据养殖条件和市场要求，肉用仔鹅的育肥可采取放牧育肥法、舍饲育肥法和人工填饲育肥法。鹅的饲养管理主要包括品种的选择，雏鹅、后备种鹅、种鹅、肉仔鹅的饲养技术等内容。

任务分析

鹅的饲养管理，首先要了解鹅品种的特点，并选择适宜的饲养品种和饲养方式，通过配制合理日粮、提供良好的饲养环境、做好卫生防疫等措施，提高鹅业生产经济效益。种鹅是养鹅生产的重要生产资料，育成期限制饲养、饲养期合理光照、合理确定配种公母比、加强种鹅选择淘汰等，是提高种鹅生产性能的关键措施。

任务实施

一、鹅的品种选择

1. 小型鹅品种识别

（1）太湖鹅　太湖鹅产于江苏、浙江两省沿太湖地区，分布于江苏省大部、浙江省杭嘉湖地区。太湖鹅体型小，体态高昂优美，羽毛紧密。肉瘤发达，公鹅比母鹅更突出明显；颈细长，呈弓形，无咽袋；全身羽毛洁白；喙、胫、蹼均呈橘红色。见彩图4-11。

成年公鹅体重4.0～4.5kg，母鹅3.0～3.5kg。在放牧条件下，70日龄上市体重2.32kg，半净膛屠宰率78.64%，全净膛屠宰率64.05%。母鹅性成熟早，约160日龄开产，群体中约有10%的个体有就巢性。年产蛋量平均60枚以上，蛋重135.3g，蛋壳白色。

（2）豁眼鹅　豁眼鹅又称豁鹅，因两上眼睑均有明显豁口而得名。原产于山东莱阳地区，现分布遍及东北三省。豁眼鹅耐寒性强，冬季在−30℃无防寒设施条件下还能产蛋；产羽绒较多，含绒量高。体型较小，体质细致紧凑，羽毛白色。头较小，颈细稍长。喙、胫、蹼均为橘黄色。见彩图4-12。

公鹅成年体重3.72～4.44kg，母鹅3.12～3.82kg。90日龄体重3.0～4.0kg。上市仔鹅半净膛屠宰率78.3%～81.2%，全净膛屠宰率为70.3%～72.6%。在放牧为主的条件下，年平均产蛋80枚左右。蛋重120～130g，壳白色。

（3）阳江鹅　阳江鹅产于广东省湛江市。该鹅从头部经颈部向后延伸至背部，有一条宽1.5～2cm的棕色毛带，故阳江鹅又称黄鬃鹅。阳江鹅的羽色很不一致，鹅群中灰色羽又分黑灰、黄灰和白灰等几种。母鹅头细颈长，性情温顺；公鹅头大颈粗，躯干雄性特别明显，头顶肉瘤发达。喙、肉瘤黑色；胫、蹼有橘红色和黑色两种类型。见彩图4-13。

成年公鹅体重4.05kg左右，母鹅3.12kg。在一般饲养条件下，70～80日龄体重可达3.0～3.5kg。饲养条件较好时，70～80日龄体重最大可达5kg。70日龄半净膛屠宰率84%左右，全净膛屠宰率74%左右。阳江鹅性成熟早，母鹅在150～160天开产，就巢性强，年平均产蛋量26～30枚，平均蛋重140g，蛋壳多为白色。

（4）乌鬃鹅　乌鬃鹅原产于广东省清远县，因大部分羽毛为乌棕色而得此名。乌鬃鹅头小、颈细、腿矮，结构紧凑。公鹅体型较大，呈榄核形，肉瘤发达，母鹅呈楔形。见彩图4-14。

公鹅成年体重平均 3.42kg，母鹅 2.86kg。采用传统的饲养方法，70 日龄体重可达 2500～2700g，90 日龄体重 2850～3250g。母鹅在 140 日龄开产，就巢性很强，年产蛋量 30～35 枚，平均蛋重 144.5g。

（5）籽鹅　籽鹅集中产区为黑龙江省绥化和松花江地区，吉林省农安县一带也有籽鹅分布。籽鹅全身羽毛白色，肉瘤较小。体型轻小，紧凑，略呈长圆形。喙、胫、蹼皆为橙黄色，虹彩灰色。见彩图 4-15。

成年公鹅约 4.5kg，母鹅约 3.5kg。60 日龄公鹅体重约 3.0kg，母鹅 2.8kg。70 日龄籽鹅半净膛屠宰率 78.02%～80.19%，全净膛屠宰率 69.47%～71.30%。母鹅开产日龄为 180～210 天，年产蛋量达 100 枚以上，蛋壳白色，是世界上少有的产蛋量高的鹅种。

（6）长乐鹅　长乐鹅产于福建省长乐县和邻近县市。长乐鹅绝大多数鹅体羽毛为灰褐色，公鹅肉瘤高大，母鹅肉瘤小而扁平；喙黑色或黄色；胫、蹼橘黄色，虹彩褐色。见彩图 4-16。

成年公鹅体重平均 4.38kg，母鹅为 4.19kg。60 日龄仔鹅体重 3.08kg，半净膛屠宰率 81.78%，全净膛屠宰率为 68.67%。一般 7 月龄达到性成熟，就巢性强，年产蛋量 30～40 枚，蛋重 153g，蛋壳白色。

（7）伊犁鹅　伊犁鹅主产于新疆维吾尔自治区伊犁哈萨克自治州各直属县、市，是我国唯一起源于灰雁的鹅种，耐粗放饲养，能短距离飞翔，适应严寒的气候，产绒量高。伊犁鹅体型与灰雁非常相似，颈较短，胸宽广而突出，体躯呈水平状态，羽毛分为灰、花、白三种颜色。

成年公鹅 4.29kg，母鹅 3.53kg。在天然草场上放牧，60 日龄活重公、母鹅分别为 3.03kg、2.77kg。母鹅 270～300 日龄开产，母鹅有就巢性，年产蛋 5～24 枚，平均蛋重为 153.9g，蛋壳乳白色。

2. 中型鹅品种识别

（1）四川白鹅　四川白鹅主产于四川省温江、乐山、宜宾、永川和达县等地，分布于平坝和丘陵水稻产区。公鹅体型较大，头颈稍粗，额部有一呈半圆形的橘黄色肉瘤；母鹅头清秀，颈细长，肉瘤不太明显。全身羽毛洁白，喙橘黄色，胫、蹼橘红色，虹彩蓝灰色。见彩图 4-17。

成年公鹅体重 5.0～5.5kg，母鹅 4.5～4.9kg。60 日龄体重 2.5kg，90 日龄 3.5kg。半净膛屠宰率公鹅 86.28%，母鹅 80.69%；全净膛屠宰率公鹅 79.27%，母鹅 73.10%。公鹅性成熟期为 180 日龄左右；母鹅于 200 日龄开产，母鹅基本无抱性，平均年产蛋量 60～80 枚，平均蛋重 146g，蛋壳白色。四川农业大学家禽研究室经多年选育结果表明，四川白鹅作为配套系的母本，最为理想。

（2）皖西白鹅　皖西白鹅原产于安徽西部和河南省固始县。体型中等，颈细长呈弓形，胸部丰满，背宽平，全身羽毛白色。头顶有光滑的橘黄色肉瘤，公鹅体躯略长，母鹅呈蛋圆形；喙橘黄色，胫、蹼橘红色。见彩图 4-18。

成年公鹅体重 5.5～5.6kg，母鹅 5～6kg。在一般放牧条件下，60 日龄仔鹅体重 3.0～3.5kg，90 日龄可达 4.5kg。母鹅 180 天左右开产，母鹅就巢性强，年产蛋 25 枚左右，平均蛋重 142g，蛋壳白色。

（3）溆浦鹅　溆浦鹅原产于湖南省溆浦县，我国南方许多省区均有饲养。溆浦鹅体型高大，体质紧凑结实，属中型鹅种。公鹅肉瘤发达，颈细长呈弓形；母鹅体型稍小，后躯丰满，呈卵圆形，腹部下垂，有腹褶。羽色有灰、白两种羽色。见彩图 4-19。

成年公鹅体重 6.0～6.5kg，母鹅 5～6kg；仔鹅 60 日龄体重 3.0～3.5kg，半净膛屠宰率在 88% 左右，全净膛屠宰率约 80%。溆浦鹅性成熟较早，200～210 天开产，年产蛋 30 枚左右，平均蛋重 212.5g，蛋壳多为白色。溆浦鹅是我国肥肝性能优良的鹅种之一。

（4）浙东白鹅　浙东白鹅主产于浙江省东部，属中等体型，体躯呈长方形，羽色多为白色。见彩图 4-20。

成年公鹅体重 4.5～5.0kg，母鹅 4.0～4.5kg。70 日龄体重达 4.0kg。半净膛屠宰率为 81％，全净膛屠宰率 72％。母鹅一般在 150 日龄左右开产，年产蛋量 40 枚左右，平均蛋重 149.6g，蛋壳白色。

（5）朗德鹅　原产于法国西南部的朗德省，是世界闻名的肥肝鹅专用品种。朗德鹅体型中等偏大，毛色以灰褐色为主，在颈背部接近黑色，而在胸腹部毛色较浅呈银灰色，鹅喙橘黄色，胫、蹼为肉色。见彩图 4-21。

成年公鹅体重 7～8kg，母鹅 6～7kg。仔鹅 56 日龄体重可达 4.5kg 左右。肉用仔鹅经填肥后活重达到 10～11kg，肥肝重量达 700～800g。母鹅性成熟期 180 日龄，年产蛋量 35～40 枚。

（6）莱茵鹅　原产于德国莱茵州，以其产蛋量高，繁殖力强而著称，广泛分布于欧洲各国。莱茵鹅体型中等偏小，头上无肉瘤，颈粗短。初生雏鹅背面羽毛为灰褐色，从 2～6 周龄逐渐转为白色，成年时全身羽毛洁白。喙、胫、蹼均呈橘黄色。见彩图 4-22。

成年公鹅 5～6kg，母鹅 4.5～5kg。肉用仔鹅 8 周龄活重 4.2～4.3kg。种鹅性成熟较早，母鹅年产蛋量 50～60 个，蛋重 150～190g。莱茵鹅繁殖性能高，生长速度快，可作为配套杂交的母本。

3. 大型鹅品种识别

（1）狮头鹅　狮头鹅原产于广东省饶平县，是我国优良的大型鹅种，也是世界上三大鹅种之一。体躯硕大，呈方形，头大颈粗短。成年公鹅和两岁母鹅的头部肉瘤特征明显，颔下咽袋发达，一直延伸到颈部，形成"狮形头"，故得名狮头鹅。羽毛颜色大部似雁鹅。见彩图 4-23。

成年公鹅体重 10～12kg，最大可达 19kg；母鹅体重 9～10kg，最大 13kg。肉用仔鹅在 40～70 日龄增重最快，70～90 日龄未经填肥的仔鹅平均体重为 5.84kg。母鹅开产日龄 160～180 天，产蛋季节为每年的 9 月至次年的 4 月，全年产蛋量 25～35 枚，平均蛋重 105～255g，蛋壳白色。

（2）埃姆登鹅　埃姆登鹅原产于德国西部的埃姆登城，为世界驰名的古老鹅种之一。体型大，头大呈椭圆形，喙粗短，颈长稍曲，背宽阔，体长，胸部丰满，腹部有一双腹褶下垂；喙、胫、蹼呈橘红色，虹彩蓝色，全身羽毛白色。见彩图 4-24。

成年鹅体重公鹅 9～15kg，母鹅 8～10kg。60 日龄体重 3.5kg，母鹅 300 日龄左右开产，就巢性强，年产蛋量 20～30 枚，蛋重 160～200g。

知识拓展

鹅的种源现状

中国是世界上鹅种资源最丰富的国家，有来源于灰雁的伊犁鹅和来源于鸿雁的狮头鹅、皖西白鹅、豁眼鹅、四川白鹅等 20 多个品种。从羽色上分灰白两种；从体重上有大、中、小 3 种类型。此外，还有一些引进品种，包括早期生长迅速、繁殖性能较高的莱茵鹅、肥肝专用品种朗德鹅等，是我国家鹅品种资源的重要组成部分。

根据国家畜禽资源管理委员会调查，我国现有鹅种 30 个。2014 年 2 月，农业部公布的《国家级畜禽遗传资源保护名录》中，有11个鹅品种被列入国家级品种资源保护名录，分别是四川白鹅、伊犁鹅、狮头鹅、皖西白鹅、豁眼鹅、太湖鹅、兴国灰鹅、乌鬃鹅、浙东白鹅、钢鹅、溆浦鹅；7个国家级保种场通过验收，其他多数为省市级保护范围。

我国鹅种资源丰富，但各地方品种间的生产性能存在较大的差异，群体整齐度差，不能满足规模化、产业化生产的发展需要。近年来，相关研究者在地方鹅种的遗传特性、品种间的杂交改良以及利用国外优良鹅种对中国鹅种的杂交改良利用等方面进行研究，还开展了一些鹅种的肥肝性能研究及鹅产品的开发利用研究。如四川农业大学利用优良的地方品种和引进种为育种材料，开展了肉鹅专门化品系的选育，培育出了天府肉鹅商用配套系，其父母代种鹅年产蛋量达85～90枚，比四川白鹅提高了18枚；商品代肉鹅在放牧补饲饲养条件下，60日龄活重3.25～3.5kg，70日龄活重3.92kg。扬州大学利用太湖鹅和隆昌鹅（四川白鹅）为育种材料，培育出了扬州鹅，年产蛋量达72～75枚，70日龄活重达3.3～3.5kg。这些培育品种（系）的推广应用有力地促进了我国养鹅生产水平的提高。

在鹅的品种选育与利用上，应根据不同市场的需求特点，加强我国优良地方鹅种的保种选育、专门化品系培育和优良鹅种开发的力度，育成我国自己的高产肉鹅配套系，提高养鹅生产水平。同时，国家应加大投入，加快优良鹅种良繁体系的建立，保证我国养鹅业快速发展对种源的需求。

二、各阶段鹅的饲养管理

1. 雏鹅的饲养管理

孵化出壳0～4周龄的小鹅称雏鹅。该阶段雏鹅具有体温调节机能差、消化道容积小、消化吸收能力差、雏鹅抗病能力差等特点，因此雏鹅的培育是养鹅生产中一个关键的生产环节。雏鹅培育的目标是培育出生长发育快、体质健壮、适应性强的雏鹅。

(1) 雏鹅的选择与运输

① 雏鹅的选择 雏鹅在育雏前必须进行严格的选择。雏鹅的选择最好在出壳后12～24h进行。健雏的判断标准是：品种特征明显，出壳时间正常，体质健壮，体重大小符合品种要求，群体整齐；脐部收缩良好，脐部被绒毛覆盖，腹部柔软；绒毛洁净而富有光泽；握在手中挣扎有力，感觉有弹性；弱雏的表现与健雏相反。

此外，如果种蛋来自未经小鹅瘟疫苗免疫的母鹅群，必须在雏鹅出壳后24～48h内注射小鹅瘟高免血清。

② 雏鹅的运输 雏鹅的运输以孵出后8～12h到达目的地最好，最迟不得超过36h。盛放雏鹅的用具必须清洁、消毒，要用专用纸箱、塑料运雏箱或竹筐。装运时数量适宜，严防拥挤；冬季运输注意保温和通风；夏季运输要防止雏鹅受热。运输途中不能喂食，长距离运输可中途让雏鹅饮水，饮水中加入多维（1g/kg水），以免运输应激。

(2) 雏鹅的育雏方式 雏鹅的育雏方式分为自温育雏、平面供温育雏。

① 自温育雏 其方法是将雏鹅放在箩筐内，内铺垫草，利用雏鹅自身散发出的热量保持育雏温度。通常室温在15℃以上时，可将15日龄的雏鹅白天放在柔软的垫草上，用30cm高的竹围围成直径1m左右的小栏，每栏养20～30只；晚上则将雏鹅放在育雏箩筐内。5日龄以后，根据气温的变化情况，逐渐减少雏鹅在育雏箩筐内的时间；7～10天以后，

应让雏鹅就近放牧采食青草，逐渐延长放牧的时间。在育雏期间注意保持筐内垫草的干燥。在四川和长江中下游地区，当育雏数量不多时，多采用自温育雏饲养雏鹅。

② 平面供温育雏 当育雏数量较大或规模化育雏时，常采用平面供温育雏。该法通常采用地面或者网上平养，其热源依靠人工控制，主要的热源有伞形育雏器、红外线灯育雏、烟道式育雏、火坑式育雏等供温方式。育雏前的准备和加温方法可参照"鸭生产技术"相关内容。

（3）雏鹅的饲养管理

① 潮口 雏鹅出壳后的第一次饮水又叫潮口。雏鹅出壳时，腹腔内尚有部分未利用完的卵黄，但雏鹅出壳后体内水分损失很大，运输过程中也容易造成大量失水，加上腹腔内卵黄的利用也需要水分，因此雏鹅应先饮水后开食。

雏鹅的饮水最好使用小型饮水器，或使用浅形水盘，水深不超过1cm，以雏鹅绒毛不湿为宜。1～3日龄，饮水中加入电解多维（1～2g/kg水），也可饮0.1%的高锰酸钾溶液。

② 雏鹅开食与饲喂 开食是指雏鹅第一次吃料。初生雏鹅及时开食，有利于提高雏鹅成活率。开食在雏鹅出壳后12～24h进行，可将饲料撒在浅食盘或塑料布上，让其啄食。如用颗粒料开食，应将粒料磨破，以便雏鹅的采食。开食应少喂勤添。

刚出壳的雏鹅消化能力较弱，但生长发育快，可喂给蛋白质含量高、容易消化的饲料，饲料种类应多样搭配。实践证明，颗粒饲料适口性和饲喂效果好，最好使用直径为2.5mm的颗粒饲料饲喂。随着雏鹅日龄的增加，逐渐减少精料喂量，增加优质青饲料的饲喂量，青绿饲料或青菜叶可以单独饲喂，但应切成细丝状。在减少精料的同时，应逐渐延长放牧时间。

饲喂次数和方法。1～7日龄，约每3h喂料1次，每天喂料6～9次；7日龄后，随着雏鹅采食量增大，可减少到每天喂料5～6次，其中夜里喂两次。喂料时可以把精料和青料分开，先喂精料后喂青料，防止雏鹅专挑青料吃而影响精料的采食。随着雏鹅放牧能力的加强，可适当减少饲喂次数。

③ 雏鹅的放牧 适时放牧，有利于提高雏鹅适应外界环境的能力，降低饲养成本。春季育雏，4～5日龄后可开始放牧，选择晴朗无风的日子，喂料后将雏鹅放在育雏室附近草场上放牧，让其自由采食青草。开始放牧的时间要短，以后随雏鹅日龄的增加逐渐延长放牧时间。放牧地要有水源或靠近水源，将雏鹅赶到浅水处让其自由下水、戏水，既可促进雏鹅生长发育，又利于使羽毛清洁，提高抗病力。

④ 雏鹅的保温与脱温 做好保温。刚出壳的雏鹅绒毛稀短，体温调节机能差，抗寒能力较弱；直到10日龄后体温调节机能才逐渐完善。因此，育雏前期提供适宜的育雏温度，具体供温标准与湿度要求参见表4-8。

表 4-8 雏鹅育雏期适宜温度与湿度

日龄/天	1～5	6～10	11～15	16～20
温度/℃	27～28	25～26	22～24	20～22
相对湿度/%	60～65	60～65	65～70	65～70

在育雏管理中，判断育雏温度是否适宜，主要根据雏鹅的活动状态来判断，具体判断方法与雏鸭相似，可参考"雏鸭的饲养管理"中相关内容。雏鹅育雏温度因品种、季节、饲养方式而不同，要灵活掌握育雏温度的控制。在育雏期间，温度必须平稳下降，切忌忽高忽低，变化急剧。

适时脱温。随着雏鹅体温调节机能的逐渐完善，可逐步脱温。当外界气温较高或天气较好时，雏鹅在3～5日龄可进行第一次放牧和下水，白天可停止加温，在夜间气温低时加温，即开始逐步脱温；在寒冷的冬季和早春季节，气温较低，可适当延长保温期，但也应在7～

10 日龄开始脱温，到 10～14 日龄达到完全脱温。

⑤ 湿度和通风　育雏期间在保温的同时应注意湿度的控制，防止育雏环境潮湿。雏鹅饮水时往往弄湿羽毛或水槽周围的垫料，育雏期间应注意室内的通风换气，保持舍内垫料和地面的干燥。雏鹅育雏期适宜湿度见表 4-8。

⑥ 饲养密度与分群饲养　雏鹅生长发育迅速，育雏期间应及时调整饲养密度，并按雏鹅体质强弱、个体大小及时分群饲养，可提高鹅群的整齐度。雏鹅适宜的饲养密度见表 4-9。

表 4-9　雏鹅的饲养密度　　　　　　　　　　　　　　　　　　　　　单位：只/m²

类型	1 周龄	2 周龄	3 周龄	4 周龄
中、小型鹅种	15～20	10～15	6～10	5～6
大型鹅种	12～15	8～10	5～8	4～5

⑦ 防御敌害　雏鹅体质较弱，不能防御和逃避敌害。鼠害是雏鹅最危险的敌害，因此对育雏室的墙角、门窗要仔细检查，堵塞鼠洞。此外，雏鹅放牧要防御黄鼠狼、猫、狗、蛇等危害。

知识拓展

鹅生活习性与饲养管理

鹅的驯化程度相对较低，有些生活习性与鸿雁相似，熟悉鹅的生活习性，才能制订出适宜的日常管理制度，才能做到科学养鹅。

1. 草食性　鹅是体型较大和容易饲养的一类草食水禽，凡在有草地和水源的地方均可饲养，尤其是水较多、水草丰富的地方，更适宜成群放牧饲养。鹅具有强健的肌胃、比身体长 10 倍的消化道以及发达的盲肠。鹅的肌胃压力比鸡大 2 倍，胃内有较厚的角质膜，可把食物磨碎。鹅的肠道较长，盲肠发达，对青草中粗纤维的消化率可达 45%～50%，特别是消化青饲料中蛋白质的能力很强。据调查，饲喂 7kg 左右的青草、1～1.2kg 精料，鹅体重即可增加 1kg。鹅喜食青草，不与人、畜争粮，是典型的草食性家禽。发展种草养鹅，对降低饲养成本、提高经济效益十分有利。

2. 摄食性　鹅喙呈扁平铲状，进食时不像鸡那样啄食，而是铲食，铲进一口后，抬头吞下，然后再重复上述动作。这就要求补饲时，食槽要有一定高度，平底，且有一定宽度。鹅没有鸡那样的嗉囊，每天鹅必须有足够的采食次数，防止饥饿，每间隔 2h 需采食 1 次，小鹅就更短一些，每天必须在 7～8 次以上，特别是夜间补饲更为重要。

3. 反应敏捷性　鹅有较好的反应能力，比较容易接受训练和调教，但胆小性急，容易受惊而高声鸣叫，导致互相挤压。鹅的这种应激行为一般在雏鹅早期就开始表现，雏鹅对人、畜及偶然出现的鲜艳色泽物或声、光等刺激均有害怕感觉，甚至因某只鹅无意间弄翻食盆发出声响，其他鹅也会异常惊慌，迅速站起惊叫，并拥挤于一角。应尽可能保持鹅舍的安静，避免惊群的发生造成损失。人接近鹅群时，也要事先作出鹅熟悉的声音，以免使鹅骤然受惊而影响采食或产蛋。同时，防止猫、犬、老鼠等动物进入圈舍造成惊群。

4. 择偶性　鹅有固定配偶交配的特性，且随着驯化有所加强。公母鹅比例为 1：（4～6），鹅群中公鹅认准的母鹅可经常进行交配，而对群体中的其他母鹅则视而不配。

5. 就巢性　鹅经过人类的长期选育，有的品种已经丧失了孵抱的本能（如太湖鹅、豁眼鹅等），但较多的鹅种仍然具有就巢性，这就明显减少了鹅产蛋的时间，造成鹅的产蛋性能远远低于鸡和鸭。一般鹅产蛋 8～12 枚时，就自然就巢。

6. 耐热性差　鹅比较怕热，在炎热的夏季，喜欢整天泡在水中，或者在树阴下纳凉休息，觅食时间减少，采食量下降，产蛋量也下降，许多鹅种往往在夏季停止产蛋。

此外，鹅还有与鸭相似的一些生活习性，如喜水性、合群性、耐寒性、生活规律性、夜间产蛋性等，在此不再赘述。

2. 后备种鹅的饲养管理

从 5 周龄开始至 30 周龄产蛋前为止这段时期，称为种鹅的育成期，育成期的种鹅也称后备种鹅。

（1）后备种鹅的生理特点与饲养要求

① 骨骼、肌肉发育快　后备阶段是鹅骨骼、肌肉发育的关键时期，也是脱换旧羽、更换新羽的时期。该阶段如果补饲日粮的蛋白质和能量水平过高，会导致鹅体过大过肥，促使母鹅开产时间提前，而鹅的骨骼尚未得到充分的发育，降低产蛋期产蛋量和种蛋质量。因此，后备种鹅补饲日粮应保持较低的蛋白质和能量水平，减少补饲量和补饲次数。加强种鹅的放牧饲养，促进骨骼、肌肉、生殖器官和羽毛的充分发育，培育体格健壮结实的后备种鹅。

② 消化道发达，耐粗放饲养　后备种鹅的消化道极其发达，食道膨大部较宽大，富有弹性，一次可采食大量的青粗饲料；肌胃肌肉厚实，收缩力强；消化道是躯体长的 11 倍，有发达的盲肠，对饲料中粗纤维的消化能力可达 40%～50%。因此，在后备种鹅的培育上应利用放牧能力强的特性，以放牧为主，锻炼种鹅的体质，降低饲料成本。

（2）后备种鹅的限制饲养

① 限制饲养的目的　后备种鹅的培育应限制性饲养。限制饲养目的是：控制后备种鹅体重，防止体况过肥，保持后备种鹅良好的种用体况；做到适时开产，保证开产后种蛋质量和较高产蛋量，延长种鹅的有效利用期；节省饲料，降低培育成本，提高种鹅饲养的经济效益。限制饲养期为 40～50 天，一般从 17 周龄开始到 22 周龄结束（即从 120 日龄开始至开产前 50～60 天结束）。

② 限制饲养的方法　后备种鹅限制饲养方法主要有两种。

方法一：减少补饲日粮的饲喂量，实行定量饲喂。

方法二：控制饲料的质量，降低日粮的营养水平特别是蛋白质和能量水平。

由于后备种鹅以放牧饲养为主，故通过控制饲料的质量进行限制饲养在生产中更常用。限制饲养时要根据放牧条件、季节、后备种鹅体质状况灵活掌握饲料配比和喂料量，达到维持鹅正常体质、降低种鹅培育成本的目的。

③ 喂料量的控制　喂料量应根据种鹅放牧效果和体重进行适当的调整。方法如下。

第一步：8 周龄开始，每周空腹随机称测群体 10% 的个体求其平均体重。称重时应分公鹅和母鹅。

第二步：用抽样平均体重与种鹅标准体重进行比较。如果种鹅平均体重在标准体重 ±2%范围，表明鹅群生长发育正常，则该周按标准喂料量饲喂；如超过标准体重 2%以上，表明鹅群体况偏肥，则该周每只每天喂料量减少 5～10g；如低于体重标准 2%以下则每只每天增加 5～10g 喂料量。

种鹅不同时期标准体重见表 4-10。

表 4-10　天府肉鹅父母代体重标准　　　　　　　　单位：g

周龄	母鹅			公鹅		
	+2%	标准	-2%	+2%	标准	-2%
7	1894	1875	1820	3142	3080	3018
8	1975	1936	1897	3273	3209	3145
9	2249	2205	2161	3388	3322	3256
10	2415	2368	2321	3501	3432	3363
11	2536	2486	2436	3571	3501	3431
12	2656	2604	2552	3677	3605	3533
13	2832	2776	2720	3748	3674	3601
14	2985	2926	2868	3889	3813	3737
15	3127	3066	3005	4031	3952	3873
16	3218	3155	3092	4184	4102	4020
17	3278	3214	3150	4327	4242	4157
18	3329	3264	3199	4468	4380	4292
19	3420	3353	3286	4621	4530	4439
20	3507	3438	3369	4769	4675	4582
21	3588	3518	3448	4840	4745	4650
22	3675	3603	3531	4998	4900	4802
23	3741	3668	3595	5182	5080	4978
24	3808	3733	3658	5249	5146	5043
25	3874	3798	3722	5302	5198	5094
26	3930	3853	3776	5347	5242	5137
27	3986	3908	3830	5398	5292	5186
28	4022	3943	3864	5444	5337	5230
29	4067	3987	3907	5495	5387	5279
30	4128	4047	3966	5546	5437	5328

限制饲养注意问题：每周龄开始第 1 天称取的体重代表上周龄的体重，如 43 天早晨称取的体重代表 6 周龄的体重；限制饲养期间，每只鹅应保证有 20～25cm 长的槽位，保证鹅群采食均匀；每天的喂料量必须一次投喂，每天清晨先将饲料和饮水加好后，然后再放鹅采食；经限制饲养的种鹅在开产前 60 天左右进入恢复期饲养，逐步提高补饲日粮的营养水平，粗蛋白质水平控制在 15%～17%为宜，并增加喂料量和饲喂次数，使后备鹅整齐一致进入产蛋期。

（3）日常管理　观察鹅群。在后备期间特别是限制饲养时，注意通过观察鹅群精神状态、采食情况、排粪情况、呼吸状况等判断鹅群健康状况，发现异常及时处理。

放牧管理。应选择收割后的稻田、麦地、水草丰富的草滩丘陵等进行放牧；放牧过程中注意防暑，种鹅育成期多为每年5～8月份，放牧时应早出晚归，避开中午酷暑，上午10时左右将鹅群赶回圈舍，或赶到阴凉的树林下让鹅休息，休息场地最好有水源，便于鹅群饮水、洗浴。

（4）后备种鹅的选择　为了培育出健壮、高产的种鹅，保证种鹅的质量，后备种鹅需经过3次选择。

第一次：在4周龄育雏期结束时进行，公鹅选择的重点是体重大，母鹅具有中等体重。淘汰体重偏小的、伤残的、有杂色羽毛的个体，淘汰鹅转入肉用鹅进行育肥饲养。

第二次：在70～80日龄进行，主要根据生长发育情况、羽毛生长情况以及体型、外貌等进行选择，淘汰生长速度较慢、体型较小、腿部有伤残的个体。

第三次：在150～180日龄进行，应选择品种特征典型、生长发育良好、体重符合品种要求、健康状况良好的鹅留作种用。

公鹅要求雄性特征明显，并注意检查生殖器，淘汰生殖器发育不好或有缺陷的公鹅；母鹅要求体重中等，颈细长而清秀，体型长而圆，两腿间距宽。种鹅经三次选择后公母配种比例为：大型鹅种1:（3～4），中型鹅种1:（4～5），小型鹅种1:（6～7）。

3. 种鹅的饲养管理

根据种鹅的产蛋规律和生理特点，将种鹅分为产蛋前期、产蛋期和休产期三个阶段进行饲养管理。

（1）种鹅产蛋前期的饲养管理　后备种鹅进入产蛋前期时，骨骼、肌肉、内部器官和生殖器官已基本发育成熟，母鹅体态丰满，羽毛富有光泽，食欲旺盛，性情温顺，有衔草做窝行为，表明种鹅临近产蛋期。

种鹅从第26周起由育成期饲料改为产蛋前期饲料，饲料更换要逐渐进行。每周增加日喂料量25g，用4周时间过渡到自由采食，不再限量，为产蛋积累营养物质。

管理上仍然要注意充分放牧，但放牧路程要缩短，不能急赶久赶。还应对种鹅驱虫一次，并在开产前注射一次小鹅瘟疫苗。

（2）种鹅产蛋期的饲养管理

① 调整日粮营养水平　开产后的种鹅对营养物质特别是蛋白质、钙、磷的需要量增多，应在开产前一个月应将日粮粗蛋白质水平调整到15%～16%，待日产蛋率达到30%～40%时增加到18%～19%，以满足母鹅的产蛋需要。日粮中还要注意钙的补充，产蛋期日粮中钙的含量2.25%～2.5%。

产蛋期种鹅一般每日补饲3次，早、中、晚各1次。补饲的饲料总量控制在150～200g。

② 适宜的配种公母比　大型鹅种1:（3～4），中型鹅种1:（4～5），小型鹅种1:（6～7）。

③ 科学的光照控制　光照对种鹅产蛋量影响很大，根据鹅群生长发育的不同阶段制订合理的光照方案，种鹅光照方案具体如下。

育雏期：0～7日龄，每天23或24h的光照时间；8日龄以后，从24h光照逐渐过渡到只利用自然光照。

育成期：只利用自然光照时间，但临近开产前，用6周的时间逐渐增加每日的人工光照时间，使种鹅的光照时间（自然光照＋人工光照）达到16～17h。

产蛋期：当光照时间增加到16～17h/天，保持恒定维持到产蛋结束。

④ 产蛋期管理　洗浴管理：早晨和傍晚是种鹅洗浴配种的高峰期，每天早晚将种鹅赶

入有良好水源的水池中洗浴、戏水，以满足种鹅高峰期配种的需要。

放牧管理：采用放牧与补饲相结合的饲养方式，每天大部分母鹅产完蛋后就应外出放牧，晚上赶回圈舍过夜。放牧前要熟悉当地的草地和水源情况；放牧时应选择路近而平坦的草地，路上应慢慢驱赶，上下坡时不可让鹅争先拥挤，以免跌伤。

减少窝外蛋：母鹅有择窝产蛋的习惯，在开产前应设置产蛋箱或产蛋窝，让母鹅熟悉环境在固定地方产蛋。母鹅的产蛋时间多集中在凌晨至上午 10 时左右，个别的鹅在下午产蛋，产蛋鹅上午 10 时前不外出放牧。放牧时如果发现有母鹅神态不安，有急欲找窝的表现时，应将母鹅送入产蛋箱产蛋。

（3）种鹅休产期的饲养管理　一般到每年的 4～5 月份，种鹅开始陆续停产换羽，进入休产期。休产期饲养管理的重点如下。

① 人工强制换羽　母鹅自然换羽所需时间较长的，换羽有早有迟，强制换羽可以缩短换羽的时间，提高产蛋量。强制换羽方案如下。

第一步：换羽前清理淘汰产蛋性能低的母鹅以及多余的公鹅。

第二步：停料 3～4 天，停止人工光照，只提供少量的青饲料，并保证充足的饮水。

第三步：第 4 天开始喂给由青料加糠麸糟渣等组成的青粗饲料。

第四步：第 10 天试拔主翼羽和副主翼羽。如果试拔不费劲，羽根干枯，可逐根拔除，否则应隔 3～5 天后再拔一次，最后拔掉主尾羽；拔羽后当天鹅群应圈养在运动场内喂料、喂水，不能让鹅群下水，防止细菌污染，引起毛孔发炎；拔羽后一段时间内因其适应性较差，应防止雨淋和烈日曝晒。

② 种鹅选择与组群　种鹅繁殖利用时间较长，每年休产期内要对种鹅进行选择淘汰，按配种公母比例补充新的后备鹅，重新组群，淘汰种鹅转入育肥鹅群育肥。组群时考虑鹅群年龄结构，合理的年龄结构是：1 岁鹅占 30％，2 岁鹅占 30％，3 岁鹅占 20％，4～6 岁鹅占 20％。

4. 商品仔鹅的饲养管理

商品仔鹅是雏鹅育雏期结束后，将不作种用的仔鹅转入育肥饲养的中雏鹅。肉用仔鹅具有早期生长速度快的特点，通过短期肥育，可以快速增膘长肉，沉积脂肪，增加体重，改善肉的品质，达到上市体重出栏。根据肉用仔鹅饲养管理方式，其育肥模式可分为三种：放牧育肥法、舍饲育肥法和人工填饲育肥法。目前，中国肉鹅生产多采用放牧饲养进行育肥。

（1）放牧育肥法

① 放牧育肥的特点　放牧育肥是一种传统的育肥方法，该法主要是利用农作物收割后的麦地和水田、草山草坡、湖渠沟塘等进行放牧。肉鹅放牧育肥不仅使鹅获得多种多样营养丰富的青绿饲料，充分利用各地丰富的草地资源，而且满足肉鹅觅食青草的生活习性和生理需要，可节省大量的精饲料，具有养殖成本低、经济效益高的特点。

② 放牧育肥的技术要点　搭好鹅棚。场地要高燥，以防鹅受寒或引起烂毛。可因地制宜、因陋就简搭建临时性鹅棚。鹅棚多用竹制的高栏围成，上罩渔网防兽害。除下雨外，棚顶不加盖芦席等物。

选择放牧场地。选择牧草生长旺盛、草质优良、靠近水源的地方放牧。农村的荒山草坡、林间地带、果园堤坡、沟渠塘旁及河流湖泊退潮后的滩涂地，均是良好的放牧场地。开始放牧时应选择牧草较嫩、离鹅舍较近的牧地，随日龄的增加，可逐渐远离鹅舍。

分群放牧。放牧前可按体质强弱、批次分群，保证放牧群中个体大小基本一致。为了保证放牧鹅群的生长发育和群体整齐度，鹅群的大小要适宜。鹅群数量根据放牧场地面积、青绿饲料数量、水源情况、鹅群体质状况、养殖者技术经验来确定。对草多、草好的草山草坡、果园和谷物残留较多的麦田稻田，可采取轮流放牧方式，以 250～300 只为一群比较适宜。如果农户利用田边地角、沟渠道旁、林间小块草地放牧养鹅，以 30～50 只为一群比较适合。

管好鹅群。鹅的合群性强，对周围环境的变化十分敏感。在鹅的放牧初期，应根据鹅的行为习性调教鹅的出牧、归牧、下水、休息等行为，放牧人员加以相应的信号，使鹅群建立起相应的条件反射，养成良好的生活规律，提高放牧管理效率。放牧过程中，放牧场地小、草料丰盛处，鹅群赶得拢些；放牧场地大、草料欠丰盛时，鹅群赶得散些。驱赶少数离群鹅时，动作要和缓，以防惊群而影响采食。放牧期间还应做好疫苗接种工作，不到疫区放牧，防止农药和化肥中毒。

鹅群补饲。一般 40 日龄可每天放牧 4～6h，50 日龄可进行全天放牧。放牧前和放牧后补饲精料，放牧前喂七八成饱，收牧后喂饱过夜。补饲次数和补饲量应根据日龄、增重速度、牧草质量等情况而定，促进鹅体的生长发育。

（2）舍饲育肥法

① 舍饲育肥的特点　该法主要依靠配合饲料达到育肥的目的，也可喂给高能量的日粮，适当补充一部分蛋白质饲料，同时限制肉鹅的活动。这种育肥方法饲养成本高于放牧育肥，但育肥鹅群的均匀度和产品的等级规格提高、育肥周期缩短，适用于集约化养鹅生产。

② 舍饲育肥的技术要点　选好场地。选择河边半水半陆处筑建围栏，每栏分为游水处、休息处和采食处三部分。每栏 100m² 的陆地面积饲养育肥仔鹅 500 只。

选好育肥仔鹅。仔鹅必须健康，羽毛丰满整齐，剔除残、弱、病、伤鹅，按膘情和体重分级、分群育肥。

日粮要求与喂量。日粮营养全价，饲料品质新鲜，种类多样搭配。育肥前期青饲料、糠麸类饲料、精饲料分别占 20％、30％、50％；育肥后期分别占 10％、10％、80％，每只育肥鹅每天喂饲料 0.25kg。

饲养管理。设专用食槽，每天喂两次。青草、蔬菜应切碎后拌入混合料中饲喂。一般育肥前期为 7 天，育肥后期为 10 天。少喂勤添，保证每只鹅吃饱吃好。谷粒饲料应泡透浸软，在采食中间放水一次，然后赶回继续采食，放水时间不宜过长。尽量减少应激，严防惊群。

清洁卫生。场地与食槽保持清洁，定期消毒，严禁使用对鹅有害的消毒药品。经常查看粪便，防止发生传染病，严格剔除病鹅。

出栏与上市。肉用仔鹅的上市体重和产肉性能受品种、饲养方式、管理条件等因素的影响，达到上市体重后要及时出栏。大型鹅种体重达到 5～5.5kg，中型鹅种达到 3.5～4kg，小型鹅种达到 2.5～3kg 应及时上市。

5. 鹅肥肝生产

鹅肥肝是鹅经专门强制填饲育肥后产生的、重量增加几倍的肝脏产品。肥肝质地细嫩，营养丰富，鲜嫩味美，味道独特。

（1）肥肝分级及鹅种选择　鹅肥肝根据重量、新鲜度、完整性、颜色等进行分级。从重量方面，优质肥肝 600～900g，一级肥肝 350～599g，二级肥肝 250～349g，三级肥肝 150～249g。

鹅种选择。外国鹅种中，法国朗德鹅、德国莱茵鹅的产肝性能均很突出。中国鹅种以狮头鹅最为理想；太湖鹅生产肥肝有一定潜力；溆浦鹅也是我国肥肝鹅之一。

（2）填饲肥肝鹅的适宜周龄与体重　肥肝鹅的强制填饲通常应在其骨骼基本长足，肌肉组织停止生长，即达到体成熟后进行填饲效果才好。一般大型仔鹅在 15～16 周龄，体重 4.6～5.0kg 为宜。采用放牧育肥的鹅，在填饲前 2～3 周补饲粗蛋白质 20％左右的配合饲料或颗粒饲料，为填饲期大量填饲打下良好的基础。

（3）预饲期、填饲期、填饲次数与填饲量　预饲期。预饲期是正式填喂前的过渡阶段，其长短按品种、季节及习惯等因素而差异较大，范围在 5～30 天。

填饲期与填饲次数。填饲期的长短取决于填饲鹅的成熟程度。鹅的填喂期平均为 23～30 天，日填饲次数 4 次。

填饲量。在消化正常的情况下，应尽量加大填饲量，把大量脂肪转运到肝脏，迅速形成肥肝。小型鹅种的填饲量以干玉米计为 0.5～0.8kg，大中型鹅种为 1.0～1.5kg。

(4) 填饲方法

① 填饲前的准备　将待填饲的鹅按公母、体重大小、体质强弱分群。挑出病鹅或体质差的鹅。分群过程中，剪去鹅的脚趾甲，防止在填饲过程中抓伤人或待填饲的鹅相互抓伤。然后将填饲饲料按料水比 1:2 的比例拌湿调匀。

② 抓鹅　填饲者抓住鹅的食道膨大部，抓时四指并拢，拇指握颈部，用力适当，即可将鹅提稳。不要抓鹅的翅膀或脚，防止鹅挣扎造成伤残。

③ 填饲操作　一般采用填喂机填饲。填喂操作方法为：填饲时，填饲者左手握鹅的头部，掌心握鹅的后脑，拇指与食指撑开鹅的上下喙，中指压住鹅舌，右手握住鹅的食道膨大部，将填饲胶管小心送入鹅的咽下部，鹅的颈部应与胶管平行。然后将饲料压入食道膨大部，随后放开鹅，完成填饲。

(5) 填饲期的用料及管理　填饲期的饲料。玉米粒是用量最大的饲料，它在填饲期饲料中可占 50%～70%，最好采用黄玉米；小麦、大麦、燕麦和稻谷等可在日粮中占一定分量，但最好不超过 40%；豆饼（或花生饼）主要供给鹅蛋白质需要，一般可在日粮中加进 15%～20% 的量；鱼粉或肉粉为优质蛋白质饲料，可在日粮中添加 5%～10%；青饲料是预饲期另一类主要饲料，在保证鹅摄食足量混合饲料的前提下，应供给大量适口性好的新鲜青饲料。填饲料最好在浸泡后饲喂。

填饲期管理。整个填饲期均在舍内饲养，栏舍要求清洁干燥、通风良好、安静舒适，不要放牧放水，有时可在舍边小运动场活动、休息并限制鹅的活动。每次填饲前要检查食道膨大部，看上次填饲的饲料是否已消化，从而灵活掌握填饲量。平时还要注意观察群体的精神状态、活动状态以及体重、耗料、睡眠等方面情况。一旦发现呼吸极端困难、不能或很少行动、严重滞食、眼睛凹陷、嘴壳发白者，应随时屠宰。

(6) 鹅肥肝摘取

① 屠宰　屠宰前的赶、捉、关以及整个屠宰过程的所有动作都要敏捷轻谨，以免鹅体和肥肝受损。屠宰时，切断鹅的颈静脉，并将鹅头向下拉，以助血液从体躯各处向下流出。放血时间要足够，以使肝脏的血液排尽。血放净后，将鹅在 70℃ 左右的热水中浸烫，然后将毛拔净。

② 取肝　屠体冷却至 0～2℃，用刀从泄殖腔沿腹中线剖开，摘取全部内脏，再连同胆囊一起将肝脏分离出来。肝脏除去胆囊后，放在清洁的盘上，盘底部铺有油纸。

③ 分级包装　连盘带肝一起移到 0～2℃ 的冷藏室，冷却 2～4h 后，依照技术等级进行肥肝分级、包装。

任务思考 🖱

1. 中国鹅与欧洲鹅在外貌上有什么不同？
2. 雏鹅培育上怎样判断育雏温度是否适宜？
3. 后备种鹅为什么要进行限制饲养？
4. 鹅肥肝生产中为什么要进行填饲饲养？

项目五　禽场疾病防治

学习目标 👆

▶▶ 知识目标
- 掌握养禽场常用的消毒方法及操作注意事项
- 掌握家禽投药的操作方法及用药原则
- 掌握家禽免疫接种的方法，能制订家禽免疫程序

▶▶ 技能目标
- 能够进行消毒、投药、免疫接种操作

随着养禽业的发展，单位面积内饲养的家禽数量不断增加，伴随着家禽及家禽产品广泛流通，使家禽健康问题面临严峻考验。一旦病原微生物传入引发疾病，可能导致灾难性后果。禽类疾病的传播和流行及是养禽业最严重的挑战，家禽产品安全受到广泛关注。为提高家禽群体的健康水平，降低家禽疾病感染率，生产安全的家禽产品，养禽场必须高度重视禽场的生物安全。

禽场的生物安全是指通过对养禽场病原微生物（细菌、病毒、真菌、寄生虫等）的控制，保证饲养家禽的健康安全。禽场的生物安全体系内容广义地讲，包括用以切断病原微生物传入途径的所有措施，如养禽场的规划与布局、环境的隔离、生产制度的确定、消毒、人员物品流动控制、免疫程序、主要传染病的监测和家禽废弃物的处理等。养禽场必须树立"防重于治"的观念，认真完成消毒、投药、免疫接种三个任务，保证家禽生产安全、顺利地进行。

任务一　禽场消毒

任务描述 📖

熟悉养禽场常用的消毒方法和消毒药物，针对不同的消毒对象正确选择相应的消毒方法，保证养禽场的生物安全。

任务分析

熟悉物理消毒、化学消毒、生物热消毒方法及其适用对象，了解养禽场常用消毒剂的作用特点、使用浓度及适用对象，熟练掌握养禽场的空禽舍消毒、带禽消毒、设备用具消毒、场区消毒、车辆、人员消毒、饮水消毒操作程序及禽场废弃物处理方法，掌握消毒操作要领和注意事项，正确评价消毒效果。最终达到正确运用消毒措施，控制养禽场病原微生物，保证家禽健康和产品安全。

任务实施

消毒是指清除或杀灭外界环境中病原微生物及其他有害微生物，是兽医消毒与防疫工作中的一项重要工作。在理解消毒的含义时，要注意两点：首先，消毒是针对病原微生物；其次，消毒是相对而不是绝对的，它要求将有害微生物的数量减少到无害程度，而不是杀灭所有病原微生物。通过消毒，可以防止和减少家禽疾病的发生与传播，能预防家禽传染病及其他疾病的发生与流行，防止家禽群体及个体的交叉感染。尤其在发生疫情时，经过防疫消毒可以减缓疫情扩散，防止疫情蔓延与传播，有利于尽快控制和扑灭疫情。因此，消毒也是预防和扑灭传染病的重要途径。随着养禽业集约化迅速发展，消毒工作已经成为家禽生产过程中必不可少的工作环节之一。

一、选择消毒方法

1. 消毒的种类

（1）预防消毒 指尚未发生动物疫病，对可能受到病原微生物或其他有害微生物污染的禽舍、用具、场地及饮水进行的定期消毒，以达到预防传染病的目的。

（2）紧急消毒 指发生疫病的地区，在疫情发生期间，对疫区的病禽、排泄物、用具等进行的及时消毒，以防疫情扩大。

（3）终末消毒 疫情发生后，全部病禽痊愈或最后一只患禽死亡后，在疫区解除封锁之前，为了消灭疫区内可能残留的病原体进行的全面、彻底的大消毒。

2. 消毒的方法

（1）物理消毒法 是指通过机械性清扫、冲洗、通风换气、高温、干燥、日光照射等物理方法，清除环境和物品中病原微生物及其他有害微生物的方法。

① 机械性清扫、洗刷 通过机械性清扫、冲洗等手段来清除病原体的方法，是最常用的消毒方法，也是日常卫生工作之一。通过机械性清除、洗刷等办法可以将禽舍内用具、地面、墙壁及动物体表被毛上污染的粪便、垫草等污物清理掉，此法能清除掉大量病原微生物，但不能达到杀灭病原体的作用。

② 日光（紫外线）照射、日光暴晒 是一种经济、有效的消毒方法，借助光谱中的紫外线、热量、干燥等因素的作用，能够直接杀灭多种病原微生物。在日光直射下几分钟至几小时，可以杀死病毒和非芽孢性病原菌，反复暴晒还可以使带芽孢的菌体变弱甚至失活。禽舍除了利用日光消毒外，用紫外灯照射消毒法应用也很普遍。

③ 高温灭菌 也称热力杀菌，是通过热力作用导致病原微生物中的蛋白质和核酸变性，最终使病原微生物失去活性的过程，分为干热灭菌法和湿热灭菌法。干热灭菌法包括干燥、燃烧、焚烧等，湿热灭菌法包括煮沸、高压蒸气灭菌等。

禽舍消毒常用火焰灼烧灭菌。火焰灼烧灭菌法的灭菌效果明显，操作简单。当病原体抵抗力较强时，可通过火焰喷射器对粪便、场地、墙壁、笼具及其他废弃物品进行灼烧灭菌，或将动物的尸体以及被传染源污染的饲料、垫草、垃圾等进行焚烧处理。

（2）化学消毒法 应用化学药品（消毒剂），对可能存在病原微生物的场所、物品等通过清洗、浸泡、喷洒、熏蒸等手段进行消毒的方法叫化学消毒。此方法具有消毒效果好、操作方法简便易行等特点，是目前兽医消毒工作中最常用的方法。

消毒剂是消灭病原体或使其失去活性的化学药剂。各种消毒剂对病原微生物具有广泛的杀伤作用，但有些也可破坏宿主的组织细胞，因此要慎用。

知识拓展

消毒剂的选择

临床实践中常用的消毒剂种类很多，根据成分可分为卤素类消毒剂（包括含氯消毒剂、含碘消毒剂及含溴消毒剂）、醛类消毒剂、醇类消毒剂、酚类消毒剂、氧化剂类消毒剂、季铵盐类消毒剂、酸类消毒剂、碱类消毒剂等。进行消毒须认真选择合适的消毒剂，在实际工作中选择消毒剂应考虑以下几个方面。

1. 消毒效果好，消毒力强，药效迅速。短时间即可达到预定的消毒目标，且药效持续的时间长。

2. 安全性高，选择低毒、无异味、低残留的消毒剂。

3. 选择经济、容易获得的消毒剂。

4. 渗透力强，能渗入裂隙及家禽粪、蛋的内容物及尘土等各种有机物内杀灭病原体。

5. 性质稳定，不受光、热影响，长期存贮效力不减。

6. 易溶于水，且不易受水质硬度和环境中酸碱度的变化而影响药效。

7. 消毒作用广泛，可杀灭细菌、病毒、霉菌等有害微生物。

不同的消毒场所，宜根据实际情况，选择不同的消毒剂，禽场常用消毒剂及使用方法见表 5-1。

表 5-1 禽场常用消毒剂及使用方法

名称	作用	用法	使用浓度	注意事项
甲醛（福尔马林）	对细菌繁殖体、芽孢、真菌、病毒均具杀灭作用	浸泡器械、器具喷洒消毒	2% 3%～5%	醛类消毒剂，对皮肤黏膜有刺激作用，浓度过高会引起急性中毒
高锰酸钾	抗菌除臭	饮水消毒 浸泡饲饮器具 熏蒸消毒	0.01%溶液 2%～5% 甲醛 14mL/m³，高锰酸钾 7g/m³	强氧化剂，高浓度有腐蚀作用，遇氨水、甘油、酒精易失效
烧碱（苛性钠）	对细菌繁殖体、芽孢、真菌、病毒均具较强杀灭力	清洗地面、饲饮器具禽场大规模消毒或突击性消毒	1%～3%溶液	碱类消毒剂，浓度高时腐蚀性强，不能用于带禽消毒
生石灰	对多数繁殖体有杀灭作用，对细菌芽孢和某些细菌、结核杆菌效果较差	粉刷禽舍墙面、屋顶、地面、门口，对病禽排泄物消毒	10%～20%乳液	加水即成氢氧化钙，应现用现配，不宜久置

名称	作用	用法	使用浓度	注意事项
威力碘	对各种细菌繁殖体、芽孢、病毒均有效	带禽消毒 饮水消毒 浸泡种蛋 清洗器具、孵化器	1∶(40~200) 1∶(200~400) 1∶200 1∶100	络合碘类消毒剂
复合酚	对各种致病性细菌、霉菌、病毒、寄生虫及虫卵均有杀灭作用	喷洒、洗刷禽舍地面、墙壁、笼具、饲饮用具	0.3%~0.5%溶液	酚类,对皮肤、黏膜有刺激性和腐蚀性;不可与碘制剂合用,忌与碱性物质和其他消毒药合用
农福（农富）	多种活性成分之间协同作用,能有效杀灭各种细菌、病毒和霉菌	禽舍地面、墙壁、屋顶、饲养用具的喷雾、浸泡、清洗消毒	1%~3%溶液	天然酚、有机酸、表面活性剂组成的酸类配方消毒剂,忌与碱性物质和其他消毒药合用
抗毒威	对多数细菌和病毒均有杀灭作用	喷洒浸泡 拌料消毒 饮水消毒	1∶400 1∶1000 1∶5000	含氯广谱消毒剂,在接种疫苗、菌苗前后2天不宜拌料和饮水消毒
新洁尔灭（苯扎溴铵）	能杀灭多数细菌,对病毒、霉菌、芽孢作用弱,具有去污作用	浸泡饲饮器具、种蛋 清洗手臂 喷洒禽舍地面、墙壁空间喷雾消毒	0.1%~2%溶液	季铵盐类消毒剂,阳离子表面活性剂,不宜与阴离子表面活性剂混用
过氧乙酸	为高效、速效、广谱消毒剂,对病毒、细菌繁殖体、芽孢、真菌均具杀灭作用	饮水消毒 浸泡消毒 带禽消毒 喷洒地面、墙壁 空气熏蒸消毒	0.1%溶液 0.01%~0.2%溶液 0.3% 0.5% 4%~5%	氧化剂类消毒剂,不宜用于金属表面消毒,熏蒸消毒温度以15℃以上,湿度60%~80%效果最佳
漂白粉	对病毒、细菌繁殖体、芽孢、真菌均具杀灭作用	喷洒地面、墙壁 浸泡清洗消毒 饮水消毒、饲饮器具消毒	5%~10%乳剂 1%~3%溶液 6~10g/m³	卤素类消毒剂,现用现配,碱性环境消毒效果减弱
百毒杀	对多种病毒、细菌、真菌均有杀灭作用	饮水消毒 带禽消毒 笼具消毒 种蛋消毒 孵化设备消毒	25~100mg/L 150~250mg/L 150~500mg/L 150mg/L 150~250mg/L	季铵盐广谱杀菌消毒剂,正常时使用低限,传染病发生时用高限

使用消毒剂时还应注意：正确认识消毒工作的重要性,明确消毒的目的,合理选择高效消毒剂,尽量避免人员、家禽受消毒剂的危害,交替使用消毒剂,防止产生耐药性,注意消毒药物的使用禁忌,合理配制,正确使用消毒剂,并监测消毒情况。尤其注意入场门口和环境消毒。

（3）生物热消毒　生物热消毒是指通过堆积发酵、沉淀池发酵、沼气池发酵等产热或产酸,以杀灭粪便、污水、垃圾及垫草等内部病原体的方法。在发酵过程中,由于粪便、污物等内部微生物产生的热量可使温度达70℃以上,经过一段时间后便可杀死病毒、病原菌、寄生虫卵等病原体,从而达到消毒的目的;发酵过程中还可改善粪便的肥效,因此,生物热消毒的应用非常广泛。

知识拓展

影响消毒效果的因素

影响消毒效果的因素概括起来主要有以下几个方面。

1. 消毒剂的种类　针对微生物特点，选择恰当的消毒剂。如果要杀灭细菌芽孢或非囊膜病毒，则必须选用灭菌剂或高效消毒剂，若使用酚类消毒剂或季铵盐类消毒剂则效果很差；季铵盐类消毒剂是阳离子表面活性剂，杀灭革兰阳性菌和囊膜病毒效果较好，但对非囊膜病毒则无能为力。

2. 消毒液的浓度　消毒剂的消毒效果都取决于其与微生物接触的有效浓度消毒时间，同一消毒剂的浓度不同，其消毒效果也不一样。大多数消毒剂的消毒效果与其浓度成正比。但也有些消毒剂，随着浓度的增大消毒效果反而下降。每一消毒剂都有它的最低有效浓度，要选择有效、安全的杀菌浓度。浓度过高不仅对消毒对象不利（腐蚀性、刺激性或毒性），而且势必增加成本，造成浪费。

3. 温度　通常温度升高消毒速度会加快，药物的渗透能力也会增强，可显著提高消毒效果，消毒时间也可以适当缩短。如甲醛在室温15℃以下用于消毒时，不能达到很好的消毒效果，但室温在26℃以上时，则消毒效果很好。环氧乙烷熏蒸消毒，低于10.7℃时药物本身不能挥发成气体；紫外线照射时，灯管本身输出功率随着温度降低而降低。但是氯制剂、碘制剂因具有易挥发的特性，高温反而导致有效成分的挥发，从而降低消毒效果。

4. 微生物类型及数量　不同类型的微生物对消毒剂的敏感性不同，微生物对化学因子抗力由强至弱的顺序为：细菌芽孢、分枝杆菌、革兰阴性菌、真菌、无囊膜病毒或小型病毒、革兰阳性菌繁殖体、囊膜病毒或中型病毒。杀芽孢类消毒剂目前公认的主要有戊二醛、甲醛、环氧乙烷及氯制剂和碘伏等。苯酚类制剂、阳离子表面活性剂、季铵盐类等消毒剂对禽常见囊膜病毒有很好的消毒效果；无囊膜病毒必须用碱类、过氧化物类、醛类、氯制剂和碘伏类等高效消毒剂才能确保有效杀灭。

消毒对象的病原微生物污染数量越多，则消毒越困难。因此，对严重污染物品或高危区域，应加大消毒剂的用量，延长消毒剂作用时间，并适当增加消毒次数。

5. 酸碱度（pH值）　pH值可从两方面影响消毒效果，一方面pH值变化可改变消毒剂的活性，另一方面是对微生物的影响，过高或过低的pH值有利于杀灭病原微生物。酚类、含氯消毒剂等在酸性环境中杀灭微生物的作用较强，碱性环境较差。在偏碱性时，有利于阳离子型消毒剂作用；而对阴离子消毒剂来说，酸性条件下消毒效果更好些。新型的消毒剂常含有缓冲剂等成分可以减少pH值对消毒效果的直接影响。

二、　合理制订禽场消毒措施

应根据消毒的类型、对象、环境特点、病原体性质及疾病流行特点等因素，合理地运用消毒方法。

1. 空禽舍消毒

空禽舍消毒是清除前一批家禽饲养期间累积污染最有效的措施，能为下一批家禽饲养提供一个洁净的环境。在全进全出生产系统中，空禽舍消毒程序通常为粪便、垫料及污物清除，高压水枪冲洗，喷洒消毒剂，干燥，熏蒸消毒或火焰消毒，再次喷洒消毒剂，清水冲洗，晾干，空置2周后使用。

（1）粪污清除　家禽全部出舍后，先用消毒液喷洒，再将舍内的禽粪、垫草、舍内蜘蛛网、尘土等扫出禽舍。平养地面黏着的禽粪，可预先洒水，等软化后再铲除。为方便冲洗，可先对禽舍内部喷雾，润湿舍内四壁、顶棚及各种设备的外表。

（2）高压冲洗　将清扫后禽舍内剩下的有机物去除，以提高消毒效果。冲洗前将非防水灯头的灯用塑料布包严，然后用高压水龙头冲洗舍内所有的表面，不留残存物，彻底冲洗可显著减少细菌数。

（3）干燥　喷洒消毒药一定要在冲洗并充分干燥后再进行。干燥可使舍内冲洗后残留的细菌数进一步减少，同时避免在湿润状态下使消毒药浓度变稀。有碍药物的渗透，降低灭菌效果。

（4）喷洒消毒剂　消毒时应将所有门窗关闭。将消毒剂用喷雾器均匀地喷洒在禽舍地面、墙壁、顶棚及各种设备的表面。

（5）甲醛熏蒸　禽舍干燥后进行熏蒸。熏蒸前将舍内所有的孔隙堵严，使整个禽舍内不透气，禽舍密闭程度影响熏蒸效果。消毒剂用量按甲醛 $14mL/m^3$，高锰酸钾 $7g/m^3$ 计算，密闭熏蒸24h。经上述消毒过程后，进行舍内采样细菌培养，灭菌率要求达到99％以上。否则在重复进行药物消毒—干燥—甲醛熏蒸过程。

熏蒸时甲醛与高锰酸钾反应可产生热量，因此不可使用塑料盆等容器。不可往甲醛中加入高锰酸钾，以防甲醛溅出，造成危险。熏蒸时，两种药品混合后反应剧烈，一般可持续 $10\sim30min$，因此，盛装药品的容器不宜小于溶液体积的4倍。熏蒸禽舍内的温度达 26℃ 以上，相对湿度达 75％ 以上时，消毒效果较好。消毒完毕后，要打开禽舍门窗，通风换气2天以上，使其中的甲醛气体逸散。如急需使用时，可按碳酸氢铵 $5g/m^3$、生石灰 $10g/m^3$ 和 75℃ 的热水 $10mL/m^3$ 混合放入容器内，用其产生的氨气与甲醛气中和。也可使用氨水，按 25％氨水 $12.5mL/m^3$ 计算，中和 $20\sim30min$，打开门窗通风 $20\sim30min$ 即可使用。

2. 带禽消毒

带禽消毒是在禽舍饲养家禽的情况下，使用对家禽刺激性小的消毒药物，合理配比后，用喷雾机或喷雾器将其均匀地喷洒在禽舍内的空间进行消毒的方法。

（1）喷雾消毒的作用　杀死和减少禽舍内空气中飘浮的病毒与细菌等，使禽体体表（羽毛、皮肤）清洁。沉降禽舍内飘浮的尘埃，抑制氨气的发生和吸附氨气，使禽舍清洁。高温干燥时还起到加湿、降温的作用。

（2）喷雾消毒的方法

① 消毒前的准备　带禽消毒要在清粪、打扫卫生之后进行。减少环境中的污物有利于发挥更好的消毒效果。

② 配制消毒液　消毒药物的用量按说明书推荐浓度与用水量计算，用水量根据禽舍空间大小估算，一般 $1m^3$ 禽舍需要 $50\sim100mL$ 水。不同季节，应灵活掌握用水量。在天气温暖时用水量应偏大，按标准的上限计算；天气寒冷、保暖条件较差用水量应偏少，按标准的下限计算。

③ 消毒程序　一般按照"从上至下、从后至前"顺序进行。从上至下即先房梁、墙壁，再笼架，最后地面的顺序进行。从后至前即从禽舍内向禽舍外的顺序进行。如果采用纵向机

械通风，应从进风口向排风口，顺着空气流动的方向进行消毒。对通风口的死角消毒务必严格彻底，这是阻断疾病传播途径的关键部位。

④ 消毒时间　消毒最好选在每天的 11：00～14：00 进行，此时气温相对较高，适合消毒。根据舍温，消毒时间可适当调整。舍温高时，放慢消毒速度，延长消毒时间，可起到防暑降温的作用；舍温低时，加快消毒速度，缩短消毒时间可减少对家禽的冷应激。

⑤ 消毒方法　消毒枪应在家禽上方约 50cm 处均匀喷洒，消毒液呈雾状均匀落在笼具、家禽体表、地面，使家禽的羽毛微湿，注意不可直接对禽体喷射。同时喷洒、冲洗房梁与通风口处。消毒后应增加通风以降低湿度，特别在闷热的夏季更有必要。雾粒的大小以 80～120μm 为宜。不要小于 50μm，雾粒过大，在空气中下降快，与空气中病原微生物、尘埃接触不充分，起不到消毒空气的作用，雾粒过小，易被家禽吸入肺泡，诱发呼吸道疾病。

⑥ 消毒频率　雏禽舍每天消毒 1 次，蛋禽舍内根据环境污染程度，每天或隔天消毒1 次。

（3）带禽消毒注意事项

① 合理选药　应先了解各类消毒药的特性，选择舒适的消毒药。每种消毒药各有其适合的作用对象，季铵盐类属阳离子表面活性剂，主要作用于细菌；复合醛类可凝固菌体蛋白，对细菌、病毒均有较好的作用；碘制剂的氧化能力强，有杀灭病毒作用。为保证消毒效果，一般至少选用 2～3 种消毒药交替使用。

② 消毒液的配制　最好使用厂家推荐的浓度，有条件的养殖场也可通过自己检测消毒效果确定合适的使用浓度。消毒前应将一次所需消毒药液全部兑好，决不能一边加水一边消毒。以防造成消毒液浓度不一致，达不到预期消毒效果。消毒液要现用现配，以防消毒药液在放置过程中失效。一般喷雾量按 15mL/m³ 计算。

③ 消毒用水的温度　在一定范围内，消毒药的杀菌能力与水温成正比。消毒液温度每提高 10℃ 其杀菌能力约增加 1 倍，但最高不能超过 45℃。因此，夏季消毒效果比冬季要好。在禽舍温较低的冬季，配制消毒液时最好用温水。

3. 设备用具消毒

（1）料槽、饮水器　塑料制成的料槽与自流饮水器，可先用水冲刷，洗净晾干后再用0.1% 新洁尔灭刷洗消毒。在禽舍熏蒸前送回，再经熏蒸消毒使用。

（2）蛋箱、蛋托　反复使用的蛋箱与蛋托，特别是送到销售点又返回的蛋箱，传染病原的风险很高。因此，必须严格消毒。可用 2% 烧碱溶液浸泡与洗涮，晾干后再送回禽舍。

（3）运鸡笼　送肉鸡到屠宰场的运鸡笼，最好在屠宰场消毒后再运回，否则肉鸡场应在场外设消毒点，将运回的鸡笼冲洗晒干再消毒。

4. 场区消毒

（1）消毒池　可用 2% 烧碱，消毒液最好每天换一次；用 0.2% 的新洁尔灭每 3 天换一次；大门前通过的消毒池宽 2m、长 4m、水深在 5cm 以上，人行与自行车通过的消毒池宽1m、长 2m、水深在 3cm 以上。

（2）禽舍间的隙地　每季度先用小型拖拉机耕翻，将表面土翻入地下，然后用火焰喷枪对表层喷火烧去各种有机物，定期喷洒消毒液。

（3）生产区的道路　可用 0.2% 次氯酸钠溶液每天喷洒一次，如果当天运家禽则在车辆通过后再消毒。多采用喷雾器、高压水枪或喷雾机进行（图 5-1、图 5-2）。

图 5-1　场区消毒

图 5-2　推车式喷雾机

5. 车辆、人员消毒

一般在养禽场与外界之间设置车辆消毒池和脚踏消毒池。车辆消毒池要有足够的长度，使进入车辆的车轮能通过 2 周以上，池内一般用 2％烧碱溶液。运禽车的车厢每天使用后应先清洗再进行喷雾消毒。

养禽场一般谢绝参观。进入禽场生产区的工作人员，须按以下程序消毒进场：脱衣→洗澡→更衣换鞋→进场工作。检查巡视禽舍的技术人员也容易成为传播疾病的媒介，更应该注意自身的消毒。特别是负责免疫工作的技术人员，每免疫完一批家禽后，用消毒药水洗手，工作服用消毒药水泡洗 10min 后放在阳光下暴晒消毒。工作人员的工作服、鞋帽于每天下班后挂在更衣室内，用紫外线灯照射消毒。

6. 饮水消毒

自来水和深井水进入禽舍后，尤其是使用水槽的平养禽舍，禽舍空气、粉尘、饲料中的细菌容易污染饮水，水的净化消毒是极其重要的。目前饮水普遍使用化学消毒剂（氯、碘、季胺化合物）。可在饮水中加入漂白粉或次氯酸钠，使氯的浓度达到 3～10mg/L，漂白粉可按 6～10mg/m³ 加入，当即拌匀。注意高浓度的氯可能终止家禽对水的摄取，导致生产下降。季铵化合物用于饮水消毒适用于 14 周以下的家禽，产蛋禽不能使用。

7. 禽场废弃物处理

家禽生产过程中产生大量废弃物，是养禽场必须妥善处理的重要问题。

（1）禽粪便的处理　家禽鲜粪的产量相当于其每天采食量的 110％～120％，其中固形物约占 25％。

① 作肥料直接施撒农田　如果禽场内无法堆放，新鲜禽粪可直接施撒农田，但用量不可太多，因为禽粪中的尿酸盐不能被植物利用吸收，且对根系生长有害。禽粪中复杂有机分子需经较长时期在土壤中经微生物分解后才能逐渐被作物利用。这种方法容易造成疾病的传播。

② 堆肥发酵　禽粪在堆积过程中，微生物活动产生高温，4～5 天后温度可达 60～70℃，2 周即可达到均匀分解、充分腐熟的程度，发酵过程中细菌的芽孢、寄生虫卵可被杀死，有效防止疾病的传播。

③ 干燥做成有机肥　禽粪便用搅拌机自然干燥或用烘干机制成干粪，可作果树、蔬菜的优质肥料。

④ 制取沼气　禽粪是制取沼气的良好原料。利用禽粪、垫料等废弃物与水混合，在一定条件下经过多种微生物的发酵，产生沼气，可作为禽场的辅助能源。沼气发酵残余物是一种高效优质有机肥和土壤改良剂，沼液一般用作追肥，沼渣适宜作底肥。

⑤ 用作其他动物的饲料　经发酵烘干的禽粪可用于喂牛、羊、鱼等。但是，禽粪便中含有大量微生物，可能会使某些疾病在各畜种间传播。同时，禽粪中还残存有抗生素、重金属等，因此，用禽粪作饲料时应谨慎进行。

（2）污水　家禽生产过程中产生大量洗刷的污水。含有禽粪便的粪液，经沉淀后水质变得清澈，可用于浇灌果树。如果通过生物滤塔过滤，污水中的有机物既被过滤又被分解，浓度大大降低，可得到比沉淀更好的净化效果。

（3）病死禽的处理

① 焚烧法　是一种传统的处理方式，是杀灭病原菌最可靠的方法。可用专用焚烧炉进行焚烧，也可用供热锅炉焚烧。传染病死亡家禽最好用此方法。

② 深埋法　此方法处理简单、费用低，不产生异味，但埋尸坑有可能会成为病原的贮藏地，并可能污染地下水。

③ 化制法　尸体在特设的加工厂中加工处理，加工利用制成工业用油脂、骨粉、肉粉等。

（4）孵化废弃物的处理　孵化场的无精蛋可用于加工食品，死精蛋、毛蛋、死雏可经高温灭菌后制成干粉，代替骨粉与豆粕，蛋壳可加工为蛋壳粉。

三、 检查禽场消毒效果

化学消毒剂的消毒效果受多种因素的影响，消毒效果的检测包括实验室检测和消毒现场检测。

1. 实验室检测

（1）定性悬浮试验　是指在微生物悬液（培养物或稀释液）中分别消毒剂，作用一定时间后，取出一定量的样品进行接种培养，观察有无微生物生长。如无微生物生长，说明微生物被杀死，消毒效果好；如果有微生物生长，说明微生物未被杀死。

（2）定量悬浮试验　是指一定量的微生物悬液加入消毒剂溶液中，作用一段时间后取样，进行分离培养，计算残存微生物数，以等量未消毒微生物悬液内微生物数量作对照，计算出杀灭率表示消毒剂的消毒效果。

杀灭率＝（对照组微生物数量－消毒后残存的微生物数量）/对照组微生物数量×100％

2. 消毒现场检测

（1）空气的消毒效果检测　将制备好的普通琼脂平板于空气消毒前和消毒后分别放在禽舍内的四角和中央，相当于禽呼吸道的高度，暴露采样15min，然后置于恒温箱中培养，观察结果，对消毒前、后各5个平板分别统计菌落的平均数，计算杀灭率。

（2）水体的消毒效果检测　检测消毒剂对饮水、废水、污水中的微生物的杀灭作用时，首先测定水源的微生物污染情况，包括细菌总数、大肠杆菌指数及菌值、病原微生物等，然后进行水的消毒处理，再检测消毒后的各种微生物污染的减少程度，判定消毒效果。

（3）注意事项　检测消毒效果时，残留的消毒剂将继续作用于残留的微生物，影响消毒效果的测定结果。因此在消毒效果检测中，必须有可靠的方法去除残留消毒剂，一般用化学中和法消除上述影响。

任务思考 🖐

1. 名词解释

生物安全，消毒，预防消毒，终末消毒，带禽消毒。

2. 回答问题

（1）生物安全包括哪些内容？

（2）空禽舍的消毒程序？

（3）消毒的主要方法？主要适用于哪些消毒对象？

（4）列举禽场常用的几种消毒剂，并说明如何使用？

（5）甲醛熏蒸消毒的操作要点？

（6）禽场废弃物怎样处理？

任务二 投药

任务描述

应用药物预防和治疗家禽疾病是保证养禽业健康发展的重要举措之一。正确诊断疾病，结合家禽生理特点准确选用药物，才能获得安全的家禽产品和良好的经济效益。

任务分析

在熟悉家禽生理代谢特点、消化系统特点、生殖系统特点、呼吸系统特点的基础上合理用药，熟练掌握饮水投药、拌料投药、喷雾投药、注射投药的操作方法及注意事项，正确选择投药方法，提高药物的防治效果，降低或消除药物的不良反应，提高家禽生产力，有效地防治家禽的各类疾病。

任务实施

应用药物预防和治疗家禽疾病是养禽场生物安全的补充措施。合理、正确地用药能够起到防止疾病的发生、抑制疾病传播、促进家禽健康生长的作用。但家禽有其独特的生物特性、解剖生理特点，应根据家禽的具体情况选用恰当药物及投药方法，严格掌握各种药物的药理知识，正确诊断疾病，合理用药，确保养禽业的健康发展。

一、 预防投药

1. 雏鸡开口药

雏鸡进舍后应尽快饮上2%～5%的葡萄糖水，饮完后应适当补充电解多维，投喂抗生素，使用这类药物时切忌过量，要充分考虑雏鸡肠道溶液的等渗性。

2. 抗应激用药

很多疾病都是由应激诱发的，如接种疫苗、转群、换料停水、天气异常、噪声、雷声、光照突变等。抗应激用药是在疾病的诱因产生之前开始用药，以提高机体的抗病能力。抗应激药一般是选用电解多维。也可根据鸡群用药情况及其健康状况添加抗生素。

3. 抗球虫用药

要重视抗球虫病的预防用药，隐性球虫病的危害值得注意，可轮换使用不同类的抗球虫药，以防产生耐药性。

4. 营养性用药

家禽新陈代谢很快，不同生长时期可能表现出不同的营养缺乏症，如维生素 B、维生素 E、维生素 D、维生素 A 缺乏症等。补充营养药要遵循及时、适量的原则，过量补充营养药会造成药物浪费和家禽中毒。

5. 消毒用药

重视消毒工作能减少抗生素的使用，从而减少药残，降低生产成本。消毒药应交替使用，以防病原体产生耐受性。

6. 通肾保肝药

在防治疾病过程中频繁用药和大剂量用药势必增加家禽肝肾的解毒、排毒负担，最终可能导致家禽的肝中毒、肾肿大。除了提高饲养水平外，使用通肾保肝药也是较好的补救措施。

二、治疗投药

在家禽患病已经得到确诊的基础上，根据会诊结论，正确选择治疗投药。

三、选择投药方法

用于禽病防治的药物种类很多，各种药物由于性质不同，使用方法也不一样。应根据药物的特点和家禽疾病的特性选用适当的投药方法。

（1）拌料投药　即将药物均匀地拌入饲料中，家禽在采食同时吃进药物。

此法方便、简单、应激小、不浪费药物。适于不溶于水的药物、加入饮水后适口性差的药物及长期用药。对于病重或采食量过少家禽不宜应用。颗粒料不易将药物混匀，也不主张经料给药。拌料投药应注意以下各点。

① 准确掌握拌料浓度　拌料前准确计算出所用药物的剂量混入饲料内。若按体重给药时，应严格按照家禽总体重计算，药物称量要准确。

② 确保用药混合均匀　一般采用逐级稀释法，即把全部用量的药物加到少量饲料中，充分混合后，再加到一定量饲料中，再充分混匀，经过多次逐级稀释扩充，可以保证充分混匀。切忌把全部药物一次性加入到所需饲料中简单混合，可能造成部分家禽药物中毒而另一部分家禽药物摄入不足。

③ 注意不良反应　有些药物混入饲料，可与饲料中的某些成分发生拮抗作用。如饲料中长期混入磺胺类药物，就容易引起维生素 B 和维生素 K 缺乏，应适当补充这些维生素。

（2）饮水投药　饮水投药是将药物溶解于水中让家禽自由饮用。此法适合于短期用药、紧急治疗、病禽已不能采食只饮水的情况。易溶于水的药物混水给药的效果较好。饮水投药时，应根据药物的用量，先配成一定浓度的药液，再加入饮水器中混匀，让家禽自由饮用。饮水投药注意如下事项。

① 注意药物的稳定性　饮水投药适用于易溶药物。微溶于水的药物和水溶性较差的药物可以采用适当加热、现用现配、及时搅拌等方法促进药物溶解，以达到饮水投药的目的。饮水的酸碱度及硬度对药物有较大的影响，金属离子也可因络合而影响药物的疗效，禁止使用含氯的自来水。

② 根据家禽饮水量投药　应该根据家禽饮水量及药物浓度准确计算药物用量。先用少量水溶解药物，药物完全溶解后再混入适量的饮水中。家禽饮水量多少与品种、饲料种类、饲养方法、舍内温湿度、药物有无异味等因素密切相关。有些药物影响家禽的饮水量，不能集中用药，自由饮水时不能缺水。

③ 饮水时间和药物配伍禁忌　药物的半衰期影响使用效果。药物半衰期长可以全天饮用，有些药物必须在短时间内用完，需断水 2～3h 再给药，以便家禽在短时间内均能摄取足够药物。多种药物混合时，一定要注意药物之间的配伍禁忌，有些药物混合后会发生中和、分解、沉淀，使药物失效。两种以上的药物联合使用，最安全、最有效的方法是分开使用，

或选择一种饮水投药，一种拌料投药。

（3）经口投服　适合于个别病鸡治疗，如鸡群中出现维生素 B_2 缺乏的鸡，需个别投药治疗。群体较小时，也通常采用此法。这种方法虽费时费力，但剂量准确，疗效较好。

（4）喷雾投药　喷雾投药是将药物经雾化器雾化后，通过家禽的呼吸道吸入体内的投药方法。使用这种方法时药物吸收快，药效作用迅速，节省人力。药物不仅能起到局部作用，还能经肺吸收后作用于全身。喷雾投药时应注意如下事项。

① 正确选择喷雾用药　喷雾投药的药物应该无刺激性、易溶于水。同时，还应根据用药目的选用药物。若欲使药物作用于肺部，应选用吸湿性较差的药物，而欲使药物主要作用于上呼吸道，就应该选用吸湿性较强的药物。

② 严格控制气雾微粒大小　在气雾给药时，气雾微粒大小与用药效果有直接关系。气雾微粒越小，越容易进入肺泡内，雾粒越大，越容易落在空间或停留在鸡的上呼吸道黏膜。如要使所用药物达到肺部，就应使用气雾微粒小的雾化器，反之选用气雾微粒较大的雾化器。进入肺部的微粒直径以 $0.5\sim10\mu m$ 为宜，若药物主要作用于上呼吸道，气雾微粒可适当增大，如治疗传染性鼻炎时，气雾微粒可控制在 $10\sim30\mu m$。气雾微粒直径大小主要是由雾化器的设计和用药距离决定的。

③ 环境影响　操作时应关闭门窗、通风系统，舍温控制在 $15\sim25℃$ 为宜。

（5）注射投药　注射投药分为皮下注射和肌内注射。这种方法的特点是药物吸收快而完全，剂量准确，药物不经胃肠道而进入血液中，可避免消化液的破坏。适用于不宜口服的药物和紧急治疗。操作时应注意严格消毒器械，更换针头，防止交叉感染。

肌内注射部位可在家禽胸部、翼根内侧、大腿外侧等肌肉发达的部位进行，以翼根内侧肌内注射最为安全。胸部肌内注射时，针头与体表呈 $45°$ 角刺入，不宜刺入太深。

（6）经体表投药　经体表投药用于防治家禽体表寄生虫（虱、螨）或带禽消毒，使用时要注意使用药物的安全性。

（7）蛋内注射　蛋内注射法是把药物直接注射入种蛋内，以消灭某些能通过种蛋垂直传播的病原微生物（如鸡白痢、沙门菌、鸡败血霉形体等）。

（8）药物浸泡　浸泡种蛋用于消除蛋壳表面的病原微生物。药物可以渗透到蛋内，杀灭蛋内的病原微生物，控制和减少某些经种蛋传播的疾病。常用变温浸泡法：把种蛋的温度在 $3\sim6h$ 内升到 $37\sim38℃$，然后趁热转入 $4\sim15℃$ 的抗生素药液中，保持 $15min$，利用种蛋与药液之间的温差造成的负压使药液被吸入蛋内。这种种蛋的药物处理方法常用来控制鸡白痢、沙门菌、霉形体、大肠杆菌等病原菌。

知识拓展

家禽用药的基本原则

1. 根据家禽生理代谢特点用药　家禽体表羽毛密集，不宜使用膏剂、糊剂药物，杀灭体外寄生虫时应利用家禽的清洁习性在细沙中掺入适当浓度的杀虫粉；家禽的肾小球结构简单，肾小球体积小，毛细血管分支少，游离形式经过肾脏排泄的药物易在血液中蓄积，对中枢神经造成不可逆的损害，如链霉素、卡那霉素、庆大霉素、新霉素等药物，不宜选用。应避免使用损伤肾脏的磺胺类和呋喃类药物；鸡、鸽等家禽没有鼻腺，其氯化钠的排出全靠肾脏以生成尿的形式完成，故对氯化钠较敏感，易发生食盐中毒，在饲料中添加氯化钠时要严格控制剂量；家禽无汗腺，羽毛丰富，对热敏感，易发生热应激反应。家禽热应激时，用解热镇痛药效果不理想，应加强物理降温措施；肉禽一般饲养周期较短，应避免长期使用易形成残留的药物，如庆大霉素、雌激素及一些含铅、汞、砷、有机氯的药物。

2. 根据家禽消化系统特点用药　家禽的口腔构造简单，没有牙齿，味觉机能很差，在饲料中添加食盐时，宜溶于水后喷洒于饲料中；家禽消化不良时不宜使用苦味健胃药如龙胆末，因其不能刺激味觉感受器，不能起到反射性健胃作用，而应选用芳香性健胃药如大蒜、醋酸等；家禽的嗉囊有暂时贮存食物的作用，可采用嗉囊注射给药的方法。因家禽大都（鸽除外）无逆呕机能，一旦发生中毒，不能用催吐剂，可实施嗉囊切开手术；家禽的消化道较短，内呈酸性环境。呋喃类药物在酸性环境的消化道中，药的效力和毒力同时增强，故应严格控制呋喃类药物使用剂量，防止药物中毒；青霉素在 pH 值为 6.5 的溶液中，药性最稳定。家禽的胆汁呈酸性，大量的胃液和胆汁可使肠内的 pH 值仍保持在 6 左右，故口服青霉素时可保持其药性稳定，疗效较好；家禽对磺胺类药的吸收率较高，故不能大剂量和较长时间使用。不宜用磺胺类药物做添加剂长期使用，防止药物中毒和不良反应；家禽的肠道吸收维生素 K 的能力较弱，如果是为了控制球虫病而长期服用磺胺类药物，家禽很容易发生维生素 K 缺乏症，故在饲料中应根据实际情况添加维生素 K。同时，治疗球虫病添加维生素 K 有利于控制血痢；家禽长期大剂量使用四环素可引起肝损伤，严重时可引起肝脏急性中毒而造成家禽死亡。四环素也可引起肾小管损伤、尿酸盐沉积造成肾功能不全代谢障碍。此外，四环素、金霉素能与血钙结合形成难溶性的钙盐排出体外，阻碍蛋壳的形成，使蛋鸡的产蛋量和蛋的品质下降。

3. 根据家禽生殖系统特点用药　家禽胚胎发育是在体外孵化，有些疾病如白血病、传染性脑脊髓炎、支原体病、鸡白痢等可经种蛋的胚胎发育垂直传播，预防方法是种蛋入孵前进行严格的消毒，通过净化确保后代鸡雏的健康，不宜用药物治疗；性成熟期的雌禽，卵泡依次成熟，在此间用药，磺胺类物、呋喃类药物、金霉素可导产蛋率下降、蛋品质不良、种蛋孵化率下降、破坏产蛋连续性、胚胎畸形等，故应慎用。

磺胺类物在雌禽产蛋期间，可抑制肠道细菌对维生素 K、B 族维生素的合成，严重缺乏时引起机体贫血、出血，同时损伤肾脏，导致产软皮蛋、薄皮蛋、畸形蛋，使蛋的品质及产蛋率下降。

呋喃类药虽然对家禽的沙门杆菌引起的下痢疗效较好，但长期使用可导致产蛋率下降。

金霉素药能和鸡消化道中钙、镁、铬等离子，形成络合物，阻碍钙的吸收，同时金霉素能与血液中的钙结合，排出体外，使机体缺钙，导致产软皮蛋、薄皮蛋。

利巴韦林、金刚烷胺等药物尽管不明显影响产蛋率和蛋品质，但可降低种蛋的孵化率，故种禽产蛋期不应使用。

4. 根据家禽呼吸系统特点用药　家禽呼吸膜薄，气体交换部位在呼吸性支气管、呼吸膜，交换面积大，有丰富的气囊，在呼气和吸气时均能进行气体交换，适合气雾用药。在气雾用药时，药物即可在呼吸道内发挥局部作用，也可由呼吸膜快速吸收，产生效应。故通过喷雾治疗疾病，可获得较好疗效。

任务思考

1. 投药方法有哪些？适用于哪些情况？
2. 混水给药应注意哪些问题？
3. 家禽气雾给药应注意哪些问题？
4. 家禽用药的基本原则是什么？

任务三 免疫接种

任务描述

免疫接种是把疫苗接种在健康家禽体内，使之产生抗体，通过特异性免疫，获得对某种特定病原微生物的抵抗力。免疫接种的目的是为了预防、控制传染病的发生和流行，保证家禽健康，是养禽场生物安全的重要屏障。

任务分析

了解家禽生产中常用商品化疫苗，熟悉疫苗的保存、运送方法，能用肉眼正确检查疫苗质量，熟练掌握疫苗稀释方法、免疫接种的方法与步骤，熟悉免疫注意事项，正确填写免疫接种记录，能结合实际分析免疫失败原因。能够在调查本地区家禽疫病流行特点基础上制订科学合理的免疫程序并具体实施。通过规范、正确的免疫接种，控制家禽疾病的发生与流行，保证家禽健康安全，提高经济效益。

任务实施

免疫接种是用人工的方法给家禽接种疫苗（经人工培育、处理的细菌、病毒等），从而激发家禽机体对特定病原微生物产生特异性免疫力，防止发生传染病，是预防和控制疾病的重要措施之一。为了养禽场的安全，必须制订适宜的免疫程序，并进行必要的免疫监测，及时了解家禽群体的免疫水平，确定家禽需要免疫的疫苗种类。

一、 选择免疫接种的种类

根据接种时机不同，免疫接种可分为以下几种。

1. 预防接种

预防接种是某些传染病常发地区、潜在流行地区及受威胁的地区，在平时有计划地给健康家禽群体进行免疫接种，做到防患于未然。

2. 紧急接种

紧急免疫接种是指某些传染病爆发时，为了迅速控制和扑灭该病的流行，对疫区和受威胁地区的家禽进行的应急性免疫接种。通过紧急接种，可以大大降低家禽的死亡率，缩短传染病的流行时间。

一些弱毒苗或高免血清，可以用于急性病的紧急接种，因为此类疫苗进入机体后可迅速产生免疫力。

由于疫苗接种能够激发处于潜伏期感染的家禽发病，且在操作过程中容易导致病原体在染病家禽和健康家禽之间的传播。因此，为了提高免疫效果，在进行紧急免疫接种时应首先对家禽群体进行详细的临床检查和必要的实验室检验，以排除处于发病期和感染期的家禽。

在紧急免疫时需要注意：第一，必须在疾病流行的早期进行；第二，尚未感染的动物既可使用疫苗，也可使用高免血清或其他抗体预防，但感染或发病动物则最好使用高免血清或其他抗体进行治疗；第三，必须采取适当的防范措施，防止操作过程中由人员或器械造成的传染病蔓延和传播；紧急接种时要先接种健康禽，再接种病禽，注射时要注意经常更换注射器的针头；一般使用说明书中的两倍剂量疫苗。

二、　制订免疫程序

免疫程序是指根据当地疫情、家禽机体状况及现有疫苗的性能，选用适当的疫苗、在适当的时间给家禽进行免疫接种，使家禽获得稳定的免疫力，也称免疫计划。免疫程序是决定免疫效果的重要环节，制订免疫程序要结合免疫学基本理论，着重考虑以下因素。

1. **本地区、本场及周边地区禽病的流行状况及严重程度**

一般以马立克、新城疫、禽流感、传染性支气管炎、传染性法氏囊、产蛋下降综合征等重大疫病为主线。制订免疫程序应参考禽场原有的免疫程序及使用疫苗种类。

2. **注意疫苗接种日龄与家禽易感性问题**

如传染性喉气管炎成年鸡最易感，免疫应在 7 周龄以后进行；马立克病的免疫应在出壳 24h 内进行；禽脑脊髓炎必须在 10～15 周免疫；禽痘在 35 日龄以后免疫。雏禽的母源抗体水平决定新城疫、传染性法氏囊病首免日龄。

3. **免疫途径影响免疫效果**

如新城疫点眼、滴鼻免疫明显优于饮水免疫；传染性法氏囊病和禽脑脊髓炎最佳免疫途径是饮水免疫和喷雾免疫；禽痘最适用刺种免疫。

4. **几种疫苗同时免疫应充分考虑疫苗间的相互干扰**

一般应先用毒力弱的疫苗作基础免疫，再用毒力稍强的疫苗进行加强免疫。如对鸡传染性支气管炎的免疫，首免选用毒力较弱的 H120 株，二免选用毒力相对较强的 H52 株；根据疫苗的保护时间长短确定间隔时间。对于烈性传染病考虑灭活苗和弱毒苗合理搭配，附近暴发传染病时进行紧急接种。

5. **疫病发生与季节相关**

尤其是季节交替、气候变化较大时常发。肾型传染性支气管炎、慢性呼吸道疾病免疫程序改变应考虑季节变化，冬季应考虑选择含有肾型传染性支气管炎病毒弱毒株（Ma5 株、28/86）疫苗进行免疫。

6. **进行必要的免疫监测**

根据免疫监测结果及突发疾病对现有的免疫程序进行必要的调整和补充。

三、　免疫接种的方法选择

疫苗的免疫方法可分为个体免疫法（注射、刺种、涂擦、点眼、滴鼻等）和群体免疫法（气雾、饮水、拌料等）。

群体免疫法省时省工，但有时效果不够理想，免疫效果参差不齐，特别是幼雏更为突出；个体免疫法，是针对每只禽逐个进行的，包括点眼、滴鼻、涂擦、刺种、注射接种法等。这类免疫效果确实，但费时费力，劳动强度大。具体选用哪种接种方法就根据疫苗的种类、家禽日龄及免疫目的而定，一般以疫苗的说明书为准。

1. 个体免疫法

（1）注射法　根据疫苗注入的组织不同，分皮下注射法和肌内注射法。

① 皮下注射法　现在广泛使用的马立克病疫苗宜采用颈背皮下注射法接种，用左手拇指和食指将雏鸡头顶后的皮肤捏起，局部消毒后，针头近于水平刺入，按量注入即可。现在多采取连续注射器（图5-3）或自动连续注射器（图5-4）注射疫苗（图5-5、图5-6）。

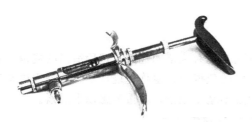

图 5-3　连续注射器

图 5-4　自动连续注射器

图 5-5　连续注射器注射疫苗

图 5-6　自动连续注射器注射疫苗

② 肌内注射法　肌内注射的部位有胸肌、腿部肌肉和翼根内侧。胸肌注射时，应沿胸肌呈45°角斜向刺入，避免与胸部垂直刺入而误伤内脏。胸肌注射法用于较大的禽。

注射法效果确实，疫苗经皮下或肌内注射后可迅速吸收而使家禽很快产生免疫力。其缺点是工作量大，应激严重，若注射部位不准确，易产生肿头、肿腿等现象，有时还可能给家禽留下后遗症，影响生产性能。

（2）刺种法　接种时，先按规定剂量将疫苗稀释好，用接种针（图5-7）蘸取疫苗，或用疫苗连续刺种器（图5-8）在家禽翅膀内侧无血管处的翼膜刺种，每只禽刺种1~2下。接种后1周左右，刺种部位的皮肤上产生绿豆大小的小包，以后逐渐干燥结痂脱落。若接种部位不发生这种反应，表明接种不成功，应重新接种。常用于禽痘疫苗的接种。

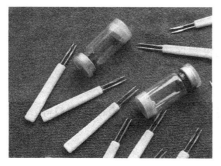

图 5-7　刺种针

图 5-8　疫苗连续刺种器

（3）点眼、滴鼻　此法多用于雏禽，尤其是雏鸡的初免。免疫最好使用标准滴头，在免疫小日龄雏鸡时，一只手手心握住鸡背，食指和拇指把握住头部，另一只手食指和拇指轻轻挤压滴瓶，将一滴疫苗溶液自 2～3cm 高处，垂直滴进鸡的一只眼睛或一侧鼻孔（图 5-9、图 5-10），待其眼睛眨动或鼻孔吸气将疫苗液吸收后方可将鸡放入鸡笼。滴鼻时应以手指压住另一侧鼻孔疫苗才容易被吸入。现在多采用点眼、滴鼻并用，即在点眼同时进行滴鼻。日龄较大的家禽则需要一人抓禽，另外一人进行免疫操作。用这种方法接种，疫苗通过黏膜侵入，刺激机体产生局部和全身免疫，适用于预防呼吸道疾病弱毒疫苗的接种。还有些养禽场使用滴口法进行免疫接种，滴口时按照上述方法抓住鸡，食指轻轻压住鸡喉，使鸡张口，将疫苗滴入口中。

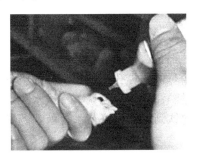 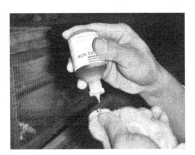

图 5-9　点眼　　　　　　　　　　　　　　　　图 5-10　滴鼻

（4）涂擦法　对发病家禽进行紧急预防接种时，将禽提起，头向下，肛门向上，将泄殖腔黏膜翻出，用接种刷（无菌棉签或小毛笔）蘸取稀释好的疫苗，在肛门的黏膜上刷动 3～4 次。擦肛后 4～5 天可见泄殖腔黏膜潮红。否则，应重新接种。涂擦法适用于强毒型传染性喉气管炎疫苗的免疫。

2. 群体免疫法

（1）气雾免疫法　气雾免疫法是一种简便而有效的免疫方法，适用于密集饲养的大型禽场。此法适用于新城疫Ⅲ系、Ⅳ系弱毒疫苗及传染性支气管炎弱毒苗。

气雾免疫时关闭门窗及通风系统，必须保证禽舍内气流静止，喷雾时向家禽上方 1～1.5m 处喷射，使疫苗形成雾化粒子，均匀地漂浮于空气中，在沉降过程中，疫苗随禽的呼吸进入禽体内，家禽从而获得免疫。20min 后打开门窗通风。气雾免疫时，为了达到最佳效果，宜在幽暗的舍内或在夜间进行，其关键技术是控制好雾滴的大小（图 5-11）。但气雾免疫容易造成家禽的应激，尤其容易激发慢性呼吸道疾病。喷雾前后几天最好在饲料或饮水中添加适量的抗菌药。

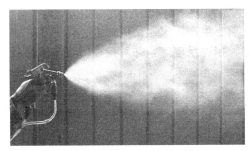 

图 5-11　气雾免疫　　　　　　　　　　　　　　图 5-12　饮水免疫

（2）饮水免疫法　饮水免疫法简便有效，适合对呼吸道有亲嗜性的活疫苗。常用于预防新城疫、传染性支气管炎、传染性法氏囊病等弱毒苗的免疫接种。为使饮水免疫法达到应有的效果，还应注意：用于饮水免疫的疫苗必须是高效价的。在饮水免疫前后的 24h 不得饮用任何消毒药液，最好加入 0.2％脱脂奶粉。免疫前停水 2～4h，夏季最好夜间停水，清晨饮水免疫。饮水器必须洁净且数量充足，以保证每只鸡都能在短时间内饮到足够的疫苗量（图 5-12）。

（3）喂食免疫法（拌料法）　免疫前应停喂半天，以保证每只禽都能摄入一定的疫苗量。稀释疫苗的水不要超过室温为宜，然后将稀释好的疫苗均匀地拌入饲料，家禽通过取食饲料而获得免疫。已经稀释好的疫苗进入鸡体内的时间越短越好。因此，必须有充足的饲槽并放置均匀，保证每只禽都能吃到。

四、 免疫注意事项

1. 不同免疫接种方法应该注意的问题

注射法选用的针头要锋利，注射器械、家禽接种部位、操作过程要严格消毒，操作要认真、细致、小心，尤其是雏禽；点眼滴鼻法堵着非滴鼻侧的鼻孔能加速疫苗的吸收，滴眼时要等待疫苗扩散后才能放开雏禽，疫苗的用量可通过滴注器的口径调节；饮水免疫法饮水器必须洁净且数量充足，以保证每只鸡都能在短时间内饮到足够的疫苗水溶液。若发现饮水不均匀或太少，应于第 2 天重复接种一次。

2. 选用质量可靠的疫苗

根据当地疫病种类和流行特点选择疫苗，对非正规厂家的疫苗不要盲目轻信，以免造成免疫失败。疫苗使用前检查疫苗保存方法是否适当、有无破损、是否过期，检查制品的色泽、气味、物理状态有无异常，是否过期，瓶塞不紧或瓶身有裂纹不得使用。

3. 接种方法的选择

根据家禽的日龄、接种疫苗的种类选择最佳接种方法，严格仔细操作，免疫前详细阅读疫苗使用说明书，选用规定的稀释液。免疫接种的注射器、针头、镊子要严格消毒，接种后的用具、空疫苗瓶也应进行消毒处理。

4. 注意家禽群体状况

如健康状态、日龄大小、饲养条件、寄生虫感染等，如果使用疫苗前有疫情发生，应结合有关的应急预防措施。

5. 避免药物的影响

饮水、气雾、拌料接种疫苗的前 2 天和后 3 天不得饮用消毒药（如高锰酸钾、抗毒威等），也不得进行带禽消毒，使用疫苗前后的各 1 周内不得使用抗微生物药。

6. 做好接种记录

记录接种疫苗的种类、批号、生产日期、生产厂家、使用剂量、稀释液、接种方法及途径、接种家禽数量、接种时间、参加人员、接种反应等，并对接种的检测效果进行记录。

> **知识拓展**
>
> 总结免疫失败的原因
>
> 1. 疫苗方面的原因
>
> （1）疫苗的质量　疫苗质量不符合标准或疫苗保存不当。疫苗从出厂到使用中

间要经过许多环节，如果某一环节未能按要求贮藏、运输或由于停电等原因使疫苗反复冻融，都容易导致疫苗失效。

疫苗使用时间过长。疫苗稀释后要在 $30\sim60\text{min}$ 内用完。疫苗稀释后用完的时间与免疫力产生的保护率呈负相关，多数稀释的疫苗超过 3h 再接种，对机体的保护率几乎为零。

（2）疫苗选择不当　疫病诊断不准确，造成使用的疫苗与发生疾病不对应，例如鸡群患了新城疫却使用传染性喉气管炎疫苗；使用与本场、本地区疾病血清型不对应的疫苗；仅选用安全性好，但免疫力较低的疫苗品系，产生的抗体往往不能抑制强毒的进攻。

（3）疫苗之间存在相互干扰　不同疫苗接种时间间隔过短或同一时间内以不同途径接种几种不同的疫苗。如传染性支气管炎疫苗对鸡新城疫疫苗病毒的干扰作用，使鸡新城疫疫苗的免疫效果受到影响。

2. 家禽自身原因

（1）母源抗体影响　由于各种疫苗的广泛应用，可能使雏禽母源抗体水平很高，若接种过早，当疫苗病毒注入家禽体内时，会被母源抗体中和，从而影响免疫力的产生。

（2）应激因素　应激反应是机体对不同刺激的非特异性反应，是处于健康与疾病之间的一种过渡状态。各种应激因素如饥饿、寒冷、过热、拥挤等，能抑制机体的体液免疫和细胞免疫，从而导致疫苗免疫保护力的下降，造成免疫失败。

（3）疾病的影响　某些传染病可引起家禽免疫系统的损害。如马立克氏病、传染性法氏囊病、淋巴性白血病、传染性贫血病、球虫病等。这些传染病的病原体主要损害家禽的免疫器官。如果家禽早已感染了马立克氏病或传染性法氏囊病，会损害免疫器官的发育和成熟，引起终身免疫抑制。

3. 免疫操作方面原因

（1）免疫剂量不准确　免疫剂量原则上必须以说明书的剂量为标准。剂量不足，不能刺激机体产生免疫反应；剂量过高，易产生免疫麻痹而使免疫力受到抑制。目前在生产中多存在宁多勿少的偏见，接种时任意加大免疫剂量，造成负面效应。

（2）免疫途径不当　每一种疫苗都有最佳的免疫途径，如随意改变可能影响免疫效果。如鸡新城疫Ⅰ系疫苗适于肌内注射，传染性法氏囊冻干疫苗适于滴口、饮水，马立克氏病疫苗适于颈部皮下注射。油乳剂灭活苗均以颈部皮下注射为好，其次是胸部肌内注射。

（3）疫苗使用不当

①稀释剂选择不当　多数疫苗稀释时可用生理盐水或蒸馏水，个别疫苗需专用稀释剂。若用生理盐水或蒸馏水代替专用稀释剂，则疫苗的效价降低或完全失效。个别的养禽场用井水直接稀释疫苗，疫苗可能被干扰、破坏而失活。

②抗菌药的影响　活疫苗免疫的同时使用抗菌药影响免疫力的产生。表现为用疫苗的同时饮用消毒水、饲料中添加抗菌药物、禽舍喷洒消毒剂、紧急接种时同时用抗菌药物进行防治等。禽体内同时存在疫苗成分及抗菌药物，造成活菌苗被抑杀、活毒苗被直接或间接干扰，灭活苗因药物存在不能充分发挥其免疫潜能，最终疫苗的免疫力和药物的防治效果都受到影响。

　　③ 免疫接种工作不细致　免疫接种操作失误或错漏影响免疫效果。如采用饮水免疫时饮水量不足，疫苗稀释计算错误或稀释不均匀，错漏接种禽只，点眼、滴鼻免疫时没有足够的疫苗进入眼内或鼻内，注射部位不当或针头太粗，拔出针头时注射疫苗即倒流出来，注射量不足，接种器具消毒不严，导致将病原菌带入家禽体内等。

五、 根据不同禽种优选免疫程序

种鸡、商品蛋鸡、商品肉仔鸡、蛋鸭、肉种鸭、种鹅的参考免疫程序如表 5-2～表 5-6。

表 5-2　种鸡（商品蛋鸡）免疫程序（仅供参考）

日龄	病名	疫苗种类	剂量	免疫方法
1 日龄	马立克病	CVI988	1N	颈部注射
7 日龄	新城疫、传支、禽流感	VH＋H120＋28/86	1N	点眼
	呼肠孤病毒感染	REO1133	1N	颈部注射
12～14 日龄	传染性法氏囊病	IBD	1N	滴口
	禽流感	H9	0.3mL	颈部注射
20～21 日龄	新城疫	LaSota	1N	点眼
	新城疫、传支	NDk 或 ND＋IBk	0.3mL	颈部注射
26～28 日龄	传染性法氏囊病	IBD	1N	滴口
	鸡痘	POX	1N	刺种
35 日龄	禽流感	H5(re－4＋re－5)	0.3mL	颈部注射
7 周	新城疫、传支	Clone45＋H120	1N	点眼
	新城疫	NDk	0.5mL	肌内注射
10 周	呼肠孤病毒感染	REO1133	1N	颈部注射
	传染性喉气管炎	ILT	1N	点眼
11 周	禽流感	H5(re－4＋re－5)	0.5mL	肌内注射
	禽流感	H9	0.5mL	肌内注射
13 周	新城疫、传支	Clone45＋H120	1N	点眼
	脑炎、鸡痘	AE＋POX	1N	刺种
15 周	产蛋下降综合征、鸡贫血病毒	EDS－76＋CAV	0.5mL	肌内注射
19 周	新城疫、传支	Clone45＋H120	1N	点眼
	新城疫、传支、法氏囊、呼肠孤	ND＋IB＋IBD＋REOk	0.5mL	肌内注射
21 周	禽流感	H5(re－4＋re－5)	0.5mL	肌内注射
	禽流感	H9	0.5mL	肌内注射
25 周	新城疫	LaSota	3N	饮水
	新城疫	NDk	0.5mL	肌内注射
31 周	新城疫、传支	Clone45＋H120	3N	饮水

续表

日龄	病名	疫苗种类	剂量	免疫方法
34周	禽流感	H5(re-4+re-5)	0.5mL	肌内注射
	禽流感	H9	0.5mL	肌内注射
37周	新城疫、传支	Clone45+H120	3N	饮水
	新城疫、传支、法氏囊	ND+IB+IBDk	0.5mL	肌内注射
43周	新城疫、传支	Clone45+H120	3N	饮水
46周	禽流感	H5(re-4+re-5)	0.5mL	肌内注射
	禽流感	H9	0.5mL	肌内注射
49周	新城疫、传支	Clone45+H120	3N	饮水
	新城疫	NDk	0.5mL	肌内注射
55周	新城疫、传支	Clone45+H120	3N	饮水
58周	禽流感	H5(re-4+re-5)	0.5mL	肌内注射
	禽流感	H9	0.5mL	肌内注射
61周	新城疫、传支	Clone45+H120	3N	饮水
	新城疫	NDk	0.5mL	肌内注射
67周	新城疫、传支	Clone45+H120	3N	饮水

注：该防疫程序仅供参考，可根据当地实际情况增减使用疫苗，同时注意疫苗之间的干扰现象（1N：1羽份）。

表5-3　肉仔鸡的免疫程序（仅供参考）

日龄	防治疫病	疫苗种类	剂量	接种方法	备注
7~10	新城疫、传染性支气管炎	LaSota+H120	1N	滴鼻、点眼、饮水、气雾	或用新支二联苗
10~14	传染性法氏囊 禽流感、新城疫	NF8、B87、BJ836 二联灭活苗	1N 0.3mL	滴口、饮水、肌内注射	
17~21	新城疫、传染性支气管炎	LaSota+H120	1N	滴鼻、点眼、滴口、饮水	
24~28	传染性法氏囊	NF8、B87、BJ836	1N	滴口、饮水	
30	鸡痘	禽痘弱毒苗	1N	刺种	按季节适时应用

注：该防疫程序仅供参考，可根据当地实际情况增减使用疫苗，同时注意疫苗之间的干扰现象（1N：1羽份）。

表5-4　蛋鸭（种鸭）免疫程序（仅供参考）

日龄	防治疫病	疫苗	剂量	接种方法	备注
2~3	病毒性肝炎	病毒性肝炎弱毒苗	1N	滴口	
6	鸭疫里默氏杆菌病	鸭疫里默氏菌灭活苗	0.5mL	肌内注射	
7	鸭瘟	鸭瘟弱毒苗	1N	颈部皮下注射	
9	鸭流感	鸭流感灭活苗	0.5mL	肌内注射	
15	鸭疫里默氏杆菌病	鸭疫里默氏菌灭活苗	0.5mL	肌内注射	
60	鸭霍乱	禽霍乱蜂胶活疫苗	1N	肌内注射	
90	大肠杆菌病	大肠杆菌灭活苗	0.5mL	肌内注射	
100	鸭瘟	鸭瘟弱毒苗	1N	肌内注射	
110	鸭霍乱	禽霍乱蜂胶活疫苗	1N	肌内注射	

注：引自：陈理盾《禽病彩色图谱》，辽宁科学技术出版社，2009，下同。

表 5-5　肉种鸭免疫程序（仅供参考）

日龄	防治疫病	疫苗	接种方法	备注
2～3	雏鸭病毒性肝炎	病毒性肝炎弱毒苗	饮水（滴口）	
7～10	鸭疫里默氏杆菌病、大肠杆菌病	二联胶苗	肌内注射	
24～28	鸭瘟、鸭病毒性肝炎	二联胶苗	肌内注射	
35	鸭大肠杆菌病	油乳剂苗	肌内注射	流感区接种流感苗 1 次
42	鸭巴氏杆菌病	蜂胶苗	肌内注射	
150	鸭大肠杆菌病	油乳剂苗	肌内注射	流感流行区再次接种
160	鸭霍乱	鸭霍乱灭活苗	肌内注射	
170	鸭瘟、鸭病毒性关节炎	二联油苗	肌内注射	
310	鸭瘟、鸭病毒性关节炎	二联油苗	肌内注射	
320	鸭霍乱	鸭霍乱灭活苗	肌内注射	
328	鸭大肠杆菌病	油乳剂苗	肌内注射	

表 5-6　种鹅免疫程序（仅供参考）（商品鹅只进行前 **3** 次）

日龄	防治疫病	疫苗	接种方法	备注
1～3	雏鹅新型病毒性肠炎、小鹅瘟	二联高免血清	皮下注射	
7	鹅副黏病毒	灭活苗	皮下注射	
28	鹅霍乱	鹅霍乱蜂胶苗	肌内注射	流感区接种流感苗
180	鹅霍乱	鹅霍乱灭活苗	肌内注射	流感区接种流感苗
190	鹅新型病毒性肠炎、小鹅瘟	二联弱毒苗	肌内注射	
200	鹅新型病毒性肠炎、小鹅瘟	二联弱毒苗	肌内注射	
308	鹅霍乱	鹅霍乱灭活苗	肌内注射	
315	鹅新型病毒性肠炎、小鹅瘟	二联弱毒苗	肌内注射	
322	鹅新型病毒性肠炎、小鹅瘟	二联弱毒苗	肌内注射	

知识拓展

鸡的常用商品化疫苗

接种疫苗是预防家禽传染性疾病的重要措施。

1. 弱毒疫苗　弱毒疫苗是指用人工致弱或自然筛选的弱毒株，经培养后制备的疫苗。优点是病原可在免疫动物体内繁殖，用量小，免疫力持久，成本低，使用方便。缺点是残毒在家禽体内持续传递后其毒力有增强、返祖为毒力型的可能，对一些极易感家禽存在一定危险。

2. 灭活苗　将病原体用物理或化学方法处理后，使细菌或病毒丧失感染性或毒性，但保持其免疫原性。优点是无毒、安全、疫苗稳定，易于保存运输，便于制备多价苗或联苗。常在疫苗中加入佐剂，佐剂能吸附抗原并在动物体内形成免疫贮存，从而提高疫苗免疫效果，如氢氧化铝、蜂胶、油乳剂等。接种灭活疫苗产生的抗体滴度随时间而下降，因此，灭活疫苗常需定期加强接种。

以下列举的鸡的常用商品化疫苗（表 5-7）供免疫接种时选择。

表 5-7　鸡的常用商品疫苗

疾病分类	名称	缩写	疫苗种类	
			弱毒苗	油乳剂灭活苗
病毒病	新城疫	ND	Ⅰ系、Ⅱ系、Ⅲ系、Ⅳ系、Clone30	ND
			ND＋IB	ND＋EDS，ND＋IBD，ND＋REO，ND＋IC，ND＋IB，ND＋CRD，ND＋AC，ND＋SHS
				ND＋IB＋IBD，ND＋IB＋EDS，ND＋IBD＋EDS，ND＋IBD＋REO，ND＋EDS＋IC，ND＋EDS＋CRD，ND＋IB＋SHS
				ND＋IB＋IBD＋REO，ND＋IB＋IBD＋EDSND＋IB＋EDS＋SHS
	马立克氏病	MD	HVT，CVI988，SB1，FC126，SB1＋HVT，FC＋CVI	
	传染性支气管炎	IB	H120,H52,H110D274,D1466	IB,IB＋ND,IB＋IBD
			IB＋ND	IB＋ND＋IBD，IB＋ND＋EDS，IB＋ND＋SHS，IB＋ND＋IBD＋REO，IB＋ND＋IBD＋EDS，IB＋ND＋EDS＋SHS
	传染性法氏囊病	IBD	D78,PBG98,LKT,LD2282512,CumLBJ836,Lukert	IBD,IBD＋ND,IBD＋IB,IBD＋ND＋IB,IBD＋ND＋REO,IBD＋ND＋EDS,IBD＋IB＋ND＋REO,IBD＋IB＋ND＋EDS
	禽脑脊髓炎	AE	AE1145,AE＋FP	
	鸡痘	FP	FP　FP＋AE	
	传染性喉气管炎	ILT	ILT	
	产蛋下降综合征	EDS		EDS,EDS＋IB＋ND,EDS＋IBD＋ND,EDS＋IC＋ND,EDS＋CRD＋ND,EDS＋IBD＋IB＋ND,EDS＋SHS＋IB＋ND
	禽流感	AI		H5,H9,H5＋H9
	呼肠孤病毒感染	REO	REO1133	REO,REO＋ND,REO＋ND＋IBD,REO＋ND＋IBD＋IB
细菌病	禽霍乱	AC		AC,AC＋ND
	慢性呼吸道病	CRD		CRD,CRD＋ND,CRD＋ND＋EDS
	鸡葡萄球菌病	CS		CS
	传染性鼻炎	IC		IC,IC＋ND,IC＋ND＋EDS
其他	肿头综合征	SHS		SHS,SHS＋ND,SHS＋ND＋IB,SHS＋ND＋IB＋EDS

任务思考 👆

1. 名词解释

免疫接种，预防接种，紧急接种，免疫程序。

2. 回答问题

（1）家禽免疫接种的方法有哪些？各有何优缺点？

（2）紧急接种应注意哪些问题？

（3）预防接种与紧急接种有何不同？

（4）造成免疫失败的原因可能有哪些？

（5）免疫程序制订的原则是什么？

项目六　禽场的经营管理

学习目标

知识目标

- 熟悉家禽饲养场的相关规章制度
- 理解家禽生产的成本分析和养禽场的经济效益分析
- 掌握养禽场的经济核算方法

技能目标

- 能够理解并认真执行家禽饲养场的相关规章制度
- 能够编制养禽场生产计划和禽群周转计划
- 能够分析养禽场的经济效益

　　经营管理是养禽生产的重要组成部分。无论大型养禽场还是小型养禽场都应重视和研究自己的经营管理。实践证明，一个养禽场如果只有生产设备和生产技术的现代化，而没有经营管理的科学化是很难获得较高经济效益的。所以，在学习和掌握了家禽生产基本技术的同时，必须学习和掌握养禽场的经营管理。

任务一　组织制度管理

任务描述

　　制度建设是家禽经营管理的重要内容，建立并完善家禽生产中的各项规章制度，是家禽健康和安全生产的重要保障，也是获得较高经济效益的有效措施。

任务分析

　　家禽生产过程中，必须有保障家禽健康的卫生防疫制度、保证家禽生产性能充分发挥的科学饲养管理制度、促进经济效益的岗位责任制度等。这些制度不但要健全，而且在生产过程中要严格遵照执行。

任务实施

一、 组织机构设置

根据不同的经营范围和规模，禽场应建立相应的组织机构。禽场的组织机构设置一是要精简，二是要责任明确，从而使禽场各项工作在有计划、有监督、能控制的条件下有序开展。

1. 蛋禽场、种禽场组织结构

蛋禽、种禽生产企业的组织机构主要实行场长（或经理）负责制。一般包括场长1人、副场长2人（分管行政与业务）、主任或科长若干人、班组长若干人和质检员若干人等，这是属于指挥人员。职能部门包括办公室、财务科室、生产部门、化验（质检）科、销售科、车队及后勤服务部门等。生产部门主要负责禽生产、饲料生产加工等；后勤服务部门主要负责生产、生活方面的物质供应、管理、维修等，后勤人员主要包括司机、保管、保安；化验（质检）员主要包括抗体检测、环境监测、饲料分析与检测人员等若干人，化验（质检）科应隶属于场部直接领导。各部门要责任明确，择优上岗。

禽场应根据规模的大小，遵循管理有利原则，来选择适合自己的机构设置模式。对规模较小的禽场，在管理机构设置上不必配备各种专职人员，但各项工作必须要有人负责。

2. 肉禽场组织结构

肉禽场的组织机构应本着精简、高效的原则进行设置。人员编制本着高效高薪、鼓励兼职、以岗定编、以岗定薪的原则进行确定。肉禽场一般均实行场长负责制，主要行使决策、指挥、监督等职能。根据禽场规模的大小，还要相应设立其他管理人员，如禽舍管理人员、班组长等。规模较小的肉禽场可采用直线制的组织形式，即一切指挥和管理职能基本上都由场长自己执行，一般不设专门的职能机构，只有少数职能人员协助场长进行工作。对于规模较大的肉禽场，由于管理环节较多，因此，建议采用职能制的组织形式，职能机构主要包括生产、购销、后勤和财务等部门。人员主要包括场长、副场长、技术员、保管员、饲养员、财务人员和后勤人员等。

二、 岗位责任制管理

在家禽场的生产管理中，要使每一项生产工作都有人去做，并按期做好，使每个职工各得其所，能够充分发挥主观能动性和聪明才智，需要建立岗位责任制管理机制。岗位责任制是在生产计划指导下，以提高经济效益为目的，实行责、权、利相结合的生产经营管理制度。建立健全养禽生产岗位责任制，是加强禽场经营管理、提高生产管理水平、调动职工生产积极性的有效措施，是办好禽场的重要手段，内容包括：承担哪些工作职责、生产任务或饲养定额；必须完成的工作项目或生产量（包括质量指标）；授予的权利和权限；超产奖励、欠产受罚的明确规定。

禽场的所有工作岗位都应制订相应的岗位职责，主要工作人员的岗位职责如下。

1. 禽场场长主要职责

（1）组织制订禽场工作计划和工作目标，并组织落实。

（2）负责对禽场生产管理的实施和指导，包括场区防疫制度的落实、监督，禽场生产管理的巡视、检查、分析和指导。

（3）组织制订禽场管理制度、薪酬激励政策，监督检查制度执行情况。

（4）负责禽场员工队伍建设，包括人员分工、组织协调、沟通和奖惩以及员工培训和工作指导。

（5）负责成本预算和过程控制。

（6）负责跟上级领导进行汇报，与其他单元进行工作沟通和协调。

（7）负责组织本场的组织能力建设，开展数据分析、综合管理等。

2. 禽场副场长主要职责

（1）按照本场的自然资源、生产条件以及市场需求，组织技术人员制定全场各项规章制度、技术操作规程、年度生产计划，掌握生产进度，提出增产措施。

（2）负责检查全场各项规章制度、技术操作规程及生产计划的执行情况，对违反技术操作规程和不符合技术要求的事项有权利制止和纠正。

（3）制订本场消毒防疫制度和制定免疫程序，并进行监督。

（4）负责拟订全场各类饲料采购、贮备和调拨计划，并检查其使用情况。

（5）指导和监督技术人员日常工作，并适当组织经验交流、技术培训和学习。

（6）对畜牧技术中的重大事故，要负责做出结论，并承担相应责任。

（7）对全场畜牧技术人员的任免、调动、升级、奖惩，提出意见和建议。

（8）负责拟订全场兽医药械的分配调拨计划，并检查其使用情况，在发生传染病时，根据有关规定封锁或扑杀病禽。

（9）及时组织会诊疑难病例。

3. 技术人员职责

（1）根据禽场生产任务和饲料条件，拟订生产计划。

（2）制订各类禽只出售以及禽群周转计划。

（3）按照各项禽场技术规程，拟订禽的饲料配方和饲喂定额。

（4）负责禽场的日常生产管理，对生产中出现的事故，要及时报告，并组织相关人员及时处理。

（5）配合场长（经理）制定、督促、检查各种生产操作规程和岗位责任制贯彻执行情况。

（6）填写禽群档案和各项技术记录，并进行统计整理。

（7）负责禽群卫生保健，疾病监控和治疗，贯彻防疫制度，制订药械购置计划。

（8）认真细致地进行疾病诊治，充分利用化验室提供的科学数据，并认真填写病历和有关报表。遇疑难病例及时汇报。

（9）认真贯彻"预防为主，防重于治"的方针，坚持每天巡视禽群，发现病禽，及时治疗。

（10）普及禽卫生保健知识，提高员工素质，开展科研工作，推广应用先进技术。

（11）严格执行药品存放的管理制度，易燃药品和剧毒药品要严格保管，并严格执行发放规定。

（12）要经常检查库存药品的存放情况，注意药品的有效期，严禁药品过期变质。

4. 班组长（栋长）工作职责

（1）负责本栋禽群和人员的全面管理。

（2）组织开展饲养管理，保证禽群健康，对栋舍工作任务进行明确和分解。

（3）负责本栋人员的管理，开展人员分工和协调，团结和激励本栋员工。

（4）组织本栋人员严格执行部门、场区和栋舍防疫管理规定。

（5）掌握各品种、各阶段禽群生理特点、设备使用要求，对栋员进行培训和指导。

（6）组织栋员进行喂料、清扫、通风、检查水位、巡视等日常管理工作。

（7）要熟练掌握种蛋挑选标准，按要求进行种蛋收集、挑选、标识和分类码放等。

（8）要负责组织栋员开展采精、人工输精，严格执行输精技术标准。

（9）传达和落实场区任务，组织执行场区和栋舍的其他工作，如值班、加班等。

5. 饲养员职责

（1）负责本栋栋长所分配工作的实施以及个人所负责禽群的管理；

（2）严格执行部门、场区和栋舍防疫管理规定，按标准进行消毒等。

（3）掌握各品种、各阶段禽群生理特点，熟悉栋舍工作要求。

（4）掌握一日操作流程，按要求进行喂料、清扫、通风等日常管理工作。

（5）每天检查禽舍水位，防止断水，开展禽舍巡视，观察禽群是否健康，发现病情及时报告。

（6）熟练掌握种蛋挑选标准，按要求进行种蛋收集、挑选、标识和分类码放等。

（7）掌握采精、人工输精动作和技术要求。

（8）做好后备公禽调教工作。

（9）严格执行场区和栋舍的其他工作要求，如值班、加班等。

三、 激励制度建设

禽场生产责任制的形式可因地制宜，可以承包到禽舍（车间）、班组或个人，实行大包干；也可以实行目标管理，超产奖励。实行目标管理时要注意工作定额的制定要科学合理，真正做到责、权、利相结合。

根据各地实践，对饲养员的承包实行岗位责任制大体有如下几种办法。

1. 完全承包法

对饲养员停发工资及一切其他收入，每只禽按入舍计算交蛋，超过部分全部归己。育成禽、淘汰禽、饲料、禽蛋都按场内价格记账结算，经营销售由场部组织进行。各种承包办法的实质都是相同的，可以由此衍生出各种办法。但本办法是彻底的，而对饲养员个人来说风险也是很大的。

2. 超产提成

这种承包办法首先保证饲养员的基本生活费收入，因为养禽生产风险很大，如鸡受到严重传染病侵袭，饲养员也无能为力。承包指标为平均先进指标，要经过很大努力才能超额完成。奖罚的比例也是合适的，奖多罚少。这种承包办法各种禽场都可以采用。

3. 有限奖励承包办法

有些养禽场为防止饲养员因承包超产收入过高，可以采用按百分比奖励办法。如鸡场对育雏育成人员承包办法，20周龄育成率达90％日工资，每人每天10元。每超过一个百分点增加2元。育雏率最高100％，日工资为30元，等于封顶。如果基数定得低一些，奖励水平仍能高一些。

4. 计件工资制

养禽场有很多工种可以执行计件工资制。如加工1t饲料，报酬5元；雌雄鉴别，每只鸡1分钱。对销售人员取消工资，按销售额提成。只要指标定得恰当都能激发工作和劳动的积极性。

5. 目标责任制

现代化养禽企业投入产出的关系标准化，由于高度机械化和自动化，用人很少，生产效率很高，工资水平也很高，在这种情况下不用承包制而使用目标责任制，完成目标就会按照签订的责任状兑现工资和奖金，未完成者将被惩罚或被辞退。这种制度是现代化养禽企业常用的一种制度。

承包办法必须按期兑现。由于生产成绩突出而获得高额奖励，必须如数支付。如因指标确定不当也应兑现。承包指标不应经常修订。应在年初修订，场方与饲养人员签订合同，合同期至少一年或一个生产周期。

建立了岗位制，还要通过各项记录资料的统计分析，不断进行检查，用计分方法科学计算出每一职工、每一部门、每一生产环节的工作成绩和完成任务的情况，并以此作为考核成绩及计算奖罚的依据。

四、 规章制度建设

1. 卫生防疫制度

为了保证家禽健康和安全生产，场内必须有严格的防疫措施，并制订严格的卫生防疫制度，规定对场内外人员及车辆、场内环境及设备、禽舍空栏后进行定期的冲洗和消毒，对各类禽群进行免疫和种禽群的检疫等。养禽场防疫制度要明文张贴，并由主管兽医负责监督执行。当某种疫病在本地区或本场流行时，要采取相应的防疫措施，并要按规定上报主管部门，采取隔离、封锁措施。

（1）生活区卫生防疫制度

① 未经场长允许，非本场员工不能进入禽场。

② 大门关闭，办事者必须到传达室登记、检查，经同意后，车辆必须经过消毒池消毒后方可入内，自行车和行人从小门经过脚踏消毒池消毒后方准进入。

③ 大门口消毒池内投放 2%～3% 的火碱水，每 3 天换 1 次，保持有效。

④ 任何人不准带进畜禽及畜禽产品进场。

⑤ 生活公共区域每天清扫，保持整洁、整齐、无杂物，定期灭蚊、蝇。

⑥ 进入场内的车辆和人员必须按门卫指示地点停放及路线行走。

⑦ 做好大门内外卫生和传达室卫生工作，做到整洁、整齐，无杂物。

（2）生产区卫生防疫制度

① 非本场工作人员未经允许不得进入生产区。

② 生产区谢绝参观。必须进入生产区的人员，经领导同意后，在消毒室更换工作衣帽、鞋，经消毒池后方可进入。消毒池投放 3% 的火碱，每 3 天更换 1 次，保持有效。

③ 饲养员、技术人员工作时间都必须身着卫生清洁的工作衣、鞋、帽，每周洗涤 1 次或 2 次（夏季），并消毒一次，工作衣、鞋、帽不准穿出生产区。

④ 非生产需要，饲养人员不要随便出入生产区和串舍。

⑤ 生产区内决不允许有闲杂人员的出现。

⑥ 生产区设有净道、污道，净道为送料、人行专道，每周用 2% 火碱溶液消毒 1 次；污道为清粪专道，每周消毒 2 次。

（3）禽舍卫生防疫制度

① 未经技术人员和领导同意，任何非生产人员不准进入禽舍。必须进入禽舍的人员经同意后应身着消毒过的工作衣、鞋、帽，经消毒后方可进入，消毒池内的消毒液每 2 天更换 1 次，保持有效。

② 保持禽舍整洁干净，工具、饲料等堆放整齐。

③ 每天清洗禽舍水箱、过滤杯，保持水箱清洁干净，每隔 3 个月彻底清洗贮水池 1 次，

并加入次氯酸钠消毒。

④ 工作用具每周消毒至少 2 次，并要固定禽舍使用，不得串用。

⑤ 禽舍门口消毒池内的消毒液每 2 天更换 1 次，人员进出必须脚踏消毒池。

⑥ 每周禽群带禽消毒两次，要按规定稀释和使用消毒剂，确保消毒效果。

⑦ 每周对禽舍内外大扫除，并对禽舍周围环境用 2％的火碱、溶液喷洒消毒 1 次。

⑧ 每天清粪 1 次，清粪后要对粪铲、扫帚进行冲刷清洗。禽粪要按规定堆放，定期生石灰进行粪池消毒。

⑨ 按规定的免疫程序和用药方案进行免疫和用药，并加强饲养管理，增强禽群的抵抗力。

⑩ 饲养人员每天都要按规定的工作程序进行工作。

⑪ 饲养员要每天对饲养的禽只进行观察，发现异常，及时汇报并采取相应的措施。

⑫ 饲养员要每天保持好舍内外卫生清洁，每周消毒 1 次，并保持好个人卫生。

⑬ 饲养员定期对饮水消毒。

⑭ 兽医技术人员每天要对禽群进行巡视，发现问题及时处理。对新引进的禽群应在隔离观察舍内饲养观察 1 个月以上，方可进入正常禽舍饲养。

（4）禽舍空栏后的卫生防疫制度

① 禽舍空栏后，应马上对禽舍进行彻底清除、冲刷，不留死角。将舍内的粪、尿、蛛网、灰尘等彻底清扫干净。

② 禽舍消毒程序　清扫禽舍→高压水枪冲洗禽舍→用具浸泡清洗→干燥→消毒液（3％的火碱水）喷洒禽舍→福尔马林熏蒸消毒→空舍半月以上→进禽前 2 天舍内外消毒。

③ 化学药品消毒最彻底，最好使用两种消毒液交替进行，如百毒杀、威岛、1210、过氧乙酸等，对杀死病原微生物较有效。

（5）禽群免疫接种

① 各批次禽群要严格按照制订的免疫程序及时进行免疫接种，免疫过程必须由专职技术人员监督，并做好免疫接种登记。

② 各批次禽群要按计划进行免疫抗体检测，抗体检测不合格的禽群要及时补救。

③ 发现疫情后的紧急措施。

④ 发现疫情后立即报告场领导及兽医技术人员，尽早查明病因，明确诊断。

⑤ 严格隔离封锁，防止疫情扩散。隔离病禽，病死禽严禁出售，不准在生产区内解剖，尸体要做无害化处理。控制人员流动，限制外人进入禽场，禽场环境、饲养设备、用具、工作服等严格消毒。

⑥ 对健康禽群及假定健康禽群紧急免疫接种。

⑦ 淘汰或治疗病禽，合理处理尸体。对重症家禽彻底淘汰，对细菌性传染病可采用抗生素治疗，对某些病毒性传染病可采取特异性免疫抗体治疗。死亡的家禽和屠宰后废弃的羽毛、血、内脏等要做无害化处理，可焚烧、深埋或集中处理。

（6）淘汰禽销售卫生防疫要求

① 淘汰禽由场内车辆运至大门外销售，外来车辆禁止进场。

② 销售完毕，所有运载工具（笼、车辆）、卖禽场地要及时进行清洗和消毒。

2. 饲养管理制度

实践证明，规范化的饲养管理是提高养禽业经济效益和兽医综合性防疫水平的重要手段。在饲养管理制度健全的养禽场中，家禽生长发育良好、抗病能力强、人工免疫的应答能力高、外界病原体侵入的机会少，因而疫病的发病率及其造成的损失相对较小。

（1）执行"全进全出"的饲养制度 "全进全出"是指同一栋禽舍或全场在同一时间饲养同龄的家禽，在同一时间出售或出栏，是避免禽群发病的最有效的措施之一。现代家禽生产都应采用"全进全出"的饲养管理制度。

不同日龄的家禽有不同的易感性疾病，如禽舍内有不同日龄的禽群存在，则日龄较大的患病禽或是已痊愈但仍带毒的禽群，通过不同的途径将病菌传播给日龄较小的禽群，造成经济损失。采用全进全出制，一批禽转出或上市，经彻底消毒后再进下一批禽群，就不会有传染源和传播途径存在，从而减少疫情的循环感染，降低死亡率，提高禽舍利用率。采用全进全出制，还便于生产管理，实行统一的饲养标准、技术方案和防疫措施。

（2）供应全价配合饲料 按照家禽的不同生长时期的营养需要供应全价配合饲料，不仅能保证家禽正常发育和生产的需要，也是预防禽病的基础。饲料配比、加工和贮存不当是引起家禽营养代谢病和中毒病的主要原因之一，还会引起免疫功能抑制，并诱发其他各种传染病，如蛋白质含量过高引起痛风，钙及维生素 D 过少引起佝偻病。生产中，饲料厂应按饲养标准进行生产，养殖户应选用质量可靠、正规厂家的全价饲料或浓缩料，所用的饲料要相对稳定，不要突然改变饲料，要定时定量饲喂，尽量保证家禽的营养需要。

（3）保证饲料和饮水卫生 俗话说"病从口入"，搞不好饲料和饮水卫生，就给病原体的侵入打开了方便之门。因此饲料和饮水卫生是家禽生产的关键因素，也是预防疾病的先决条件。

家禽生产中要防止饲料污染、霉败、变质、生虫等。对每种饲料原料进行化验分析，特别是对鱼粉、肉骨粉等质量不稳定的原料，要经过严格检验后才能使用。生产场应配备专用运料车辆，饲料应分禽舍专用，不能互相混用。饲料要求新鲜，应当每周送到禽舍 1 次，散装饲料塔的容积应能容纳 7 天的饲喂量和 2 天的贮备量。对运输饲料卡车进行有效的消毒，卡车必须驶过加有良好消毒液的消毒池，驾驶室和车子底盘部分可以用同样的消毒溶液喷洒。因为运料卡车是致病微生物侵入禽舍的一个重要途径。对饲料槽等应经常清洗，保持干净。家禽的饮水卫生问题十分重要，一般要求饮用优质地下水，并定期测定水中大肠杆菌数量和固体物总量，前者要求每毫升不超过 2 万个，后者不得超过 290mg/L。饮水消毒一般用氯制剂，并按说明使用。在 10 日龄前用凉开水，每天应清洗消毒 1 次饮水器，饮水器内的水至少每天应更换两次，杜绝喝过夜水。最好使用杯式饮水器或乳头式饮水器，可大幅度地节约供水量，杜绝了污染，符合禽群饮水卫生要求。

（4）避免禽舍产生不良环境应激 当家禽受到环境不良因素的影响时，家禽的生理状态会发生改变，机体免疫力降低，对家禽的生长发育、生产性能将带来不同程度的伤害，严重的会导致家禽发病，甚至出现死亡。生产中应激因素是多方面的，难以完全消除，但可以通过家禽日常科学管理来避免发生，让家禽生活在适宜的环境中。

① 提供合理光照 适宜的光照是家禽生长的必要条件，应根据家禽不同品种、生长阶段的要求，调节光照的时间和强度，避免光照时间过长、强度过大。如光照不足会引起家禽钙的代谢障碍，产蛋禽舍光照不足会直接降低产蛋率。

② 提供适宜的温度和湿度 不同日龄要求的温度不同，尤其是雏禽对温度要求较高，温度过低会诱发多种疾病，如雏鸡白痢。成禽最适宜的生长温度为 20～22℃，舍内冬天要防寒保暖，夏天要避暑降温。为防止热应激，可适当调整饲料成分比例，加大通风量，饲养中添加碳酸氢钠、维生素、解热的草药制剂、采用水帘等降温设备。

雏禽从相对湿度 70% 的环境中孵出后，如育雏舍内过于干燥，导致水分随呼吸而散发，腹中蛋黄吸收不良，饮水过多，易发生下痢，脚趾干瘪，羽毛生长慢。因此，育雏前 10 天应保持室内相对湿度 60%～70%，成禽一般相对湿度保持在 60% 左右。如湿度过高，会导致垫草微生物及寄生虫的滋生，饲料霉变，易引起呼吸道、眼部、消化道疾病。

③ 保持禽舍通风换气　禽群对氧的需求量大，需要不断地呼吸新鲜的空气。禽群饲养密度过大或禽舍通风不良，常蓄积大量二氧化碳及粪便发酵产生的大量有害气体，对饲养人员和禽群都有不良影响，过量氨刺激易引起眼炎、呼吸道感染，如大肠杆菌、沙门菌、支原体感染。禽舍内氨气含量不超过 $20mg/m^3$ 时，硫化氢的含量不得大于 $15mg/m^3$ 时，二氧化碳含量不超过 $3000mg/m^3$ 时，一般以人们进入禽舍后无烦闷感觉和眼鼻无刺激感为度。因而在设计禽舍时，不仅要考虑禽舍的保温，也要考虑禽舍的通风换气。

④ 日粮应激　从一阶段到另一阶段日粮的过渡，应缓慢过渡，按一定比例从少到多，一般经过 7～8 天的时间更换完毕。由于每一阶段日粮适应了胃肠道某一特定的菌群，当突然大量换料时，导致胃肠菌群失调，引起腹泻及蛋鸡产蛋率、肉鸡体重迅速下降，甚至停产。因此日粮更换期间应避免各种生理性刺激，如免疫接种、使用消炎药物等，同时饲料中加入多维电解质、微量元素、微生态制剂等。

⑤ 避免或减少人为刺激　种苗在运输过程中，应防止过热、受凉、挤压、缺水、运输时间过长，并及时进行开食和饮水。降低周围环境的噪声，避免突然的惊吓，在断喙、转群、免疫接种过程中动作要温和，尽量减少刺激，让禽群保持在安静的环境中。适时分群是促进雏禽生长健康、减少疾病、提高成活率的一项重要措施。

（5）建立观察和登记制度

① 经常观察禽群　观察禽群的目的是了解禽群的健康与采食状况，挑出病禽、停产禽，同时拣出死禽。有些病禽虽经治疗可以恢复，但恢复后也往往要停产很长一段时间，所以病禽以尽早淘汰为好。及时发现和淘汰病禽，可提高全年的产蛋量和饲料效率，减少饲料浪费，节约劳力，预防传染病和降低死亡率。

② 做好生产记录　工作生产记录的内容很多，最低限度必须包括以下几项：产蛋量，存活、死亡和淘汰只数，饲料消耗量，蛋重和体重。管理人员必须经常检查禽群的实际生产记录与该品种禽的性能指标相比较，找出问题，以便及时修正饲养管理措施。

五、 疫情应急预案制订

平时要经常观察家禽的采食、饮水、粪便、精神状况、羽毛是否蓬乱等。一旦发生疾病，应早诊断、早确诊。特别是发生传染病或疑似传染病时，应采取一系列紧急措施，就地扑灭，以防疫情扩大。

1. 隔离

将发病禽分为患病群、可疑感染群和假定健康群等，分别进行隔离处理。患病家禽是最主要的传染源，应选择不易散播病原体、消毒处理方便的场所，将病禽和健康禽进行隔离，不让它们有任何接触，以防健康禽受到感染，并指派专人饲养管理。隔离场所禁止人、畜出入和接近，工作人员应遵守消毒制度。隔离区内的用具、饲料、粪便等未经彻底消毒不得运出。病死禽尸体要焚烧或深埋，不得随意抛弃。在隔离的同时，要尽快诊断，以便采取有效的防治措施。经诊断，属于烈性传染病时，要报告当地政府和兽医防疫部门，以便采取封锁措施。

可疑感染的家禽是指发病前与病禽有过明显接触的家禽，如同群、同舍，使用共同的水源等。这类家禽有可能处在潜伏期，并有排菌（毒）的危险，必须单独饲养，观察情况，不发病时才能与健康禽合群，出现病状者则按患病禽处理。

假定健康禽群是指疫区内其他易感禽。应与上述两类严格隔离饲养，加强防疫消毒和相应的保护措施，立即进行紧急免疫接种，必要时可根据实际情况分散喂养或转移至偏僻区域。

对已隔离的病禽，要及时进行药物治疗。根据发生的疫情，对健康禽和可疑感染禽，要进行疫苗紧急接种或用药物进行预防性治疗。对于细菌性传染病则早做药敏试验，避免盲目用药。

2. 消毒

在隔离的同时，要立即采取严格的消毒。包括禽场门口、禽舍门口、道路及所有器具；垫料和粪便要彻底清扫，病死禽要深埋或无害化处理，在最后一只病禽治愈或处理 2 周后，再进行一次全面的大消毒，方能解除隔离或封锁。

3. 封锁

当发生某些严重传染病时，对疫源地进行封闭，防止疫病向安全区散播和健康家禽误入疫区而被感染，以达到保护其他地区家禽的安全和人身健康，迅速控制疫情和集中力量就地扑灭的目的。

根据我国《家畜家禽防疫条例》的规定，当确诊为鸡新城疫、禽流感等一类传染病和当地新发现传染病时，当地县级以上畜牧兽医行政部门应当立即派人员到现场，划定疫点、疫区、受威胁区，采集病料，调查疫源，及时报请同级人民政府对疫区实行封锁，将疫情等情况逐级上报农业部畜牧兽医行政管理部门。

疫区（点）内病禽已经痊愈或全部处理完毕，经过该病一个潜伏期以上的检测、观察未再出现患病时，经严格彻底消毒，由县级以上畜牧兽医行政管理部门检查合格后，经原发布封锁令的政府发布解除封锁，并通报毗邻地区和有关部门。

4. 扑杀

扑杀政策是指在兽医行政部门的授权下，宰杀感染特定疫病的动物及同群可疑感染动物，并在必要时宰杀直接接触动物或可能传播疫病病原体的间接接触动物的一种强制性措施。当某地暴发法定 A 类或一类疫病，如禽流感、新城疫等，应按照防疫要求一律扑杀，家禽的尸体通过焚烧或深埋销毁。扑杀政策通常与封锁和消毒措施结合使用。

5. 紧急免疫接种

紧急免疫接种是指在发生传染病时为了迅速控制和扑灭传染病的流行，而对疫区和受威胁区尚未发病的家禽进行的应急性接种。紧急接种不但可以防止疫病的蔓延，而且对某些疫病还可减少发病损失。目前生产中主要使用疫苗进行各种病毒性疾病的紧急免疫接种，有一些活毒疫苗，如新城疫Ⅰ系、Ⅳ系、鸡瘟疫苗，在鸡群刚发病时进行紧急免疫接种，可收到良好的预防效果。这主要是利用弱毒疫苗产生免疫力快的特点，使未感染的禽获得抵抗力。对于处于潜伏期或尚未明显发病的禽只，有可能促进发病和死亡。不过经过一段时间后，发病和死亡数就会逐渐下降，使疫情得到控制。紧急接种时应该对养禽场内所有家禽普遍进行，才能获得一致的免疫力。

6. 紧急药物治疗

对病禽和可疑感染病禽进行治疗，挽救病禽，减少损失，消除传染源，这是综合性防治措施的一个组成部分。同时对假定健康禽的预防性治疗也不能放松。治疗的关键在确诊的基础上尽早实施，这对控制疫病的蔓延和防止继发感染起着十分重要的作用。

（1）高免卵黄抗体或抗血清　对某些病毒性疾病早期应用有较好的治疗效果。目前已应用于生产的有鸡传染性法氏囊病卵黄抗体、鸡传染性法氏囊病-新城疫二联高免卵黄抗体或血清等。高度免疫血清疗效好，但成本高、生产量少，因此在生产实践中的应用远不如抗生素或磺胺药物广泛。

（2）干扰素　可用来防治鸡的各类病毒性疾病，具有效果明显、无停药期和任何残留的特点。当家禽发生病毒性疾病而不能在短时间内确诊时，立即使用干扰素，可在短时间内控制疫病的流行，有效降低死亡率。

（3）抗生素和化学药品治疗　抗生素为细菌性急性传染病的主要治疗药物。用于紧急治疗的剂量要充足，对病重家禽采用口服或注射的方法，对大群服药则用拌料或饮水的方法。

但要注意合理使用，不能滥用，否则，往往引起不良后果。一方面可能使敏感病原体对药物产生耐药性，另一方面可能对机体引起不良反应，蓄积残留甚至引起中毒。抗病毒感染的药物在临床上应用得较少。

（4）中药疗法　许多草药及复方制剂具有抗病毒作用，可直接抑制或杀灭病毒，从而达到治疗病毒性疾病的目的。此法具有使用简单方便、价格低廉、不产生耐药性、无副作用，在产品中不出现残留、效果持久的特点。

任务思考

1. 制度建设的意义有哪些？
2. 出现疫情时应采取哪些措施？

任务二　生产计划管理

任务描述

生产计划的制订，是养禽场经营管理的重要内容之一。制订生产计划，不但能够提前为生产做好相应准备，而且可以督促全年的生产任务顺利完成。

任务分析

生产计划是养禽场全年生产任务的具体安排。制订生产计划要从实际出发，根据产品及生产工艺的不同，计划的内容有所不同。要根据本场的实际条件合理制订计划，才能很好地指导生产、检查进度、了解成效，并使生产计划完成和超额完成的可能性更大。

任务实施

一、 编制禽群周转计划

1. 生产计划制订准备

在制订生产计划常依据下面几个因素。

（1）生产工艺流程　制订生产计划，必须以生产流程为依据。生产流程因企业生产的产品不同而异。各鸡群的生产流程顺序，蛋鸡场为：种鸡（舍）→种蛋（室）→孵化（室）→育雏（舍）→育成（舍）→蛋鸡（舍）。肉鸡场的产品为肉用仔鸡，多为全进全出生产模式。一个养鸡场总体流程为料（库）→鸡群（舍）→产品（库）；另外一条流程为饲料（库）→鸡群（舍）→粪污（场）。

（2）经济技术指标　各项经济技术指标是制订计划的重要依据。制订计划时可参照鸡饲养管理手册上提供的指标，并结合本场近年来实际达到的水平，特别是近一两年来正常情况下场内达到的水平，这是制订生产计划的基础。

（3）生产条件　将当前生产条件与过去的条件对比，主要在房舍设备、家禽品种、饲料和人员等方面比较，看有否改进或倒退，根据过去的经验，酌情确定新计划增减的幅度。

（4）创新能力　采用新技术、新工艺或开源节流、挖掘潜力等可能增产的数量。

（5）经济效益制度　效益指标常低于计划指标，以保证承包人有产可超。也可以两者相同，提高超产部分的提成，或适当降低计划指标。

2. 禽群周转计划

（1）养鸡场生产计划的制订　鸡群一般分为肉用种鸡、蛋用种鸡、商品蛋鸡、育成鸡、肉用仔鸡、幼雏、成年淘汰育肥鸡等类型。

鸡群周转计划是根据鸡场的生产方向、鸡群构成和生产任务编制的。鸡场应以鸡群周转计划作为生产计划的基础，以此来制订引种、孵化、产品销售、饲料供应、财务收支等其他计划。在制订鸡群周转计划时要考虑鸡位、鸡位利用率、饲养日和平均饲养只数、入舍鸡数等因素。结合存活率、月死亡淘汰率，便可较准确地制订出一个鸡场的鸡群周转计划。

① 商品蛋鸡群的周转计划　商品蛋鸡原则上以养一个产蛋年为宜，这样比较合乎鸡的生物学规律和经济规律，遇到意外情况才实行强制换羽，延长产蛋期。

第一步：根据鸡场生产规模确定年初、年末各类鸡的饲养只数。

第二步：根据鸡场生产工艺流程和生产实际确定鸡群死淘率指标。

第三步：计算每月各类鸡群淘汰数和补充数。

第四步：统计全年总饲养只日数和全年平均饲养只数。饲养只日数就是1只母鸡饲养1天。

第五步：入舍鸡数。一群蛋鸡130日龄上笼后，由141日龄起转入产蛋期，以后不管死淘多少，都按141日龄时的只数统计产蛋量，每批鸡产蛋结束后，据此计算出每只鸡的平均产蛋量。国际上通用这种方法统计每只鸡的产蛋量。一个鸡场可能有几批日龄不同的鸡群，计算当年的入舍鸡数的方法是：把入舍时（141日龄）鸡数乘到年底应饲养日数，各群入舍鸡饲养日累计被365除，就可求出每只入舍鸡的产蛋量。

计算公式如下：

$$全年总饲养只日数＝\sum(1月＋2月＋\cdots＋12月饲养只日数)$$
$$月饲养只日数＝(月初数＋月末数)÷2×本月的天数$$
$$全年平均饲养只数＝全年总饲养只日数÷365$$

例如，某父母代种鸡场年初饲养规模为10000只种母鸡和800只种公鸡，年终保持规模不变，实行"全进全出"的饲养制度，只养一年鸡，在11月大群淘汰。其周转计划见表6-1。

② 雏鸡的周转计划　专一的雏鸡场，必须安排好本场的生产周期以及本场与孵化场鸡苗生产的周期同步，一旦周转失灵，衔接不上，会打乱生产计划，经济上造成损失。

第一步：根据成鸡的周转计划确定各月份需要补充的鸡只数。

第二步：根据鸡场生产实际确定育雏、育成期的死淘率指标。

第三步：计算各月次现有鸡只数、死淘鸡只数及转入成鸡群只数，并推算出育雏日期和育雏数。

第四步：统计出全年总饲养只日数和全年平均饲养只数。

③ 种鸡群周转计划　第一步：根据生产任务首先确定年初和年末饲养只数，然后根据鸡场实际情况确定鸡群年龄组成，再参考历年经验定出鸡群大批淘汰和各自死淘率，最后再统计出全年总饲养只日数和全年平均饲养只数。

第二步：根据成鸡周转计划，确定需要补充的鸡数和月份，并根据历年育雏成绩和本鸡种育成率指标，确定育雏数和育雏日期，再与祖代鸡场签订订购种雏或种蛋合同。计算出各

表 6-1 鸡群周转计划

群别	种类	计算项目	1	2	3	4	5	6	7	8	9	10	11	12	合计	全年总计饲养只日数	全年平均饲养只数
成鸡	种公鸡	月初现数	800	800	800	800	800	800	800	800	800	800	800	800		292000	800
		淘汰率/%										100			100		
		淘汰数										800			800		
		由雏鸡转入										800			800		
	一年种母鸡	月初现有数	10000	9800	9600	9400	9200	9000	8750	8500	8200	7900	7400			2825925	7742
		淘汰率（占年初有数）/%	2.0	2.0	2.0	2.0	2.0	2.5	2.5	3.0	3.0	5.0	74.0		100		
		淘汰数	200	200	200	200	200	250	250	300	300	500	7400		10000		
	当年种母鸡	月初现有数											10440	10231		623986	1710
		淘汰率（占转入人数）/%											2.0	2.0	4.0		
		淘汰数											209	209	418		
		转入数（月底）													10231		
雏鸡	种公雏	月初现有数						1800	1620	1404	1381	1340				214255	587
		死淘率（占转入人数）/%						10.0	12.0	1.3	2.3	30			55.6		
		死淘数						180	216	23	41	540			1000		
		转入当年种公鸡数（月底）										800			800		
		转入数（月底）					1800										
	种母雏	月初现有数						12000	11040	10800	10680	10560				1661160	4551
		死淘率（占转入人数）/%						8.0	2.0	1.0	1.0	1.0			13.0		
		死淘数						960	240	120	120	120			1560		
		转入当年种母鸡数（月底）					12000					10440			10440		

月初现有只数、死淘只数及转成鸡只数，最后统计出全年总计饲养只日数和全年平均饲养只数。

此外，在实际编制鸡群周转计划时还应考虑鸡的生产周期。一般蛋鸡的生产周期为育雏期 42 天（0～6 周）、育成期 98d（7～20 周）、产蛋期 364 天（21～72 周），而且每批鸡生产结束后要留一定时间的清洗、消毒、预热等。不同经济类型的鸡生产周期不同，在编制计划时，要根据各类鸡群的实际生产周期，确定合适的鸡舍类型比例，才能保证工艺流程正常运行。实际生产中，育雏舍、青年鸡舍、蛋鸡舍之间的比例按 1：2：6 设置较为合理，可以减少空舍时间，提高鸡舍利用率。

（2）养鸭场生产计划的制订　目前，我国鸭的生产经营多数比较分散，商品性生产和自给性生产并存，销售产品市场的需求影响很大。因此，发展养鸭生产时，要尽可能与当地有关部门或销售商签订购销合同，根据合同及自己的资源、经营管理能力，合理地组织人力、物力、财力，制订出养鸭的生产计划，进行计划管理，以减少盲目性。

① 成鸭的周转计划　有的鸭场引进种蛋，也有的引进种雏。现拟引进种鸭，年产 3 万只樱桃谷肉鸭，制订生产计划。

生产肉鸭，首先要饲养种鸭。年产 3 万只肉鸭，需要多少只种鸭呢？计算种鸭数量时，要考虑公母鸭的比例、1 只母鸭 1 年产多少枚种蛋、种蛋合格率、受精率和孵化率是多少、雏鸭成活率是多少等等。樱桃谷鸭在公母比例为 1：5 的情况下，种蛋合格率和受精率均为 90％以上，受精蛋孵化率为 80％～90％。每只母鸭年产蛋数量在 200 枚以上，雏鸭成活率平均为 90％。为留余地，以上数据均取下限值。

生产 3 万只雏鸭，以育成率为 90％计算，最少要孵出的雏鸭数：

30000÷90％＝33340（只）

需要受精种蛋数：33340÷80％＝41680（枚）

全年需要种鸭生产合格种蛋数：41680÷90％＝46310（枚）

全年需要种鸭产蛋量：46310÷90％＝51460（枚）

全年需要饲养的种母鸭只数：51460÷200＝260（只）

考虑到雏鸭、肉鸭和种鸭在饲养过程中的病残、死亡数，应留一些余地，可饲养母鸭 280 只。由于公母鸭配种比例为 1：5，还需要养种公鸭 60 只。共需饲养种鸭 340 只。

由于种母鸭在一年中各个月份产蛋率不同。所以，在分批孵化、分批育雏、分批育肥时，各批的总数就不相同。养鸭场在安排人力和场舍设施时，要按批次数量相适应。同时，在孵化、育雏、育肥等方面，要做具体安排。

孵化方面：当母鸭群进入产蛋旺季，产蛋率达 70％以上时，280 只母鸭每天可产 200 枚种蛋，每 7 天入孵一批，每批入孵数为 1400 枚种蛋，孵化期为 28 天，有 2 天为机动，以 30 天计算，则在产蛋旺季，每月可入孵近 5 批，孵化种蛋数量最多时可达 7000 枚。养鸭场孵化设备的能力应完成孵化 7000 枚种蛋的任务。以后孵出一批，又入孵一批，流水作业。

育雏方面：樱桃谷鸭种蛋受精率 90％，孵化率为 80％～90％，7000 枚种蛋最多可孵出 5670 只雏鸭，平均一批约 1134 只。育雏期 20 天。所以，养鸭场的育雏场舍、用具和饲料应能承担同时培育 3 批雏鸭，约 3402 只雏鸭的任务。育肥鸭场舍、用具和饲料也要与之相适应。

育肥方面：以成活率均为 90％计算，每批孵出的雏鸭约 1134 只，可得成鸭 1020 只（1134×90％＝1020）。鸭的育肥期为 25 天，则养鸭场的场舍、用具和育肥饲料应能完成同时饲养 4 批，约 4080 只肉鸭的育肥任务。

通过以上计算，养鸭场要年产商品肉鸭 3 万只，每月孵化数最高时需要种蛋 7000 枚，饲养数量最高时，包括种鸭、雏鸭、育肥鸭在内，共计 7822 只，其中经常饲养种鸭 340 只，最多饲养雏鸭 3402 只，育肥鸭约 4080 只。此外，还要考虑种鸭的更新，饲养一些后备种鸭。

根据以上数据制订雏鸭、育肥鸭的日粮定额，安排全年和月份饲料计划。

② 蛋用鸭生产计划　现拟引进种蛋，年饲养 3000 只蛋鸭，制订生产计划的方法如下。

要获得 3000 只产蛋鸭，需要购进多少种蛋？一般种蛋数与孵出的母雏鸭数比例约为 3∶1。即在正常情况下，9000 枚种蛋才能获得 3000 只产蛋鸭。现从种蛋孵化、育雏、育成三个方面进行计算。

孵化方面：现购进蛋用鸭种蛋 9000 枚，进行孵化，能获得的雏鸭数。

破壳蛋数：种蛋在运输过程中，总会有一定数量的破损，破损率通常按 1% 计算。即，

$$破损蛋数 = 9000 \times 1\% = 90（枚）$$

受精蛋数：种蛋受精率为 90% 以上。即，

$$受精蛋数 = 8910 \times 90\% = 8019（枚）$$

孵化雏鸭数：受精蛋孵化率为 75%～85%，为留有余地取孵化率为 80%。即，

$$孵出雏鸭数 = 8019 \times 80\% = 6415（只）$$

育雏期：育雏期通常为 20 天。

育成的雏鸭数：雏鸭经过 20 天培育，到育雏期末的成活率为 95%。即，

$$育成的雏鸭数 = 6415 \times 95\% = 6094（只）$$

母雏数：公母雏的比例通常按 1∶1 计算。即，

$$母雏数 6094 \div 2 = 3047（只）$$

育成期：对 3047 只选留下 3000 只母雏进行饲养，其余的淘汰。

产蛋期：如果在春季 3 月初进行种蛋孵化，由于蛋鸭性成熟早，一般 16～17 周龄陆续开产，在饲养管理正常的情况下，20～22 周龄产蛋率可达 50%，即在当年 7 月下旬，每天可收获 1500 枚鸭蛋，母鸭可利用 1～2 年，以第 1 个产蛋年产蛋量最高。

二、编制产品计划

不同经营方向的养禽场其产品也不一样。如肉鸡场的主产品是肉鸡，联产品是淘汰鸡，副产品是鸡粪；蛋鸡场的主产品是鸡蛋，联产品与副产品与肉鸡场相同。

产品生产计划应以主产品为主。如肉鸡以进雏鸡数的育成率和出栏时的体重进行估算；蛋鸡则按每饲养日即每只鸡日产蛋克数估算出每日每月产蛋总重量，按产蛋重量制定出鸡蛋产量计划。

(1) 根据种鸡的生产性能和鸡场的生产实际确定月平均产蛋率和种蛋合格率。

(2) 计算每月每只产蛋量和每月每只种蛋数。

$$每月每只产蛋量 = 月平均产蛋率 \times 本月天数$$
$$每月每只产种蛋数 = 每月每只产蛋量 \times 月平均种蛋合格率$$

(3) 根据鸡群周转计划中的月平均饲养母鸡数，计算月产蛋量和月产种蛋数。

$$月产蛋量 = 每月每只产蛋量 \times 月平均饲养母鸡数$$
$$月产种蛋数 = 每月每只产种蛋数 \times 月平均饲养母鸡数$$

有了这些数据就可以计算出每只鸡产蛋个数和产蛋率。产蛋计划可根据月平均饲养产蛋母鸡数和历年的生产水平，按月规定产蛋率和各月产蛋数。例如，根据鸡群周转计划资料，编制种蛋生产计划（表 6-2）。

三、 编制孵化计划

种鸡场应根据本场的生产任务和外销雏鸡数，结合当年饲养品种的生产水平和孵化设备及技术条件等情况，并参照历年孵化成绩，制订全年孵化计划。

（1）根据鸡场孵化生产成绩和孵化设备条件确定月平均孵化率。

（2）根据种蛋生产计划，计算每月每只母鸡提供雏鸡数和每月总出雏数。

$$每月每只母鸡提供雏鸡数＝平均每只产种蛋数×平均孵化率$$

$$每月总出雏数＝每月每只母鸡提供雏鸡数×月平均饲养母鸡数$$

根据鸡群周转计划资料，假设在鸡场全年孵化生产的情况下，编制孵化计划（表6-3）。

一般要求的孵化技术指标是：全年平均受精率，蛋用鸡种蛋85％～90％，肉用鸡种鸡80％以上；受精蛋孵化率，蛋用鸡种蛋88％以上，肉用鸡种鸡85％以上。出壳雏鸡的弱残次率不应超过4％。

四、 编制饲料供应计划

饲料是进行养禽生产的基础。饲料计划一般根据每月各组禽数乘以各组禽的平均采食量，求出各个月的饲料需要量，根据饲料配方中各种饲料品种的配合比例，算出每月所需各种饲料的数量。

（1）根据鸡群周转计划，计算月平均饲养鸡只数。月平均饲养成鸡数为种公鸡、一年种母鸡和当年种母鸡的月平均数之和；月平均饲养雏鸡数为母雏、公雏的月平均饲养数之和。

（2）根据鸡场生产记录及生产技术水平，确定各类鸡群每只每月饲料消耗定额。

（3）计算每月饲料消耗量。

$$每月饲料消耗量＝每只每月饲料消耗定额×月平均饲养鸡只数$$

每个禽场年初都必须制订所需饲料的数量和比例的详细计划，防止饲料不足或比例不稳而影响生产的正常进行。目的在于合理利用饲料，既要喂好禽，又要获得良好的主副产品，节约饲料。

饲料费用一般占养禽生产总成本的65％～75％，所以在制订饲料计划时要特别注意饲料价格，同时又要保证饲料质量。饲料计划应按月制订。不同品种和日龄的禽所需饲料量是不同的。

例如：一般每只鸡需要的饲料量，肉用仔鸡4～5kg，雏鸡1kg，育成鸡8～9kg，蛋用型成年母鸡39～42kg，肉用型成年母鸡40～45kg。据此可推算出每天每周及每月鸡场饲料需要量。

如果当地饲料供应充足及时，质量稳定，每次购进饲料一般不超过3天量为宜。如禽场自行配料，还需按照上述禽的饲料需要量和饲料配方中各种原料所占比例折算出各原料用量，并依市场价格情况和禽场资金实际，做好原料的订购和贮备工作。

任务思考

1. 如何制订家禽周转计划？
2. 如何制订家禽孵化计划？

任务三 分析养禽场经济核算与效益

任务描述

养禽场经营管理的好坏最终体现在经济效益上，而取得好的经济效益是养禽生产的根本

表 6-2 种蛋生产计划

项目＼月份	1	2	3	4	5	6	7	8	9	10	11	12	全年总计概数
平均饲养母鸡数/只	9900	9700	9500	9300	9100	8875	8625	8350	8050	7650	14036	10127	9434
平均产蛋率/%	50	70	75	80	80	70	65	60	60	60	50	70	65.8
种蛋合格率/%	80	90	90	95	95	95	95	95	90	90	90	90	91.25
平均每只产蛋量/枚	16	20	23	24	25	21	20	19	18	19	15	22	242
平均每只产种蛋数/枚	13	18	21	23	24	20	19	18	16	17	14	20	223
总产蛋量/枚	158400	194000	218500	223200	227500	186375	172500	158650	144900	145350	210540	222794	2262709
总产种蛋量/枚	128700	174600	199500	213900	218400	177500	163875	150300	128800	130050	196504	202540	2084669

注: 月平均饲养母鸡数为鸡群周转计划中（月初现有数＋月末现有数）÷2。

表 6-3 孵化计划

项目＼月份	1	2	3	4	5	6	7	8	9	10	11	12	全年总计概数
平均饲养母鸡数/只	9900	9700	9500	9300	9100	8875	8625	8350	8050	7650	14036	10127	9434
入孵种蛋数/枚	128700	174600	199500	213900	218400	177500	163875	150300	128800	130050	196504	202540	2084669
平均孵化率/%	80	80	85	86	86	85	84	82	80	80	78	76	81.8
每只母鸡提供雏鸡数/只	10.4	14.4	17.9	19.9	20.6	17.0	16.0	14.8	12.8	13.6	10.9	15.2	183.5
总出雏数/只	102960	139680	170050	185070	187460	150875	138000	123580	103040	104040	152992	153930	1711677

目标。通过经济核算与效益分析，对经营管理进行客观全面的评价，可以找出管理中的不足，为下一轮生产提供宝贵的经验。

任务分析

　　家禽生产的经济效益即受成本的约束，也受市场的影响。进行经济核算，首先要掌握生产成本的构成，在效益分析过程中，要结合当前市场情况，通过对成本及费用的控制，提高劳动生产率和经济效益。

任务实施

一、　控制养禽场生产成本

　　根据养禽业生产的特点，按照生产费用的经济性质，禽产品成本支出分为直接生产费用和间接生产费用两大类。

1. 直接生产费用

　　即直接为生产禽产品所支付的开支。具体项目如下。

　　（1）工资和福利费　指直接从事养禽生产人员的工资、津贴、奖金、福利等。

　　（2）疫病防治费　指用于禽病防治的疫苗、药品、消毒剂和检疫费、专家咨询费等。

　　（3）饲料费　指养禽场在生产过程中实际耗用各种饲料的费用及其运杂费。

　　（4）种禽摊销费　指生产每千克蛋或每千克活重所分摊的种禽费用。

　　　　种禽摊销费（元/kg）＝（种禽原值－种禽残值）/只禽重（或产蛋重）（kg）

　　（5）固定资产修理费　是为保持禽舍和专用设备的完好所发生的一切维修费用。

　　（6）固定资产折旧费　指禽舍和专用机械设备的折旧费。房屋等建筑物一般按5～10年折旧，禽场专用设备一般按3～5年折旧。

　　（7）燃料及动力费　指直接用于养禽生产的燃料、动力、水电费和水资源费等。

　　（8）低值易耗品费用　指低价值的工具、材料、劳保用品等易耗品的费用。

　　（9）其他直接费用　凡不能列入上述各项而实际已经消耗的直接费用。

2. 间接生产费用

　　即间接为禽产品生产或提供劳务而发生的各种费用。包括经营管理人员的工资、福利费；生产经营中的折旧费、修理费、低值易耗品摊销；经营中的水电费、办公费、差旅费、运输费、劳动保险费、检验费；季节性、修理期间的停工损失等。这些费用不能直接计入到某种禽产品中，而需要采取一定的标准和方法，在养禽场内各产品之间进行分摊。

3. 期间费用

　　所谓期间费用就是养禽场为组织生产经营活动发生的、不能直接归属于某种禽产品的费用。包括管理费、财务费和销售费。按照我国新的会计制度，期间费用不能计入成本，但是养禽场为了便于各群禽的成本核算，便于横向比较，都把各种费用列入来计算单位产品的成本。

　　以上项目的费用，构成养禽场的生产成本。禽产品成本支出项目可以反映养禽场产品成本的结构，通过分析考核可以找出降低成本的途径。

　　要提高养禽企业的经济效益，除了市场价格这一不由企业能决定的因素外，成本控制则应完全由企业控制。从规模化集约化养禽的生产实践看，首先应降低固定资产折旧费，尽量提高饲料费用在总成本中所占比重，提高每只禽的产蛋量、活重和降低死亡率，其次是料蛋价格比、料肉价格比控制全成本。最后，降低间接生产费用和期间费用，减少非生产性开支，精简机构，都能有效地控制生产成本。

二、 分析养禽场盈亏平衡点

盈亏平衡点分析是一种动态分析，又是一种确定性分析，适合于分析短期问题。生产成本盈亏临界点又叫保本点，它是根据收入和支出相等为保本生产的原理而确定的，这一临界点就是养禽场盈利还是亏损的分界线。现举例说明。

1. 鸡蛋生产成本临界点

鸡蛋生产成本临界点＝（饲料价格×日耗料量）÷（饲料费占总费用的％×日产蛋量）

如某鸡场每只蛋鸡日均产蛋重为52g，饲料单价2.1元/kg，饲料消耗120g/（天·只），饲料费占总成本的比率为70％。该鸡场每千克鸡蛋的生产成本临界点为：

$$鸡蛋生产成本临界点＝（2.1×120）÷（0.70×52）＝6.92$$

即表明每千克鸡蛋平均价格达到6.92元，鸡场可以保本，不亏不盈；市场销售价格高于6.92元/kg时，该鸡场才能盈利。

2. 临界产蛋率分析

临界产蛋率＝（每千克蛋的枚数×饲料单价×日耗饲料量）÷（饲料费占总费用的％×每千克鸡蛋价格）×100％

如果鸡群产蛋率高于此线即可盈利，低于此线就要亏损，应查找原因，及时调整以致做淘汰处理。

三、 分析养禽场经济效益

经济效益分析是对生产经营活动中已取得的经济效益进行事后的评价，一是分析在计划完成过程中，是否以较少的资金占用和生产耗费，取得较多的生产成果；二是分析各项技术组织措施和管理方案的实际成果，以便发现问题，查明原因，提出切实可行的改进措施和实施方案。

生产经营活动的每个环节都影响着养禽场的经济效益，其中产品的产量、禽群工作质量、成本、利润、饲料消耗和职工劳动生产率的影响尤为重要。下面就以上因素进行鸡场经济效益的分析。

1. 产品产量（值）分析

（1）计划完成情况分析　用产品的实际产量（值）计划完成情况，对养鸡场的生产经营总状况作概括评价及原因分析。

（2）产品产量（值）增长动态分析　通过对比历年历期产量（值）增长动态，查明是否发挥自身优势，是否合理利用资源，进而找出增产增收的途径。

2. 鸡群工作质量分析

鸡群工作质量是评价养鸡场生产技术、饲养管理水平、职工劳动质量的重要依据。鸡群工作质量分析主要依据鸡的生活力、产蛋力、繁殖力和饲料报酬等指标的计算比较来进行。

3. 成本分析

产品成本直接影响着养鸡场的经济效益。进行成本分析，可弄清各个成本项目的增减及其变化情况，找出引起变化的原因，寻求降低成本的具体途径。

分析时应对成本数据加以检查核实，严格划清各种成本费用界限，统一计算口径，以确保成本资料的准确性和可比性。

（1）成本项目增减及变化分析　根据实际生产报表资料，与本年计划指标或先进的鸡场比较，检查总成本、单位产品成本的升降，分析构成成本的项目增减情况和各项目的变化情况，找出差距，查明原因。

（2）成本结构分析 分析各生产成本构成项目占总成本的比例，并找出各阶段的成本结构。成本构成中饲料是一大项支出，而该项支出最直接地用于生产产品，它占生产成本比例的高低直接影响着养鸡场的经济效益。对相同条件的鸡场，饲料支出占生产总成本的比例越高，鸡场的经济效益就越好。不同条件的鸡场，其饲料支出占生产总成本的比例对经济效益的影响不具有可比性。如家庭养鸡，各项投资少，其主要开支就是饲料；而种鸡场，由于引种费用高，设备、人工、技术投入比例大，饲料费用占的比率就低。

4. 利润分析

利润是经济效益的直接体现，任何一个企业只有获得利润，才能生存和发展。养鸡场利润分析包括以下指标。

（1）利润总额

$$利润总额＝销售收入－生产成本－销售费用－税金±营业外收支净额$$

营业外收支是指与鸡场生产经营无直接关系的收入或支出。如果营业外收入大于营业外支出，则收支相抵后的净额为正数，可以增加鸡场利润；如果营业外收入小于营业外支出，则收支相抵后的净额为负数，鸡场的利润就减少。

（2）利润率 由于各个鸡场生产规模、经营方向不同，利润额在不同鸡场之间不具有可比性，只有反映利润水平的利润率，才具有可比性。利润率一般表示为：

$$产值利润率＝年利润总额/年总产值×100\%$$

$$成本利润率＝年利润总额/年总成本额×100\%$$

$$资金利润率＝年利润总额/(年流动资金额＋年固定资金平均总值)×100\%$$

鸡场盈利的最终指标应以资金利润率作为主要指标，因为资金利润率不仅能反映鸡场的投资状况，而且能反映资金的周转情况。资金在周转中才能获得利润，资金周转越快，周转次数越多，鸡场的获利就越大。

5. 饲料消耗分析

从鸡场经济效益的角度上分析饲料消耗，应从饲料消耗定额、饲料利用率和饲料日粮三个方面进行。先根据生产报表统计各类鸡群在一定时期内的实际耗料量，然后同各自的消耗定额对比，分析饲料在加工、运输、贮藏、保管、饲喂等环节上造成的浪费情况及原因。此外，还要分析在不同饲养阶段饲料的转化率即饲料报酬。生产单位产品耗用的饲料越少，说明饲料报酬就越高，经济效益就越好。

对日粮除了从饲料的营养成分、饲料转化率上分析外，还应从经济上分析，即从饲料报酬和饲料成本上分析，以寻找成本低、报酬高、增重快的日粮配方、饲喂方法，最终达到以同等的饲料消耗，取得最大经济效益的目的。

6. 劳动生产率分析

劳动生产率反映着劳动者的劳动成果与劳动消耗量之间的对比关系。常用以下形式表示。

（1）全员劳动生产率 养鸡场每一个成员在一定时期内生产的平均产值。

$$全员劳动生产率＝年总产值/职工年平均人数$$

（2）生产人员劳动生产率 指每一个生产人员在一定时期内生产的平均产值。

$$生产人员劳动生产率＝年总产值/生产工人年平均人数$$

（3）每工作日（天）产量 用于直接生产的每个工作日（天）所生产的某种产品的平均

产量。

$$每工作日（天）产量＝某种产品的产量/直接生产所用工日（天）数$$

以上指标表明，分析劳动生产率，一是要分析生产人员和非生产人员的比例，二是要分析生产单位产品的有效时间。

任务思考

1. 家禽场的生产成本由哪些部分构成？
2. 如何进行盈亏平衡点的分析？
3. 如何进行利润分析？

附录　国家法律法规、国家标准、行业标准链接

（本书中涉及的部分标准）

1. 《中华人民共和国动物防疫法》
2. GB 16548—2006《病害动物和病害动物产品生物安全处理规程》
3. GB 18596—2001《畜禽养殖业污染物排放标准》
4. NY/T 33—2004《鸡饲养标准》
5. NY/T 388—1999《畜禽场环境质量标准》
6. NY/T 682—2003《畜禽场场区设计技术规范》
7. NY/T 1167—2006《畜禽场环境质量及卫生控制规范》
8. NY/T 1566—2007《标准化肉鸡养殖场建设规范》
9. NY/T 1620—2008《种鸡场孵化厂动物卫生规范》
10. NY/T 1871—2010《黄羽肉鸡饲养管理技术规程》
11. NY/T 1952—2010《动物免疫接种技术规范》
12. NY/T 2122—2012《肉鸭饲养标准》
13. NY/T 5027—2008《无公害食品　畜禽饮用水水质》
14. NY/T 5030—2006《无公害食品　畜禽饲养兽药使用准则》
15. NY/T 5032—2006《无公害食品　畜禽饲料和饲料添加剂使用准则》
16. NY/T 5038—2006《无公害食品　家禽养殖生产管理规范》
17. NY 5260—2004《无公害食品　蛋鸭兽医防疫准则》
18. NY 5263—2004《无公害食品　肉鸭饲养兽医防疫准则》
19. NY 5266—2004《无公害食品鹅饲养兽医防疫准则》
20. NY/T 5339—2006《无公害食品　畜禽饲养兽医防疫准则》
21. 兽药停药期规定（中华人民共和国农业部公告　第278号）
22. 国家级畜禽遗传资源保护名录（中华人民共和国农业部公告　第2061号）

参 考 文 献

[1]   杨宁.家禽生产学［M］.北京：中国农业出版社，2013.
[2]   周大薇.养禽与禽病防治实训教程［M］.成都：西南交通大学出版社，2013.
[3]   刘云，李金岭.禽病防治技术［M］.北京：科学出版社，2013.
[4]   闫民朝，王申锋.养禽与禽病防治［M］.北京：中国农业大学出版社，2013.
[5]   陈理盾，李新正，靳双星.禽病彩色图谱［M］.沈阳：辽宁科学技术出版社，2009.
[6]   宋连喜，田长永.畜禽繁育［M］.第2版.北京：化学工业出版社.2016.
[7]   王三立.家禽生产［M］.重庆：重庆大学出版社，2011.
[8]   陈金雄，纪守学.畜禽生产技术［M］.北京：化学工业出版社，2010.
[9]   魏刚才.现代实用养鸡技术大全［M］.北京：化学工业出版社，2010.
[10]   赵志平.蛋鸡高效益饲养技术［M］.北京：金盾出版社，2009.
[11]   葛鑫等.鸡生产与疾病防治［M］.北京：化学工业出版社，2012.
[12]   吴春琴.家禽生产实训教程［M］.北京：中国农业科学技术出版社，2013.
[13]   黄仁录等.蛋鸡标准化规模养殖［M］.北京：中国农业出版社，2011.
[14]   周新民，蔡长霞.家禽生产［M］.北京：中国农业出版社，2011.
[15]   徐英，李石友.家禽生产技术［M］.北京：化学工业出版社，2015.